“十三五”国家重点出版物规划项目
民族文字出版专项资金资助项目

བོད་སྨན་གྱི་སྐྱེས་དངོས་ཐ་སྙད་ཀུན་གསལ།

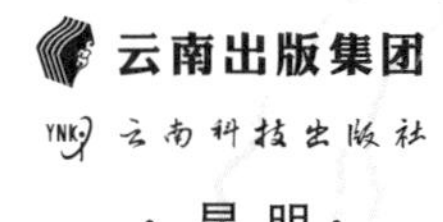

· 昆明 ·

图书在版编目（CIP）数据

藏药植物名总览. 上卷：藏、汉、英 / 许建初，白央，格桑索朗主编. -- 昆明：云南科技出版社，2019.7
ISBN 978-7-5587-2284-4

Ⅰ. ①藏… Ⅱ. ①许… ②白… ③格… Ⅲ. ①藏医—药用植物—中国—名录—藏、汉、英 Ⅳ. ①R291.408-61

中国版本图书馆CIP数据核字(2019)第144209号

藏药植物名总览·上卷

主　编 许建初　白　央　格桑索朗

出 品 人：杨旭恒
责任编辑：李永丽　苏丽月
装帧设计：云南杺颐文化传播有限公司
责任校对：张舒园
责任印制：蒋丽芬

书　号：ISBN 978-7-5587-2284-4
印　刷：云南金伦云印实业股份有限公司
开　本：787mm × 1092mm　1/16
印　张：26.25
字　数：603千
版　次：2019年7月第1版　2019年7月第1次印刷
定　价：248.00元（上、下卷）

出版发行：云南出版集团公司　云南科技出版社
地址：昆明市环城西路609号
网址：http://www.ynkjph.com/
电话：0871-64190889

前　言

藏医药是我国传统医药学的璀璨明珠，在世界传统医学中引人瞩目。藏医药有着千余年的文字传承、文献记载，但又鲜为外界所知。丰富的藏医药文化宝藏有待继承与发扬。藏药材是藏医药学中的重要载体，藏药材的正确鉴别、认知是藏药材发挥最大效用的前提和关键。因此，藏药植物的名实考证、对比、鉴别就显得至关重要。

藏医有其独立的医疗体系和独特的作用，在中华民族医药体系中有着非常重要的地位。藏药植物是藏药的物质基础，在藏医学医疗体系中发挥着不可或缺的作用。青藏高原地理环境独特，世代居住于高原环境的藏民族在广泛吸收了中医药学、印度医药学和大食医药学等理论的基础上，通过长期实践融合形成了独特的藏族医药体系。青藏高原从喜马拉雅山麓到喀喇昆仑山，气候类型覆盖了热带、亚热带、高山温带、高山高原寒带等立体气候与高原气候。复杂多样的地理环境与气候条件孕育了丰富的药用植物资源，同时，广袤的青藏高原也为认知和鉴别藏药植物带来了极大的挑战。

我国是世界上应用和消耗药用植物资源最多的国家之一。如何充分地保护和开发利用我国藏药传统知识与药用植物资源，同时还能取得最大的社会效益和经济效益，便成为一项重要而紧迫的任务。我国传统利用的民族民间药用植物约有 1.2 万余种，藏药植物约有 3000 余种，占我国药用植物总数的四分之一。但是许多藏药植物都是青藏高原特有植物，资源十分有限。天然药用植物资源的不合理开发利用可能会导致资源的枯竭，甚至导致许多珍稀药用植物面临濒危。因此，精准识别与合理利用成为藏药植物资源开发不可回避的课题。

藏药植物的名称，不论拉丁学名、藏文名，还是中文名称，同物异名和同名异物的现象较多，因此导致不同藏区交流十分困难。近十多年来，我国对藏药植物的研究与开发速度在不断加快，发表和出版的文献资料越来越多，但是还缺乏兼具藏文名、拉丁学名与中文名高度统一的藏药植物工具书。基于这样一个迫切的需求与责任，我们特编写这本概览类书籍，以便查阅到准确的藏药植物，并能精准使用。本书集藏族药用植物之大成，并对每种药用植物一一核校，按一物一名的原则，依托杨竞生教授主编的《中国藏药植物资源考订》，参考了现有的藏医藏药植物文献，系统收集整理了藏药植物 3100 多种，编写了这本兼具藏药植物的藏文名、中文名与拉丁学名的工具书。索引中中文名以笔画、藏文名与拉丁学名以字母顺序排列，方便读者快速查阅。本书可供民族医药工作者、植物资源保护工作者及有关方面人员参考。

本书被列入“十三五”国家重点出版物规划项目的同时还获得了民族文字出版专项基金资助，特此深表感谢。本书的出版希望能对开发民族药物宝库有现实意义，同时对发展植物考据学具有激励作用。编写过程中，得到中国科学院昆明植物研究所李嵘研究员等同志的指导和帮助，特此感谢。

许建和

目录

 藻菌植物 Thallophytes

双星藻科（星绿藻科） Zygnemataceae……1

麦角菌科 Clavicipitaceae……2

虫草菌科 Cordycipitaceae……2

黑粉菌科 Ustilaginaceae……3

木耳科 Auriculariaceae……4

银耳科 Tremellaceae……4

猴头菌科 Hericiaceae……5

炭角菌科 Xylariaceae……5

多孔菌科 Pdyporaceae……5

灵芝科 Ganodermataceae……6

离褶伞科 Lyophyllaceae……6

泡头菌科 Physalacriaceae……7

白磨科 Tricholomataceae……7

鬼伞科 Psathyrellaceae……8

伞菌科 Agariaceae……8

小皮伞科 Marasmiaceae……9

地星科　Ceastraceae……10

地衣植物　Lichenes

瓶口衣科　Verrucariaceae……11
石蕊科　Stereocaulaceae……11
霜降衣科　Icmadophilaceae……12
梅衣科　Parmeliaceae……12
石黄衣科　Teloschistaceae……15

苔藓植物　Bryopyta

丛藓科　Pottiaceae……16
葫芦藓科　Funariaceae……16
真藓科　Bryaceae……17
疣冠苔科　Aytoniaceae……17

蕨类植物　Pteridophta

石松科　Lycopodiaceae……18
卷柏科　Selaginellaceae……19
木贼科　Equisetaceae……20
瓶尔小草科　Ophioglossaceae……21

目录 MULU

海金沙科 Lygodiacoae······23
碗蕨科 Dennstaedtiaceae······23
凤尾蕨科 Pteridaceae······24
冷蕨科 Cystopteridaceae······26
铁角蕨科 Aspleniaceae······26
鳞毛蕨科 Dryopteridaceae······27
叉蕨科 Tectariaceae······29
水龙骨科 Polypodiaceae······29

裸子植物门 Gymnospermae

松科 Pinaceae······36
柏科 Cupressaceae······40
三尖杉科 Cephalotaxaceae······45
红豆杉科 Taxaceae······46
麻黄科 Ephedraceae······46
买麻藤科 Gnetaceae······49

被子植物 Angiospermae

单子叶植物纲 Monococyledonae……50

香蒲科 Typhaceae……50

眼子菜科 Potamogtonaceae……51

芝菜科（水麦冬科） Juncaginaceae……51

禾本科 Poaceae……52

莎草科 Cyperaceae……59

棕榈科 Arecaceae……60

天南星科 Acoraceae……62

浮萍科 Lemnaceae……67

鸭跖草科 Commelinaceae……67

灯草心科 Juncaceae……67

百合科 Liliaceae……69

石蒜科 Amaryllidaceae……93

薯蓣科 Dioscoreaceae……93

鸢尾科 Iridaceae……94

姜科 Zingiberaceae……100

兰科 Orchidaceae……104

双子叶植物纲 Dicotyledoneae……114

三白草科 Saururaceae……114

胡椒科 Piperaceae……114

杨柳科　Salicaceae……115
胡桃科　Juglandaceae……120
桦木科　Betulaceae……121
壳斗科　Fagaceae……122
榆科　Ulmaceae……124
桑科　Moraceae……124
荨麻科　Urticaceae……127
檀香科　Santalaceae……131
桑寄生科　Viscaceae……132
马兜铃科　Aristolochiaceae……134
蓼科　Polygonaceae……136
藜科　Chenopodiaceae……151
苋科　Amaranthaceae……154
紫茉莉科　Nyctaginaceae……155
商陆科　Phytolaccaceae……155
马齿苋科　Portulacacea……156
石竹科　Caryophyllaceae……157
睡莲科　Nymphaeaceae……169
肉豆蔻科　Myristicaceae……170

毛茛科　Ranunculaceae …… 171
木通科　Lardizabalaceae …… 217
小檗科　Berberidaceae …… 217
防己科　Menispermaceae …… 227
木兰科　Magnoliaceae …… 228
肉豆蔻科　Myristicaceae …… 230
樟科　Lauraceae …… 231
罂粟科　Papaveraceae …… 234
十字花科　Brassicaceae …… 262
山茶科　Theaceae …… 273
藤黄科　Clusiaceae …… 273
茅膏菜科　Droseraceae …… 275
景天科　Crassulaceae …… 275
虎耳草科　Saxifragaceae …… 280
蔷薇科　Rosaceae …… 293

索引

拉丁文名索引 …… 325
中文名索引 …… 357
藏文名索引 …… 379

藻菌植物　Thallophytes

双星藻科（星绿藻科）　Zygnemataceae

ཉ་ལྕིབས།

0001 普通水棉

Spirogyra communis (Has.) Kuetz.

ཉ་ལྕིབས།

0002 长形水绵

Spirogyra longata (Vauch.) Kuetz.

ཉ་ལྕིབས།

0003 异形水绵

Spriogyra varians (Has.) Kuetz.

麦角菌科 Clavicipitaceae

ས་རྫི་ཀ།

0004 大头麦角（火焰苞拂茅麦角菌）
Claviceps microcephala (Wall.) Tuce.

སོ་བ།

0005 麦角菌
Claviceps purpurea (Fr.) Tull.

虫草菌科 Cordycipitaceae

དབྱར་རྩྭ་དགུན་འབུ།

0006 白马山虫草（冬虫夏草）
Cordyceps baimashanica M. Zhuang

དབྱར་རྩྭ་དགུན་འབུ།

0007 冬虫夏草（虫草）
Cordyceps sinensis (Berk.) Sace.

འབུར་པའི་ཤ་མོ།

0008 蝉花

Cordyceps sobolifera (Hill) Berk. et Brome

黑粉菌科 **Ustilaginaceae**

ཁྲོ་ས་རྫེ་ཀ

0009 粟粒黑粉菌

Ustilago crameri Körn

ས་རྫེ་ཀ

0010 大麦坚黑粉菌

Ustilago hordei (Pers.) Lagerh.

ས་རྫེ་ཀ

0011 玉米黑粉菌

Ustilago maydis (DC.) Corda

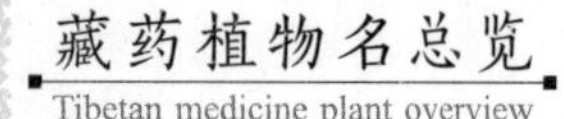

ས་ཛེ་ཀ

0012 青稞黑粉菌

Ustilago nuda (Jens.) Rostr.

木耳科 Auricularaceae

མོག་རོ་ནག་པོ།

0013 木耳（黑木耳、云耳）

Auricularia auricula (L.) Undew

银耳科 Tremellaceae

མོག་རོ་དཀར་པོ།

0014 银耳

Tremella fuciformis Berk.

མོག་རོ་སེར་པོ།

0015 金耳（黄木耳）

Tremella mesenterica (Schaeff.) Retz.

猴头菌科 Hericiaceae

ཧེ་ལག་པ།

0016 猴头菇

Hericium erinaceus (Bull.) Pers.

炭角菌科 Xylariaceae

སྨུག་མའི་ཤ་སྨོ།

0017 肉球菌（竹菌）

Engleromyces goetzei P. Henn.

多孔菌科 Pdyporaceae

ཤིང་གི་ཤ་མང་།

0018 云芝

Coriolus versicolor Fr.

[*Polystictus versicolor* (L.) Fr.]

ཧྥུ་ལིན།

0019 茯苓

Poria cocos (Fr.) Wolf

灵芝科 Ganodermataceae

ཀོ་ཞ་སྨུག་པོ།

0020 紫芝

Ganoderma japonicum (Fr.) Lloyd

ཀོ་ཞ

0021 灵芝

Ganoderma lucidum (Leyss.) Karst.

离褶伞科 Lyophyllaceae

ཞ་མང་སྨུག་པོ།

0022 榆生离褶伞（大榆蘑）

Hypsizygus ulmarius

[*Pleurotus ulmarius* (Bull.) Ouel.]

泡头菌科 Physalacriaceae

གསེར་ཤ

0023 金针菇

Flammulina velutipes (Curt.) Singer

白磨科 Tricholomataceae

དཀར་ཤ

0024 口蘑（白蘑）

Leucocalocybe mongolica (S. Imai) X. D. Yu & Y. J. Yao

[*Tricholoma mongolicum* Lmai.]

鬼伞科 Psathyrellaceae

ཤ་མོང་ནག་པོ།

0025 墨汁鬼伞
Coprinopsis atramentaria (Bull.) Redhead,
Vilgalys & Moncalvo
[*Coprinus atramentarius* (Bull) Fr.]

伞菌科 Agariaceae

ཤ་མོང་པ།

0026 四孢蘑菇
Agaricus campestris L.

ཕ་བ་ཁོ་ཁོ།

0027 紫马勃（紫色秃马勃）
Calvatia cyathiformis (Boc.) Morg.
[*Calvatia lilacina* (Mont. et Berk.) Lloyd]

ཕ་བ་ཕོ་ཕོ།

0028 大马勃

Calvatia gigantea (Batsch) Lloys

ཕ་བ་དགོ་དགོ།

0029 脱皮马勃（脱被毛球马勃）

Lasiosphaera fenzlii Reich.

ཕ་བ་ཕོ་ཕོ།

0030 灰包

Lycoperdon polymorphum Vitt.

小皮伞科 Marasmiaceae

ཞིང་གི་ཤ་མང་།

0031 仙环小皮伞

Marasmius oreades (Bolt.) Fr.

地星科 Ceastraceae

བྲག་གི་མེ་ཏོག

0032 尖顶地星（尖头地星）
Geastrum triplex Jungh.

地衣植物 Lichenes

瓶口衣科 Verrucariaceae

རྡོ་དྲེག

0033 白石耳

Dermatocarpon miniatum (L.) Mann.

石蕊科 Stereocaulaceae

སྲོལ་བ།

0034 指状珊瑚枝（东方珊瑚枝）

Stereocaulon paschale (L.) Hoffm.

霜降衣科 Icmadophilaceae

གསེར་སྐྱུད།

0035 雪地茶
Thamnolia subuliformis (Ehrh.) W. Culb.

ཞ་རོ།

0036 雪茶
Thamnolia vermicularis (Sw.) Schaer.

梅衣科 Parmeliaceae

གསེར་སྐྱུད།

0037 金丝刷
Lethariella cladonioides (Nyl.) Krog.

གསེར་སྐུད།

0038 金丝绣球

Lethariella cashmeriana Krog.

གསེར་སྐུད།

0039 曲金丝

Letharilla flexuosa (Nyl.) Wei et Jiang

གསེར་སྐུད།

0040 中华金丝

Lethariella sinensis Wei et Jiang

རྡོ་དྲེག

0041 白石花

Parmelia tinctorum Despr.

གསེར་སྐུད།

0042 柔扁枝衣

Evernia divaricata Ach.

གསེར་སྐྱུད།

0043 扁枝衣
Evernia mesomorpha Nly.

དྲེལ་སྐྱུད།

0044 芦松萝（破茎松萝、环裂松萝）
Usnea diffracta Vain.

དྲེལ་སྐྱུད།

0045 松萝（长松萝）
Usnea longissima (L.) Ach.

གསེར་སྐྱུད།

0046 粗皮松萝
Usnea montis-fuji Mot.

གསེར་སྐྱུད།

0047 红髓松萝
Usnea roseola Vain.

གསེར་སྐྱུད་དམར་པོ།

0048 红皮松萝

Usnea rubescens Stirt.

石黄衣科 **Teloschistaceae**

གསེར་སྐྱུད་མཆོག

0049 金黄枝衣（壁衣）

Teloschistes flavicans (Sw.) Norm.

ཕྲག་ཤིང་།

0050 拟石黄衣

Xanthoria fallax (Hepp.) Am.

苔藓植物 Bryopyta

丛藓科 Pottiaceae

སྒྲོག་ཤིང་།

0051 高山赤藓
Syntrichia sinensis (Müll. Hal.) Ochyra

葫芦藓科 Funariaceae

སྒྲོག་ཤིང་།

0052 狭叶葫芦藓
Entosthodon attenuatus (Dicks.) Bryhn
[*Funaria attenuata* (Dicks) Lindh.]

སྤྲ་ག་ཤིང་།

0053 葫芦藓

Funaria hygrometrica Hedw.

真藓科 Bryaceae

སྤྲ་ག་ཤིང་།

0054 银叶真藓

Bryum argenteum Hedw.

疣冠苔科 Aytoniaceae

རྡོ་ཐིག་ཚོད།

0055 石地钱

Reboulia hemisphaerica (L.) Raddi

蕨类植物 Pteridophta

石松科 Lycopodiaceae

སྤེར་སྤྲིན།

0056 石松（伸筋草）
Lycopodium japonicum Thunb.
[*Lycopodium clavatum* auct. non L.]

སྤོ་ཚུ་སྤྲིན་སྤེར་མོ།

0057 灯笼石松（垂穗石松）
Lycopodium cernuum L.
[*Palhinhaea cernua* (L.) Vasc. et Franco]

卷柏科 Selaginellaceae

སྤོ་ཚ་སྲིན་སྲེར་མོ།

0058 伏地卷柏

Selaginella nipponica Franch. et Sav.

སྤོ་ཚ་སྲིན་སྲེར་མོ།

0059 垫状卷柏

Selaginella pulvinata (Hook. et Grev.) Maxim.

སྲེར་སྲིན།

0060 圆枝卷柏（红枝卷柏）

Selaginella sanguinolenta (L.) Spring

སྤོ་ཚ་སྲིན་སྲེར་མོ།

0061 卷柏

Selaginella tamariscina (P. Beauv.) Spring

木贼科 Equisetaceae

ཚུ་མཚོ།

0062 问荆

Equisetum arvense L.

ཚུ་མཚོ།

0063 披散木贼（密枝问荆）

Equisetum diffusum D. Don

ཚུ་མཚོ།

0064 犬问荆

Equisetum palustre L.

ཨ་ལྷ།

0065 笔管草

Equisetum ramosissimum subsp. *debile*

ཨ་ཞ།

0066 木贼

Equisetum hyemale L.

[*Hippochaete hyemal* (L.) C. Boerner]

ཨ་ཞ།

0067 节节草

Equisetum ramosissimum Desf.

[*Hippochaete ramosissima* (Desf.) Boerner]

瓶尔小草科 **Ophioglossaceae**

ཀྱ་བྱ་ཅ་མ།

0068 绒毛阴地蕨

Botrychium lanuginosum Wall.

ཀྱ་བྱ་ཅ་མ།

0069 扇羽阴地蕨

Botrychium lunaria (L.) Sw.

ཀྱ་བྱ་ཇ་མ།

0070 钝齿阴地蕨

Botrychium modestum Ching

[*Botrypus mosestum* Ching]

ཟིང་ཇ།

0071 小叶瓶尔小草

Ophioglossum nudicaule Bedd.

ཟིང་ཇ།

0072 心叶瓶尔小草

Ophioglossum reticulatum L.

ཟིང་ཇ།

0073 狭叶瓶尔小草

Ophioglossum thermale Kom.

[*Ophioglossum angustatum* Maxon.]

ལྡིང་ཛ།

0074 瓶尔小草

Ophioglossum vulgatum L.

海金沙科 **Lygodiacoae**

གསེར་གྱི་བྱེ་མ།

0075 海金沙

Lygodium japonicum (Thunb.) Sw.

碗蕨科 **Dennstaedtiaceae**

རྒྱ་བྱ་ཛ་མ།

0076 蕨

Pteridium aquilinum (L.) Kuhn. var. *latiusculum*

(Desv.) Underw.

凤尾蕨科 Pteridaceae

ཛྭ་ཛ་མདོང་ས།

0077 掌叶凤尾蕨（指状凤尾蕨）

Pteris dactylina Hook.

ཛ་མདོང་ས།

0078 凤尾草（井栏边草）

Pteris multifida Poir.

ཛྭ་ཛ་མདོང་ས།

0079 凤尾蕨（大叶井口边草）

Pteris cretica var. *cretica* (Christ) C

སྦལ་པ་ལག་པ།

0080 银粉背蕨

Aleuritopteris argentea (Gmel.) Fee

རེ་རལ་དམན་པ།

0081 稀叶珠蕨

Cryptogramma stelleri (Gmel.) Prantl

རེ་རལ་དམན་པ

0082 禾秆旱蕨

Pellaea straminea Ching

སྐྱི་རྩ་བྱི།

0083 铁线蕨

Adiantum capillus-veneris L.

སྐྱི་རྩ་བྱི།

0084 白背铁线蕨

Adiantum davidii Franch.

རེ་རལ་ཆུང་བ།

0085 掌叶铁线蕨

Adiantum pedatum L.

བཙུན་མོ་རེ་རལ།

0086 西藏铁线蕨

Adiantum tibeticum Ching

冷蕨科 Cystopteridaceae

ལྕམ་བུ་རེ་རལ།

0087 东亚羽节蕨

Gymnocarpium oyamense (Bak.) Ching

铁角蕨科 Aspleniaceae

ལྕམ་བུ་རེ་རལ།

0088 胎生铁角蕨

Asplenium indicum Sledge

鳞毛蕨科 Dryopteridaceae

ལྗུམ་བུ་རེ་རལ།

0089 刺齿贯众

Cyrtomium caryotideum (Wall.) Pre.

ལྗུམ་བུ་རེ་རལ།

0090 贯众

Cyrtonium fortunei J. Sm.

ཀྲུལ་ཙོ་རེ་རལ།

0091 暗鳞鳞毛蕨

Dryopteris atrata (Wallich ex Kunze) Ching

ཀྲུལ་ཙོ་རེ་རལ།

0092 多鳞鳞毛蕨（髯毛鳞毛蕨）

Dryopteris barbigera (T. Moore et Hook.) O. Ktze.

རྒྱལ་པོ་རི་རལ།

0093 华北鳞毛蕨

Dryopteris goeringiana (Kunze) Koidz.

ལྕམ་བུ་རི་རལ།

0094 近多鳞鳞毛蕨

Dryoteris komarovii kossinsky

ལྕམ་བུ་རི་རལ།

0095 布朗耳蕨

Polystichum braunii (Spren.) Fee

ལྕམ་བུ་རི་རལ།

0096 中华耳蕨

Polystichum sinense (Christ) Christ

ལྕམ་བུ་རི་རལ།

0097 昌都高山耳蕨

Polystichum qamdoense Ching et S. K. Wu

ལྷུམ་བུ་རེ་རལ།

0098 多鳞耳蕨（密鳞刺叶耳蕨）

Polystichum squarrosum (D. Don) Fee

叉蕨科 Tectariaceae

གྲེ་གྲུ་སེར་ཁྲིག།

0099 多形叉蕨

Tectaria polymorpha (Wall.) Cop.

水龙骨科 Polypodiaceae

ཟག་སྤོས།

0100 星鳞瓦韦

Lepisorus asterolepis (Bak.) Ching

[*Lepisorus mactosphaerus* (Bak.) Ching var.

asterolepis (Hay) Ching]

བྲག་སྦྲོས།

0101 双色瓦韦

Lepisorus bicolor Ching

བྲག་སྦྲོས།

0102 网眼瓦韦（川西瓦韦、多变瓦韦）

Lepisorus clathratus (C. B. Clarke) Ching

[*Lepisorus soulieanus* (Christ) Ching et S. K. Wu;

Lepisorus variabilis Ching et S. K. Wu]

བྲག་སྦྲོས།

0103 扭瓦韦（卷叶瓦韦）

Lepisorus contortus (Christ) Ching

བྲག་སྦྲོས།

0104 高山瓦韦

Lepisofus eilophyllus (Dres.) Ching

བྲག་སྤོས།

0105 大瓦韦

Lepisorus macrosphaerus (Baker) Ching

བྲག་སྤོས།

0106 白边瓦韦

Lepisorus morrisonensis (Hayata) H. Ito

བྲག་སྤོས།

0107 稀鳞瓦韦

Lepisorus oligolepidus (Baker) Ching

བྲག་སྤོས།

0108 长瓦韦

Lepisorus pseudonudus Ching

བྲག་སྤོས།

0109 棕鳞瓦韦（变绿瓦韦、绿色瓦韦）

Lepisorus scolopendrium (Buch. -Ham.) Menhra et Bir.

[*L. excavatus* Bory var. *scolopendrium* (Buch. Ham.) Ching;

Lepisorus virescens Ching et S. K. Wu]

བྲག་སྤྱོས།

0110 西藏瓦韦

Lepisorus tibeticus Ching et S. K. Wu

བཙུན་མོ་རེ་རལ།

0111 陕西假瘤蕨

Selliguea senanensis (Maximowicz) S. G. Lu

བཙུན་མོ་རེ་རལ།

0112 掌状扇蕨（耳基宽带蕨、宽带蕨）

Lepisorus waltonii (Ching) S. L. Yu

[*Platygyria inacquibasis* Ching et S. K. Wu;

Platygyria waltonii (Ching) Ching et S. K. Wu;

Lepisorus walltonii (Ching) Ching]

བྲག་སྤྱོས་རིགས།

0113 华北石韦（西南石韦）

Pyrrosia davidii (Baker) Ching

[*Pyrrosia gralla* (Giesenh.) Ching]

བྲག་སྤོས་རིགས།

0114 毡毛石韦（大叶石韦）

Pyrrosia drakeana (Franch.) Ching

བྲག་སྤོས་རིགས།

0115 石韦

Pyrrosia lingua (Thunb.) Farw.

བྲག་སྤོས་རིགས།

0116 柔软石韦

Pyrrosia mollis (Kunze.) Ching

བྲག་སྤོས་རིགས།

0117 有柄石韦

Pyrrosia petiolosa (Christ) Ching

བྲག་སྤོས་རིགས།

0118 庐山石韦

Pyrrosia sheareri (Barke) Ching

བེ་ལྡང་རེ་རལ།

0119 秦岭槲蕨（中华槲蕨、华槲蕨、渐尖槲蕨）

Drynaria baronii (Christ) Diels

[*Drynaria baronii* (Christ) Diels var. *intermedia* Ching et S. K. Wu]

བེ་ལྡང་ར་རེ་རལ།

0120 川滇槲蕨

Drynaria delavayi Christ

བེ་ལྡང་ར་རེ་རལ།

0121 毛槲蕨（糙毛槲蕨、西藏槲蕨）

Drynaria mollis Bedd.

[*Drynaria costulisora* Ching et S. K. Wu; *Drynaria tibetica* Ching et S. K. Wu]

གཡུ་འབྲུག་འཁྲིལ་བ།

0122 光叶槲蕨（石莲姜槲蕨）

Drynaria propinqua (Wall.) J. Sm.

བེ་ལྡོང་རེ་རལ།

0123 崖姜（岩姜蕨）

Aglaomorpha coronans (Wall. ex Mett) Copeland.

[*Pseudodrynaria coronans* (Wall.) Ching]

裸子植物门 Gymnospermae

松科 Pinaceae

ཤིང་གསོམ།

0124 苍山冷杉
Abies delavayi Franch.

ཤིང་གསོམ།

0125 西藏冷杉（喜马拉雅冷杉）
Abies spectabilis (D. Don) Spach

ཤིང་གསོམ།

0126 鳞皮冷杉
Abies squamata Mast.

དེ་བ་ད་རུ་ཚབ།

0127 雪松

Cedrus deodara (Roxb.) G. Don

ཤིང་གསོམ།

0128 西藏红杉（西藏落叶松）

Larix griffithiana (Lindl. et Gord.) Hort.

ཤིང་གསོམ།

0129 喜马拉雅红杉

Larix himalaica Cheng et L. K. Fu

ཤིང་གསོམ།

0130 红杉（金钱松、落叶松）

Larix potaninii Batalin

ཤིང་གསོམ།

0131 大果红杉

Larix potaninii var. *australis* A. Henry ex Handel-Mazzetti.

ཞིང་གསོམ།

0132 青海云杉

Picea crassifolia Kom.

ཞིང་གསོམ།

0133 川西云杉

Picea likiangensis (Franch.) Pritz. var. *rubescens* Rehd. et Wils.

[*Picea likiangensis* (Franch.) Pritz. var. *balfouriana* (Rehd. et Wils.) Hillier]

ཞིང་གསོམ།

0134 紫果云杉

Picea purpurea Mast.

ཞིང་གསོམ།

0135 长叶云杉（大果云杉）

Picea smithiana (Wall.) Boiss.

སྒྲོན་ཤིང།

0136 华山松

Pinus armandii Franch.

སྒྲོན་ཤིང་རིགས།

0137 高山松

Pinus densata Mast.

སྒྲོན་ཤིང་།

0138 西藏白皮松

Pinus gerardiana Wall.

སྒྲོན་ཤིང་།

0139 乔松

Pinus wallichiana A. B. Jackson

[*Pinus griffithii* McClell.]

སྒྲོན་ཤིང་རིགས།

0140 马尾松

Pinus massoniana Lamb.

སྒྲོན་ཤིང་།

0141 喜马拉雅长叶松（西藏长叶松）

Pinus roxburghii Sarg.

སྒྲོན་ཤིང་རིགས།

0142 油松

Pinus tabuliformis Carr.

སྒྲོན་ཤིང་།

0143 云南松

Pinus yunnanensis Franch.

柏科 Cupressaceae

ཤུ་དུག།

0144 巨柏

Cupressus gigantea Cheng et L. K. Fu

སྲ་ཤུག།

0145 西藏柏木

Cupressus torulosa D. Don

ཤུག་པ་ཚེར་ཅན།

0146 刺柏

Juniperus formosana Hayata

ཤུག་པ་ཚེར་ཅན།

0147 杜松

Juniperus rigida Sieb. et Zucc.

སྤྱི་འབྲུམ།

0148 西伯利亚刺柏

Juniperus sibirica Burgsd.

ཤུག་ལེབ།

0149 侧柏

Platycladus orientalis (L.) Franco

[*Biota orientalis* (L.) Endl.]

ཤུག་པ

0150 圆柏

Juniperus chinensis (L.) Syst.

ཤུག་པ

0151 密枝圆柏

Juniperus convallium (Rehd. et Wils.) Cheng et W. T. Wang

ལུག་ཤུག་འབྲིང་བ།

0152 塔枝圆柏

Juniperus komarovii (Florin) Cheng et W. T. Wang

ཤུག་པ

0153 垂枝香柏

Juniperus pingii (Cheng) Cheng et W. T. Wang

ལུག་ཤུག་ཆུང་བ།

0154 香柏

Juniperus pingii (Cheng) Cheng et W. T. Wang var. *wilsonii* (Rehd.) Cheng et L. K. Fu

[*S. squamata* (Buch. -Ham.) Ant. var. *wilsonii* (Rehd.) Cheng et L. K. Fu]

རྒྱ་ཤུག

0155 祁连圆柏

Juniperus przewalskii (Kom.) Kom.

ར་ཤུག

0156 垂枝柏（曲枝圆柏）

Juniperus recurva (Buch. -Ham.) Ant.

རྒྱ་ཤུག

0157 方枝柏

Juniperus saltuaria (Rehd. et Wils.) Cheng et W. T. Wang

སྱ་མ་ཚེར་ཅན།

0158 高山柏（鳞桧）

Juniperus squamata Buch. -Ham.

[*Sabina squamata* (Buch. -Ham.) Ant.]

རྒྱ་ཤུག

0159 大果圆柏

Juniperus tibetica (Kom.) Kom.

ལུག་ཤུག་ཚུང་བ།

0160 叉子圆柏

Juniperus sabina L.

རྒྱ་ཤུག

0161 松潘叉子圆柏

Juniperus sabina L. var. *erectopatens* (W. C. Cheng et L. K. Fu) Y. F. Yu et L. K. Fu

རྒྱ་ཤུག

0162 昆仑多子柏

Juniperus semiglobosa Regel

ལུག་ཤུག་ཚང་བ།

0163 滇藏方枝柏

Juniperus indica Bertoloni

三尖杉科 Cephalotaxaceae

གསོམ་སེང་ལྡིང་།

0164 粗榧

Cephalotaxus sinensis (Rehd. et Wils.) Li 86

红豆杉科 Taxaceae

རྒྱ་ཏུ་ཤིང་།

0165 喜马拉雅红豆杉（西藏红豆杉）

Taxus wallichiana Zucc.

རྒྱ་ཏུ་ཤིང་།

0166 云南红豆杉

Taxus yunnanensis Cheng et L. K. Fu

麻黄科 Ephedraceae

མཚེ་ལྡུམ།

0167 木贼麻黄

Ephedra equisetina Bunge

མཚེ་ལྡུམ།

0168 山岭麻黄

Ephedra gerardiana Wall.

མཚེ་ལྡུམ།

0169 中麻黄（西藏中麻黄）

Ephedra intermedia Schrenk

[*Ephedra intermedia* Schrenk var. *tibetica* Stapf]

མཚེ་ལྡུམ།

0170 丽江麻黄

Ephedra likiangensis Florin

མཚེ་ལྡུམ།

0171 藏麻黄

Ephedra saxatilis Royle ex Florin

མཚེ་ལྷམ།

0172 矮麻黄（川麻黄、异株矮麻黄）
Ephedra minuta Florin
[*Ephedra minuta* Florin var. *dioeca* C. Y. Cheng]

མཚེ་ལྷམ།

0173 单子麻黄
Ephedra monosperma Gmel.

མཚེ་ལྷམ།

0174 膜果麻黄（曲枝麻黄）
Ephedra przewalskii Stapf

མཚེ་ལྷམ།

0175 藏麻黄
Ephedra saxatilis Royle

མཚེ་ལྷམ།

0176 草麻黄
Ephedra sinica Stapf

买麻藤科 Gnetaceae

སོན་ཚ་ར།

0177 买麻藤

Gnetum montanum Markgr.

སོན་ཚ་ར།

0178 垂子买麻藤（大子买麻藤）

Gnetum pendulum C. Y . Cheng Cheng

[*Gnetum montanum* Markgr. f. *megalocarpum* Markgr.]

被子植物　Angiospermae

单子叶植物纲　Monococyledonae

香蒲科　Typhaceae

སྦུ་ཏ་འདང་།

0179　宽叶香蒲

Typha latifolia L.

འདམ་བུ་ཀ་ར་ཞན་པ།

0180　黑三棱

Sparganium stoloniferum Buch. -Ham.

眼子菜科 Potamogtonaceae

གསོར་ལྡེམ།

0181 眼子菜

Potamogeton distinctus A. Benn.

གསོར་ལྡེམ།

0182 浮叶眼子菜

Potamogeton natans L.

གསོར་ལྡེམ།

0183 篦齿眼子菜

Stuckenia pectinata (L.) Borner

芝菜科（水麦冬科） Juncaginaceae

ན་རམ།

0184 海韭菜

Triglochin maritima L.

ཟིཏྲུཡ་འདྲ་ཚབ།

0185 水麦冬

Triglochin palustris L.

禾本科 **Poaceae**

སྤྱུག་མ་གཞོན་ནུ་ཚབ།

0186 西南野古草

Arundinella hookeri Munro ex Keng, Nat.

དྭ་ཀན།

0187 野燕麦

Avena fatua L.

དྭ་ཀན།

0188 燕麦

Avena sativa L.

སྨྱུག་ཙུ་གང་།

0189 印度簕竹

Bambusa arundinaceae (Retz.) Willd.

སྨྱུག་ཙུ་གང་།

0190 青皮竹（竹黄、天竹黄）

Bambusa textilis McClure

པུ་ཞིལ་རྩེ།

0191 白羊草

Bothriochloa ischaemum (L.) Keng

འདམ་བུ་ཀ་ར་བྱང་ལུགས།

0192 沿沟草

Catabrosa aqualica (L.) Beauv.

སྲོ་སྲི་ཙེ།

0193 野薏仁（川谷）

Coix lacryma-jobi L. var. *mayuen* (Roman) Stapf

རྩྭ་བ་ལ།

0194 芸香草

Cymbopogon distans (Nees) Wats.

རྩྭ་བ་ལ།

0195 辣薄荷草

Cymbopogon jwarancusa (Jones) Schult.

རྩྭ་བ་ལ།

0196 通麦香茅

Cymbopogon tungmaiensis L. Liu

རྩྭ་རམ་པ་ཚབ།

0197 狗牙根

Cynodon dactylon (L.) Pars.

སོ་བ།

0198 大麦

Hordeum vulgare L.

ནས།

0199 青稞

Horderum vulgare L. var. *coeleste* L.

ནས།

0200 藏青稞

Hordeum vulgare L. var. *trifurcatum* (Jess.) Alef.

རྩྭ་རམ་པ་རིགས།

0201 大白茅

Imperata cylindrica (L.) Beauv. var. *major* (Ness)

C. E. Hubb.

སྨྱུག་མ་གཞོན་ནུ།

0202 西藏新小竹

Neomicrocalamus microphyllus Hsuh et Yi

འབྲས།

0203 稻

Oryza sativa L.

ཙི་ཙི།

0204 黍

Panicum miliaceum L.

མ་མ་རྒྱས་རྒྱས་རིགས།

0205 圆果雀稗

Paspalum scrobiculatum L. var. *orbiculare* G. Forst.

དུར་བ།

0206 白草

Pennisetum flaccidum Griseb.

སྨྱུ་རམ་པ།

0207 卡开芦（南芦苇、芦苇）

Phragmites australi (Cav.) Trin.

[*Phragmites communis* Trin.; *P. australis* Trin.]

སྨྱུག་སྔོན་ཆེ་བ།

0208 淡竹（毛金竹）

Phyllostachys nigra (Lodl.) Munro var. *henonis* (Mitf.) Stapf

བུར་ཤིང་།

0209 红皮蔗（甘蔗）

Saccharum officinarum L.

བུར་ཤིང་།

0210 甘蔗（竹蔗）

Saccharum sinense Roxb.

སྨྱུག་ཙུ་གང་།

0211 薄竹（华思劳竹）

Schizostachyum chinense Rendle

སོ་བ།

0212 黑麦（黑大麦）

Secale cereale L.

མ་མ་སྒོ་ལྕགས།

0213 金色狗尾草

Setaria pumila (Poiret) Roemer & Schultes

ཁྲ་མ།

0214 粱（小米）

Setaria italica (L.) Beauv.

ཁྲེ།

0215 粟（小米、谷子）

Seteria italica (L.) Beauv. var. *germanica* (Mill.) Schred

མ་མ་སྒོ་ལྕགས་ཆབ།

0216 狗尾草

Setaria viridis (L.) Beauv.

ཀུ་ཤ།

0217 粽叶芦

Thysanolaena latifolia (Roxb.) Kuntze

གྲོ།

0218 小麦

Triticum aestivum L.

སྨྱུག་སྔོན་ཆེ་བ།

0219 亚东玉山竹

Yushania yadongensis Yi

མ་རྒྱས་ལོ་ཏོག

0220 玉米（玉蜀黍）

Zea mays L.

莎草科 **Cyperaceae**

གླ་སྒང་།

0221 香附

Cyperus rotundus L.

ཁུ་བྱུག་ཇེ་ཐོག་ཚབ།

0222 水蜈蚣

Kyllinga brevifolia Rottb.

མ་མ་རྒྱས་རྒྱས་ཚབ།

0223 砖子苗

Cyperus cyperoides (L.) Kuntze

棕榈科 Arecaceae

གོ་ཡུ།

0224 槟榔

Areca catechu L.

སྨག་རིགས།

0225 桄榔（砂糖椰子）

Arenga pinnata (Wurmb.) Merr.

སླག་རིགས།

0226 短穗鱼尾葵

Caryota mitis Lour.

སླག་རིགས།

0227 钝齿鱼尾葵

Caryota obtusa Griff.

ན་ཏ།

0228 椰子

Cocos nucifera L.

སླག

0229 西谷椰树（莎木、莎面木）

Metroxylon sagu Rottb.

འབྲ་གོ

0230 海枣

Phoenix dactylifera L.

天南星科 Acoraceae

ཤུ་དག་དཀར་པོ།

0231 菖蒲（水菖蒲）

Acorus calamus L.

ཤུ་དག་ནག་པོ།

0232 金钱蒲（随手香、石菖蒲）

Acorus gramineus Soland.

[*Acorus consanguineum* Schott; *Acorus fraternum* Schott]

དྭ་བ་རིགས།

0233 东北南星

Arisaema amurense Maxim.

དྭ་བ།

0234 旱生南星

Arisaema aridum H. Li

ད་བ་རིགས།

0235 多脉南星（长尾南星）

Arisaema costatum (Wall.) Mart.

ད་བ་རིགས།

0236 刺棒南星

Arisaema echinatum (Wall.) Schott

ད་བ་རིགས།

0237 象南星

Arisaema elephas Buchet

ད་བ།

0238 一把伞南星

Arisaema erubescens (Wall.) Schott

[*Arisaema consanguineum* Schott; *Arisaema fraternum* Schott]

དྭ་བ།

0239 黄苞南星

Arisaema flavum (Forsk.) Schott subsp. *tibeticum* J. Murata

དྭ་བ།

0240 天南星

Arisaema heterophyllum Blume

དྭ་བ་རིགས།

0241 高原南星

Arisaema intermedium Blume

དྭ་བ།

0242 藏南绿南星

Arisaema jacquemontii Bl.

དྭ་བ།

0243 猪笼南星

Arisaema nepenthoides (Wall.) Mart.

ཎྜ་བ།

0244 藏南星

Arisaema propinquum Schott

ཎྜ་བ།

0245 曲序南星

Arisaema tortuosum (Wall.) Schott

ཎྜ་བ་རིགས།

0246 网檐南星

Arisaema utile Hook. f.

ཎྜ་བ།

0247 隐序南星

Arisaema wardii Marq.

ཎྜ་བ་རིགས།

0248 山珠南星（山珠半夏）

Arisaema yunnanense Buchet

དྲ་བ་ཚབ།

0249 半夏
Pinellia ternata (Thunb.) Breit.

དྲ་བ་ཚབ།

0250 斑龙芋
Sauromatum venosum (Aiton) Kunth

དྲ་བ་ཚབ།

0251 高原犁头尖
Sauromatum diversifolium (Wallich ex Schott) Cusimano & Hetterscheid

དྲ་བ་ཚབ།

0252 独角莲（禹白附、白附子）
Sauromatum giganteum Engl.

དྲ་བ་ཚབ།

0253 芒康犁头尖
Typhonium mangkamgense H. Li

浮萍科 Lemnaceae

ཚུ་གཡེང་སྣ།

0254 紫萍

Spirodela polyrhiza (L.) Schleid.

鸭跖草科 Commelinaceae

ཏ་འབྲི་འབྱོ་ཧོར།

0255 大苞鸭跖草

Commelina paludosa Bl.

[*Commelina obliquo* Buch. Ham.]

灯草心科 Juncaceae

ཨ་འདག་རྒྱུད་ཁབ།

0256 葱状灯心草

Juncus allioides Franch.

ཨ་འདྲ།

0257 走茎灯心草

Juncus amplifolius A. Camus

ཨ་འདྲ།

0258 小灯心草

Juncus bufonius L.

ཨ་འདྲ།

0259 灯心草

Juncus effusus L.

ཙ་འདག་རྒྱུས།

0260 喜马灯心草

Juncus himalensis Klotz.

ཆུ་ཙ།

0261 金灯心草（吉隆灯心草）

Juncus kingii Rendle

[*Juncus longibracteatus* A. M. Lu et Z. Y. Zhang]

ཨ་འདྲ།

0262 展苞灯心草

Juncus thomsonii Buchen.

ཙྭ་འདག་ཀྱུད།

0263 三花灯心草

Juncus triflorus Ohwi, J.

百合科 **Liliaceae**

སྤྱང་སྤྲོས།

0264 高山粉条儿菜

Aletris alpestris Diels

རི་སྒོག

0265 蓝苞葱

Allium atrosanguineum Schrenk

ཁྱི་ཙ་སྒོག་རིགས།

0266 蓝花韭

Allium beesianum W. W. Smith

རྒྱ་སྒོག

0267 镰叶韭

Allium carolinianum DC.

བཙོང་།

0268 洋葱

Allium cepa L.

རི་སྒོག

0269 昌都韭

Allium changduense J. M. Xu

ཤ་སྒོག

0270 野葱

Allium chrysanthum Regel

བྱིའུ་སྒོག

0271 天蓝韭

Allium cyaneum Regel

རི་སྒོག

0272 杯花韭

Allium cyathophorum Bur. et Franch.

སྐྱང་སྒོག་ཀི་ཛི།

0273 粗根韭

Allium fasciculatum Rendle

བཙོང་།

0274 葱

Allium fistulosum L.

རི་སྒོག

0275 梭沙韭

Allium forrestii Diels

རི་སྒོག

0276 钟花韭
Allium kingdonii Stearn

སྒོག་འཛིམ།

0277 大花韭
Allium macranthum Baker

བྲག་སྒོག

0278 薤白
Allium macrostemon Bunge

འཛིམ་ནག

0279 滇韭
Allium mairei Lévl.

འཛིམ་ནག

0280 蒙古韭
Allium mongolicum Regel

ཏག་སྒོག

0281 短葶韭

Allium nanodes Airy-Shaw

སྒོག་འཛིམ་དམན་པ།

0282 帕里韭

Allium phariense Rendle

རི་སྒོག

0283 多叶韭

Allium plurifoliatum Rendle

[*Allium sacculiferum* auct. non Maxim.]

འཛིམ་ནག

0284 碱韭

Allium polyrhizum Turcz.

[*A. subangulatum* Regel]

ཏག་སྒོག

0285 太白山葱

Allium prattii C. H. Wright

འཛིམ་ནག

0286 青甘韭

Allium przewalskianum Regel

བྲག་སྒོག

0287 野韭

Allium ramosum L.

[*Allium odorum* L.]

རྡུག་སྒོག

0288 野黄韭

Allium rude C. M. Shu

སྒོག་པ།

0289 大蒜

Allium sativum L.

རྦི་སྒོག

0290 高山韭

Allium sikkimense Baker

བཙོང་།

0291 辉葱（辉韭）

Allium strictum Schrader

[*Allium splendens* auct. non Willd.]

ཤ་སྒོག

0292 唐古韭

Allium tanguticum Regel

ཅིའུ་ཚལ་འབྲུ་གུ།

0293 韭

Allium tuberosum Rottl.

སྒོག་འཛིམ།

0294 多星韭

Allium wallichii Kunth

ཤ་སྒོག

0295 西川韭

Allium xichuanense J. M. Xu

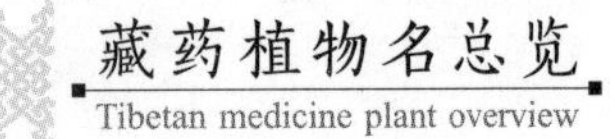

བྱིའུ་སྒོག

0296 齿被韭

Allium yuanum Wang et Tang

འཛོམ་ནག

0297 永登韭

Allium yongdengense J. M. Xu

ཉེ་ཤིང་།

0298 攀援天门冬（短叶天门冬）

Asparagus brachyphyllus Turcz.

ཉེ་ཤིང་།

0299 天门冬

Asparagus cochinchinensis (Lour.) Merr.

ཉེ་ཤིང་།

0300 羊齿天门冬

Asparagus filicinus Ham.

ཉེ་ཤིང་།

0301 长花天冬门

Asparagus longiflorus Franch.

ཉེ་ཤིང་།

0302 多刺天门冬

Asparagus myriacanthus Wang et S. C. Chen

ཉེ་ཤིང་།

0303 石刁柏

Asparagus officinalis L.

ཉེ་ཤིང་།

0304 西北天门冬

Asparagus breslerianus Schutes & J. H. Schultes

ཉེ་ཤིང་།

0305 长刺天门冬

Asparagus racemosus Willd

ཉེ་ཤིང་།

0306 西藏天门冬

Asparagus tibeticus Wang et S. C. Chen

[*Asparagus spinasissimus* Wang et S. C. Chen]

སྟག་གཟིག་མེ་ཏོག་ཞན་པ།

0307 大百合

Cardiocrinum giganteum (Wall.) Makino

སུའོ་ཧྲན་ཧྲུལ།

0308 七筋姑

Clintonia udensis Trautv. et Mey

ཨ་བི་ཁ།

0309 川贝母

Fritillaria cirrhosa D. Don

ཨ་ཧྲི་ཁ།

0310 华西贝母

Fritillaria sichuanica S. C. Chen

ཨ་བྱི་ཁ།

0311 粗茎贝母

Fritillaria crassicaulis S. C. Chen

ཨ་བྱི་ཁ།

0312 梭砂贝母

Fritillaria delavayi Franch.

ཨ་བྱི་ཁ།

0313 高山贝母

Fritillaria fusca Tur.

ཨ་བྱི་ཁ།

0314 甘肃贝母

Fritillaria przewalskii Maxim.

ཨ་བྱི་ཁ་དམན་པ།

0315 黄花贝母

Fritillaria verticillata Willd.

ཨ་བྱི་ཁ།

0316 暗紫贝母

Fritillaria unibracteata Hsiao et K. C. Hsia

མ་ཉིང་ཀོ་ཐ།

0317 黄花菜（金针菜）

Hemerocallis citrina Baroni

སྣ་ལུ་ལྡོང་པ་ཚབ།

0318 萱草

Hemerocallis fulva L.

སྟག་གཟིག་མེ་ཏོག

0319 滇百合

Lilium bakerianum Coll. et Hemsl.

སྟག་གཟིག་མེ་ཏོག

0320 川百合

Lilium davidii Duchartre

སྟག་གཟིག་མེ་ཏོག

0321 宝兴百合

Lilium duchartrei Franch.

[*Lilium lankongense* Franch.]

སྟག་གཟིག་མེ་ཏོག

0322 卷丹

Lilium lancifolium Thunb.

སྟག་གཟིག་མེ་ཏོག

0323 尖被百合

Lilium lophophorum (Bur. et Franch.) Franch.

སྟག་གཟིག་མེ་ཏོག

0324 小百合

Lilium nanum Klotz. et Garcke

སྟག་གཟིག་མེ་ཏོག

0325 紫斑百合

Lilium nepalense D. Don

སྟག་གཟིག་མེ་ཏོག

0326 山丹

Lilium pumilum DC.

[*Lilium tenuifolium* Fisch.]

སྟག་གཟིག་མེ་ཏོག

0327 大理百合

Lilium taliense Franch.

སྟག་གཟིག་མེ་ཏོག

0328 卓巴百合

Lilium wardii Stapf

ཙ་འབྲུ།

0329 禾叶山麦冬

Liriope graminifolia (L.) Baker

ཙ་འབྲུ།

0330 山麦冬

Liriope spicata (Thunb.) Lour.

ཨ་ལྷ་མོ།

0331 黄洼瓣花
Lloydia delavayi Franch.

ཨ་ལྷ་མོ།

0332 平滑洼瓣花
Lloydia flavonutans Hara

ཨ་ལྷ་མོ།

0333 紫斑洼瓣花
Lloydia ixiolirioides Baker

ཨ་ལྷ་མོ།

0334 尖果洼瓣花
Lloydia oxycarpa Franch.

ཨ་ལྷ་མོ།

0335 洼瓣花
Lloydia serotina Rchb.

[*Lloydia himalensis* Royle]

ཨ་ལྷ་མོ།

0336 小洼瓣花

Lloydia serotina var. *parva* (Marq. et Shaw) Hara

ཨ་ལྷ་མོ།

0337 西藏洼瓣花

Lloydia tibetica Bak.

ཨ་ལྷ་མོ།

0338 云南洼瓣花

Lloydia yunnanensis Franch.

ཁུ་རྒྱུག་རྩེ་ཐོག

0339 穗花韭

Milula spicata Prain

སྣག་གཟིག་མེ་ཏོག་ཞན་པ།

0340 太白米（假百合）

Notholirion bulbuliferum (Lingelsh.) Stearn

[*Notholirion hyacinthinum* (Wils.) Stapf]

སྟག་གཟིག་མེ་ཏོག་ཞན་པ།

0341 大叶太白米（大叶假百合）

Notholirion macrophyllum (D. Don) Bioss.

ཙ་འབྲུ།

0342 沿阶草

Ophiopogon bodinieri Lévl

ཙ་འབྲུ།

0343 间型沿阶草

Ophiopogon intermedius D. Don

ཙ་འབྲུ།

0344 麦冬

Ophiopogon japonicus (L. f.) Ker-Gawl.

ཕོག་དེས་མ།

0345 重楼（七叶一枝花）

Paris polyphylla Smith

སྒྲུབ་ཀྲིས་མ།

0346 黑籽重楼
Paris thibetica Franchet

སྒྲུབ་ཀྲིས་མ།

0347 狭叶重楼
Paris polyphylla Smith var. *stenophylla* Franch.

སྒྲུབ་ཀྲིས་མ།

0348 毛重楼
Paris mairei H. Léveillé

སྒྲུབ་ཀྲིས་མ།

0349 北重楼
Paris verticillata M. Bieb.

ར་མཉེ།

0350 互卷黄精
Polygonatum alternicirrhosum Hand.-Mazz

ར་མཉེ།

0351 棒丝黄精
Polygonatum cathcartii Baker

ར་མཉེ།

0352 卷叶黄精（卷叶玉竹）
Polygonatum cirrhifolium (Wall.) Royle

[*Polygonatum fuscum* Hua]

ར་མཉེ།

0353 垂叶黄精
Polygonatum curvistylum Hua

ར་མཉེ།

0354 多花黄精
Polygonatum cyrtonema Hua

[*Polygonatum multiflorum* auct. non (L.) Wall.]

ལུག་མཉེ།

0355 独花黄精

Polygonatum hookeri Baker

ར་མཉེ།

0356 滇黄精

Polygonatum kingianum Coll. et Hemsl.

[*Polygonatum uncinatum* Diels]

ལུག་མཉེ།

0357 玉竹

Polygonatum odoratum (Mill.) Druce

[*Polygonatum officinale* All.;

Polygonatum officinale All. var. *papillosum* Franch.]

ར་མཉེ།

0358 对叶黄精

Polygonatum oppositifolium (Wall.) Royle

ལུག་མཉེ།

0359 康定玉竹

Polygonatum prattii Baker

[*Polygonatum delavayi* Hua]

ར་མཉེ།

0360 黄精

Polygonatum sibiricum Delar.

ར་མཉེ།

0361 轮叶黄精

Polygonatum verticillatum (L.) All.

[*Polygonatum kansuense* Maxim.;

Polygonatum erythrocarpum Hua]

སྦྲུལ་པ།

0362 西南鹿药

Maianthemum fuscum (Wallich) La Frankie

ཐྲུལ་པ་ཆེ་བ།

0363 管花鹿药

Maianthemum henryi (Franchet) La Frankie

ཐྲུལ་པ་ཆུང་བ།

0364 四川鹿药

Maianthemum szechuanicum (Wang & Tang) H. Li

ཐྲུལ་པ།

0365 长柱鹿药

Maianthemum oleraceum (Baker) La Frankie

ཐྲུལ་པ།

0366 窄瓣鹿药

Maianthemum tatsienense (Franchet) La Frankie

ཐྲུལ་པ་ཆུང་བ།

0367 紫花鹿药

Maianthemum purpureum (Wall.) La Frankie

སྒྲི་ལ་སྨུག

0368 穗菝葜

Smilax aspera L.

སྒྲི་ལ་སྨུག

0369 西南菝葜

Smilax biumbellata T. Koyama, Brittonia

ཐུ་ཕུ་ལིང་།

0370 土茯苓

Smilax glabra Roxb.

སྒྲི་ལ་སྨུག

0371 西藏菝葜

Smilax elegans Wall. ex Kunt.

སྒྲི་ལ་སྨུག

0372 无刺菝葜

Smilax mairei Lévl.

ཟྲིལ་སྒྲུག

0373 防己叶菝葜

Smilax menispermoidea A. DC.

ཟྲིལ་སྒྲུག

0374 鞘柄菝葜

Smilax stans Maxim.

[*Smilax vaginata* Dence]

སྒྲུག་འདྲ།

0375 腋花扭柄花

Streptopus simplex D. Don

ཁུ་ཧུག་ཆིག་ཐུབ།

0376 夏须草

Theropogon pallidus Maxim.

ཡན་ལིང་ཚོའོ།

0377 西藏延龄草

Trillium govanianum Wall

ཁད་ཁའུ་ཅན།

0378 弯蕊开口箭

Campylandra wattii (C. B. Clarke) Hook. f.

རྒྱ་གར་ཨ་ཧྲི་ཁ།

0379 印度海葱

Urginea indica Kunth.

石蒜科 Amaryllidaceae

ཟེ་ལུ་ཀའ།

0380 忽地笑

Lycoris aurea (L' Her.) Herb.

薯蓣科 Dioscoreaceae

མ་ཚོམ།

0381 黄独

Dioscorea bulbifera L.

རྒྱའུ་ཡུས་ལོ་མ་ཟུར་གསུམ།

0382 三角叶薯蓣
Dioscorea deltoidea Wall.

ཚུའན་ལོང་རྒྱའུ་ཡུས།

0383 穿龙薯蓣
Dioscorea nipponica Makino

རྒྱའུ་ཡུས།

0384 薯蓣
Dioscorea polystachya Turczaninow

鸢尾科 **Iridaceae**

པ་ཏོ་ལ།

0385 射干
Belamcanda chinensis (L.) DC.

ཁ་ཆེ་གུར་གུམ།

0386 藏红花（番红花）
Crocus sativus L.

དྲེས་མ།

0387 西南鸢尾
Iris bulleyana Dykes

དྲེས་མ།

0388 白花西南鸢尾
Iris bulleyana Dykes f. *alba* Y. T. Zhao

དྲེས་མ།

0389 金脉鸢尾
Iris chrysographes Dykes

དྲེས་མ།

0390 西藏鸢尾
Iris clarkei Baker

མ་ཉིང་དྲེས་མ།

0391 高原鸢尾（小棕包）
Iris collettii Hook. f.

མ་ཉིང་དྲེས་མ།

0392 尼泊尔鸢尾
Iris decora Wall.

[*Iris nepalensis* D. Don]

དྲེས་མ།

0393 长葶鸢尾
Iris delavayi Mich.

དྲེས་མ།

0394 锐果鸢尾
Iris goniocarpa Baker

དྲེས་མ།

0395 大锐果鸢尾
Iris cuniculiformis Noltie & K. Y. Guan

གྲེས་མའི་གེ་སར།

0396 盐生鸢尾

Iris halophila Pall.

[*Iris spuria* L. var. *holophila* (Pall.) Dykes]

ཤུ་དག་དམན་པ་སོ་སོ་ལྗང་པ།

0397 蝴蝶花

Iris japonica Thunb.

དྲེས་མ།

0398 库门鸢尾

Iris kemaonensis D. Don

དྲེས་མའི་གེ་སར།

0399 马蔺

Iris lactea Pall.

[*Iris pallasii* Fisch. var. *chinensis* Fisch.;

Iris ensata Thunb. var. *chinensis* Maxim.]

དྲེས་མ།

0400 天山鸢尾

Iris loczyi Kanitz.

དྲེས་མ།

0401 红花鸢尾

Iris milesii Baker

རི་སྐྱེས་དྲེས་མ།

0402 粗根鸢尾

Iris tigridia Bunge

མ་ཉེང་དྲེས་མ།

0403 卷鞘鸢尾

Iris potaninii Maxim.

དྲེས་མ།

0404 青海鸢尾

Iris qinghainica Y. T. Zhao

རེས་མ།

0405 紫苞鸢尾

Iris ruthenica Ker-Gawl.

རེས་མ།

0406 薄叶鸢尾

Iris leptophylla Lingelsheim ex H. Limpricht

རེས་མ།

0407 准噶尔鸢尾

Iris songarica Schrenk

སྤུ་དཀ་དམན་པ།

0408 鸢尾

Iris tectorum Maxim.

རེས་མ།

0409 单花鸢尾

Iris uniflora Pall

姜科 Zingiberaceae

སྒ་དམར།

0410 红豆蔻（大高良姜）
Alpinia galanga (L.) Willd.

ཀོ་ལ་དཀར་པོ།

0411 海南山姜
Alpinia hainanensis K. Schumann

སྒ་དམར།

0412 高良姜
Alpinia officinarum Hance

སུག་སྨེལ་ནག་པོ།

0413 益智
Alpinia oxyphylla Miq

སུག་སྨེལ་དཀར་པོ།

0414 爪哇白豆蔻

Amomum compactum Soland

སུག་སྨེལ་དཀར་པོ།

0415 白豆蔻

Amomum kravanh Pierre

མོན་ཀ་ཀོ་ལ་སྨུག་པོ།

0416 香豆蔻

Amomum subulatum Roxb

ཀ་ཀོ་ལ།

0417 草果

Amomum tsaoko Crevost et Lemaire

སུག་སྨེལ་ནག་པོ།

0418 砂仁（阳春砂仁）

Amomum villosum Lour.

སུག་སྨེལ་ནག་པོ།

0419 缩砂密（砂仁）

Amomum villosum Lour. var. *xanthioides* (Wall.)

T. L.Wu et S. J. Chen

[*Amomum xanthioides* Wall. ex Bak.]

ཡུང་བ།

0420 郁金

Curcuma aromatica Salisb

ཡུང་བ།

0421 姜黄

Curcuma longa L.

[*Curcuma domestica* Valeton]

སུག་སྨེལ།

0422 小豆蔻（三角蔻、印度豆蔻、长形豆蔻、斯里兰卡小豆蔻）

Elettaria cardamomum Maton

[*Eletiaria major* Smith;

Eletiaria cardamomum Maton var. *major* Thw.]

སྒ་དམར་ཚབ།

0423 密花姜花

Hedychium densiflorum Wall.

སོན་སུག།

0424 西藏大豆蔻

Hornstedtia tibetica T. L. Wu et Senjen

སྨན་སྒ།

0425 山柰

Kaempferia galanga L.

ཤང་ཡྷ་སན།

0426 耳叶象牙参

Roscoea auriculata K. Schum

པ་ཡག་ཚབ།

0427 藏象牙参

Roscoea tibetica Batatin

[*Roscoea intermedia* Gagnep]

སྒ་སྐྱ།

0428 姜
Zingiber officinale Rosc.

兰科 Orchidaceae

པ་ཏྲ་ལ་ཚབ།

0429 小白及
Bletilla formosana (Hayata) Schltr.

པ་ཏྲ་ལ་ཚབ།

0430 白及
Bletilla striata (Thunb.) Rchb. f.

ཀུན་རྡེང་ཨེ།

0431 伏生石豆兰
Bulbophyllum reptans (Lindl.) Lindl.

མ་ཡ་ཆེ།

0432 三棱虾脊兰

Calanthe tricarinata Lindl.

དབང་ལག་ཞན་པ།

0433 银兰

Cephalanthera erecta (Thunb.) Bl.

དབང་པོ་ལག་པ།

0434 长叶头蕊兰

Cephalanthera longifolia (L.) Fritsch.

དབང་པོ་ལག་པ།

0435 凹舌掌裂兰

Dactylorhiza viridis (L.) R. M. Bateman

ཛྭོ་ཁྲུ་ཐྲུག

0436 雅致杓兰

Cypripedium elegans Rchb. f.

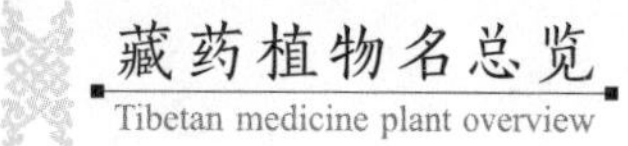

ཙྪ་ཁུ་ཏྲུག

0437 大叶杓兰

Cypripedium fasciolatum Franch.

ཙྪ་ཁུ་ཏྲུག

0438 黄花杓兰

Cypripedium flavum P. F. Hunt et Summerh.

[*Cypripedium reginae* auct. non Walt.]

ཙྪ་ཁུ་ཏྲུག

0439 毛杓兰

Cypripedium franchetii Wilson.

ཙྪ་ཁུ་ཏྲུག

0440 紫点杓兰

Cypripedium guttatum Sw.

ཙྪ་ཁུ་ཏྲུག

0441 绿花杓兰

Cypripedium henryi Rolfe

ཙྭ་ཁུ་ཐུག

0442 狭萼杓兰（高山杓兰）

Cypripedium himalaicum Rolfe

ཙྭ་ཁུ་ཐུག

0443 小花杓兰

Cypripedium macranthum Sw.

ཙྭ་ཁུ་ཐུག

0444 西藏杓兰

Cypripedium tibeticum King

པུ་ཤེལ་ཙེ།

0445 束花石斛（金兰）

Dendrobium chrysanthum Wall.

པུ་ཤེལ་རྩེ།

0446 迭鞘石斛

Dendrobium denneanum Kerr.

[*Dendrobium aurantiacum* Rchb. f. var. *denneanum* (Kerr) Z. H. Tsi]

པུ་ཤེལ།

0447 密花石斛

Dendrobium densiflorum Lindl.

པུ་ཤེལ།

0448 细叶石斛

Dendrobium hancockii Rolfe

པུ་ཤེལ།

0449 金耳石斛

Dendrobium hookerianum Lindl.

པུ་ཤེལ།

0450 聚石斛

Dendrobium jenkinsii Wall.

[*Dendrobium aggregatum* Roxb.]

པུ་ཤེལ།

0451 细茎石斛

Dendrobium moniliforme (L.) Sw.

སུ་ཤེལ།

0452 藏南石斛

Dendrobium monticola P. F. Hunt et Summerh.

སུ་ཤེལ།

0453 石斛（金钗石斛）

Dendrobium nobile Lindl.

བྲ་རྫ་མ།

0454 小花火烧兰

Epipactis helleborine (L.) Crantz

སྐོཙ་དུཙ།

0455 反苞苹兰

Pinalia excavata (Lindl.) Kuntze

མདོ་ལན།

0456 禾颐苹兰

Pinalia graminifolia Lindl.

སྦྲང་ཐུང་།

0457 天麻

Gastrodia elata Bl.

པན་ཡེ་ལན།

0458 小斑叶兰

Goodyera repens (L.) R. Br.

དབང་ལག་མཆོག

0459 角距手参

Gymnadenia bicornis T. Tang et K. Y. Lang

དབང་ལག་མཆོག

0460 手参

Gymnadenia conopsea (L.) R. Br.

དབང་ལག་མཆོག

0461 短距手参

Gymnadenia crassinervis Finet

དབང་ལག་མཆོག

0462 西南手参

Gymnadenia orchidis Lindl.

དབང་ལག་དམན་པ།

0463 长距玉凤花

Habenaria davidii Franch.

[*Habenaria densa* aunt. non L.]

དབང་ལག་དམན་པ།

0464 粉叶玉凤花

Habenaria glaucifolia Bur. et Franch.

དབང་ལག་དམན་པ།

0465 紫斑兰

Hemipiliopsis purpureopunctata K. Y. Lang.

དབང་ལག་དམན་པ།

0466 四川玉凤花

Habenaria szechuanica Schulz

[*Habenaria diphylla* auct. non Dalz.]

དབང་ལག་དམན་པ།

0467 西藏玉凤花

Habenaria tibetica Schltr.

དབང་ལག་དམན་པ།

0468 裂瓣角盘兰

Herminium alaschanicum Maxim.

དབང་ལག་དམན་པ།

0469 角盘兰

Herminium monorchis (L.) R. Br.

ཡང་ཤིར་སོན།

0470 羊耳蒜

Liparis campylostalix H. G. Reichenbach

[*Liparis tschangii* auct. non Schltr.]

དབང་ལག་དམན་པ།

0471 广布小红门兰

Ponerorchis chusua (D. Don) Soó

དྲི་ཟའི་ལག་པ།

0472 掌裂兰

Dactylorhiza hatagirea (D. Don) Soó

ཏན་ཚེ་ཀུཨ།

0473 短梗山兰

Oreorchis erythrochrysea Hand.-Mazz.

ཐེའུ་རང་ལག་པ།

0474 二叶舌唇兰

Platanthera chlorantha Cust.

དབང་ལག་དམན་པ་དཀར་པོ།

0475 缘毛鸟足兰

Satyrium nepalense D. Don var. *ciliatum* (Lindl) Hook. f

སྟོ་དབང་རིལ།

0476 长距鸟足兰

Satyrium nepalense D. Don

双子叶植物纲 Dicotyledoneae

三白草科 Saururaceae

ཉ་དྲི་དྲོ་བའི་སྔོ།

0477 蕺菜（鱼腥草）
Houttuynia cordata Thunb.

胡椒科 Piperaceae

དབང་སྒྲུགས་པི་ལིང་།

0478 苎叶蒟（芦子）
Piper boehmeriaefolium (Miq.) C. DC.

ཤིང་ཙི་ཏྲ་ཀ

0479 风藤（海风藤）
Piper kadsura (Choisy) Ohwi

པི་པི་ལིང་།

0480 荜茇（荜拔、荜拨）
Piper longum L.

ཕོ་བ་རིས།

0481 胡椒
Piper nigrum L.

杨柳科 Salicaceae

ཤིང་དེ་བ་ཚབ།

0482 银白杨
Populus alba L.

དབྱར་པ།

0483 青杨

Populus cathayana Rehd.

མ་གལ།

0484 山杨

Populus davidiana Dode

ཤིང་འདལ་པ།

0485 滇南山杨（小白杨）

Populus rotundifolia Griff. var. *bonatii* (Lévl.) C. Wang et Tung

[*Populus bonati* Lévl.]

མ་གལ།

0486 清溪杨

Populus rotundifolia Griff. var. *duclouxiana* (Dode) Gomb.

དབྱར་པ།

0487 小叶杨

Populus simonii Carr.

རི་ལྕང་འབྱར་པ།

0488 白柳

Salix alba L.

རྒྱ་ལྕང་།

0489 垂柳

Salix babylonica L.

ཟླང་མ།

0490 密齿柳

Salix characta Schneid.

རྒྱ་ལྕང་ཕྲ་མོ།

0491 乌柳

Salix cheilophila Schneid.

གླང་ལྕང་ནག་པོ།

0492 集穗柳

Salix daphnoides Vill.

གླང་མ་ཆེ་བ།

0493 小叶柳

Salix hypoleuca Seemen

གླང་མ་ཆུང་བ།

0494 丝毛柳

Salix luctuosa Lévl.

གླང་ལྕང་ནག་པོ།

0495 旱柳

Salix matsudana Koidz.

གླང་མ་ནག་པོ།

0496 山生柳

Salix oritrepha Schneid.

སླང་མ་དཀར་པོ།

0497 青山生柳

Salix oritrepha Schneid. var. *amnemachinensis* (Hao)

C. Wang et C. F. Fang

[*Salix anmemachinensis* Hao]

སླང་དཀར།

0498 康定柳

Salix paraplesia Schneid.

སླང་མ་ནག་པོ།

0499 硬叶柳

Salix sclerophylla Anderss.

སླང་མ་ནག་པོ།

0500 近硬叶柳

Salix sclerophylloides Y. L. Chou.

ལྕང་མ།

0501 中国黄花柳

Salix sinica (Hao) C. Wang et C. F. Fang

[*Salix* caprea auct. non L.]

ལྕང་མ།

0502 洮河柳

Salix taoensis Goerz

སྐྱང་ལྕང་ནག་པོ།

0503 线叶柳

Salix wilhelmsiana M. Bieb.

胡桃科 Juglandaceae

སྟར་ཀ

0504 胡桃（核桃）

Juglans regia L.

桦木科 Betulaceae

གང་ཁྲམ་མ།

0505 尼泊尔桤木

Alnus nepalensis D. Don

སྟག་པ

0506 细穗桦（长穗桦）

Betula cylindrostachya Lindl.

སྟག་པ

0507 高山桦

Betula delavayi Franch.

སྟག་པ

0508 白桦（瘤枝桦、垂枝桦、东北白桦）

Betula platyphylla Suk.

[*Betula mandshurica* (Regel) Nakai]

ཏྲོ་ག

0509 糙皮桦

Betula utilis D. Don

壳斗科 Fagaceae

བེ་ཤིང་།

0510 麻栎

Quercus acutissima Carr.

བེ་འབྲས།

0511 巴郎栎

Quercus aquifolioides Rehd. et Wils.

བེ་ཤིང་།

0512 柞栎

Quercus dentata Thunb.

བེ་ཤིང་།

0513 巴东栎

Quercus engleriana Seem.

བེ་ཤིང་།

0514 通麦栎

Quercus lanata Smith

བེ་ཤིང་།

0515 帽半栎

Quercus guyavifolia H. Léveillé

བེ་ཤིང་།

0516 高山栎

Quercus semecarpifolia Smith.

ཁམ་ར་ཤ

0517 灰背栎

Quercus senescens Hand.-Mazz.

榆科 Ulmaceae

ཡ་འབོག

0518 毛果旱榆

Ulmus glaucescens Franch. var. *lasiocarpa* Rehd.

ཡ་འབོག

0519 榔榆（小叶榆）

Ulmus parvifolia Jacq.

ཡ་འབོག

0520 榆树（榆、白榆）

Ulmus pumila L.

桑科 Moraceae

སོ་མ་ནག་པོ།

0521 大麻

Cannabis sativa L.

རྒྱ་བ་རུ།

0522 无花果

Ficus carica L.

ཚེང་ནོ།

0523 地果（地瓜）

Ficus tikoua Bur.

དར་ཤིང་།

0524 构棘（穿破石）

Maclura cochinchinensis (Lour.) Garner.

[*Cudrania cochinchinensis* (Lour.) Kudo et Masam.]

དར་ཤིང་།

0525 桑

Morus alba L.

དར་ཤིང་།

0526 鸡桑

Morus australis Poir.

ངར་ཤིང་།

0527 奶桑（光叶桑）

Morus macroura Miq.

[*Morus laevigata* Wall.]

ངར་ཤིང་།

0528 蒙桑（云南桑）

Morus mongolica (Bur.) Schneid. var. *diabolica* Koidz.

[*Morus mongolica* (Bur.) Schneid. var. *yunnanensis* (Koidz.) C. Y. Wu et Cao; *Morus yunnanensis* Koidz.]

ངར་ཤིང་།

0529 吉隆桑

Morus serrata Roxb.

荨麻科 Urticaceae

བྲའི་སྤྲེ་མོ་རིགས།

0530 水麻

Debregeasia orientalis C. J. Chen

[*Debregeasia edulis* auct. non (Sieb. et Zucc.) Wedd.]

མ་གལ་ཚབ།

0531 柳叶水麻

Debregeasia saeneb (Fossk.) Hopper et Wood

[*Debregeasia salicifolia* (Don) Rendle]

སྲ་བ་རྩ།

0532 大蝎子草

Girardinia diversifolia (Link) Friis

[*Girardinia palmata* Bl.]

སུག་པ།

0533 糯米团

Gonostegia hirta (Bl.) Miq.

[*Memorialis hirta* (Bl.) Weed.]

ཟྭ་སོ།

0534 珠芽艾麻

Laportea bulbifera (Sieb. et Zucc.) Weed.

[*Laportea terminalis* Wight]

ཟྭའི་བྱི་མོ་རིགས།

0535 透茎冷水花

Pilea pumila (L.) A. Gray

[*Pilea mongolica* Wedd.]

ཟྭའི་བྱི་མ།

0536 亚高山冷水花

Pilea racemosa (Royle) Tuyama

ཟྭ་འབྲུམ།

0537 狭叶荨麻

Urtica angustifolia Fisch.

ཟྭ་འབྲུམ།

0538 须弥荨麻

Urtica ardens Link.

ཟྭ་སྔོད།

0539 麻叶荨麻

Urtica cannabina L.

ཟྭ་འབྲུམ།

0540 荨麻（裂叶荨麻）

Urtica fissa Pritz.

[*Urtica thunbergiana* auct. non Sieb. et Zucc.]

ཟྭ་འབྲུམ།

0541 高原荨麻

Urtica hyperborea Jacq.

ཟྭ་འབྲུམ།

0542 宽叶荨麻

Urtica laetevirens Maxim.

ཟྭ་འབྲུམ།

0543 咬人荨麻

Urtica thunbergiana Sieb. et Zucl.

ཟྭ་འབྲུམ།

0544 滇藏荨麻

Urtica mairei Lévl.

ཟྭ་གཡུང་།

0545 膜叶荨麻

Urtica membranifolia C. J. Chen.

ཟྭ་འབྲུམ།

0546 异株荨麻

Urtica dioica L.

ཟྭ་འབྲུམ།

0547 三角叶荨麻

Urtica triangularis Hand.-Mazz.

ཟྭ་འབྲུམ།

0548 羽裂荨麻

Urtica triangularis Hand.-Mazz. ssp. *pinnatifida* (Hand.-Mazz.) C. J. Chen.

檀香科 Santalaceae

ཙན་དན་དཀར་པོ།

0549 檀香（白檀香）

Santalum album L.

སྔོ་ཁྲོ་སེར་པོ།

0550 百蕊草

Thesium chinense Turcz.

སྤོ་ཁྲ་སེར་པོ།

0551 长花百蕊草
Thesium longiflorum Hand.-Mazz.

སྤོ་ཁྲ་སེར་པོ།

0552 滇西百蕊草
Thesium ramosoides Hendry.

སྤོ་ཁྲ་སེར་པོ།

0553 藏东百蕊草（东俄洛百蕊草）
Thesium tongolicum Hendry.

桑寄生科 **Viscaceae**

ཐང་ཤིང་གཞན་རྟེན།

0554 高山松寄生
Arceuthobium pini Hawksworth et Wiens

སན་ཙེ་རྫེན།

0555 扁枝槲寄生

Viscum articulatum Burm. f.

སན་ཙེ་རྫེན།

0556 槲寄生（北寄生）

Viscum coloratum (Kom.) Nakai

སན་ཙེ་རྫེན།

0557 柿寄生

Viscum diospyrosicola Hayata

[*Viscum angulatum* auct. non Heyne]

སན་ཙེ་རྫེན།

0558 枫香槲寄生

Viscum liquidambaricola Hayata

[*Viscum articulatum* Burm. f. var. *liquidambaricolum* (Hayata) Sesh.]

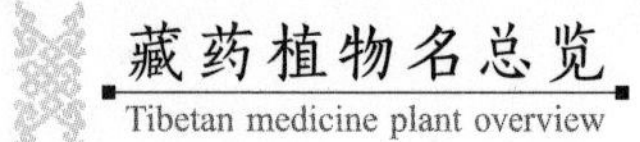

སན་ཙེ་རྩེན།

0559 绿茎槲寄生

Viscum nudum Danser

马兜铃科 Aristolochiaceae

པ་ལི་ཀ་ཚབ།

0560 马兜铃

Aristolochia debilis Sieb. et Zucc.

པ་ལི་ཀ་ཚབ།

0561 优贵马兜铃

Aristolochia gentilis Franch.

པ་ལི་ཀ།

0562 西藏马兜铃

Aristolochia griffithii Hook. f. et Thoms.

བ་ལེ་ཀ་ཚབ།

0563 异叶马兜铃

Aristolochia kaempferi Hemsl.

བ་ལེ་ཀ

0564 大果马兜铃

Aristolochia wuana Zhen W. Liu & Y. F. Deng

བ་ལེ་ཀ་རིགས།

0565 宝兴马兜铃（木香马兜铃、穆坪马兜铃、淮通马兜铃）

Aristolochia moupinensis Franch.

མ་དཞུ་ལེན།

0566 袋形马兜铃

Aristolochia saccata Wall.

[*Aristolochia cathcartii* Hook. f.]

ཏ་ཟིག་ཚབ།

0567 单叶细辛

Asarum himalaicum Hook. f. et Thoms.

蓼科 Polygonaceae

རི་སྐྱེས་བྲ་བོ།

0568 金荞麦

Fagopyrum dibotrys (D. Don) Hara

[*Fagopyrum cymosum* (Trev.);

Polygonum cymosum Trev.]

བྲ་བོ།

0569 荞麦（甜荞）

Fagopyrum esculentum Moench

[*Polygonum fagopyrum* L.]

བྲ་བོ།

0570 苦荞麦

Fagopyrum tataricum (L.) Gaertn.

[*Polygonum tataricum* L.]

སླེ་རིས་ཚབ།

0571 木藤蓼

Fallopia aubertii (L. Henry) Holub

[*Polygonum aubertii* L. Henry]

སྙ་ཡོ་ཚབ།

0572 卷茎蓼

Fallopia convolvulus (L.) Á. Löve

[*Polygonum convolvulus* L.]

མཚོ་ཟལ་ཛེ།

0573 齿叶蓼（酱头）

Fallopia denticulata (Huang) A. J. Li

[*Polygonum denticulatum* Huang]

ལུག་ནོ།

0574 肾叶山蓼

Oxyria digyna (L.) Hill.

བྲག་ལྷམ་ཚབ།

0575 中华山蓼

Oxyria sinensis Hemsl.

ཨ་སོ་རྒྱུ་སོ།

0576 两栖蓼

Polygonum amphibium L.

རམ་བུ་ག་དུར།

0577 抱茎蓼

Polygonum amplexicaule D. Don

བྱི་ན་ས།

0578 萹蓄

Polygonum aviculare L.

རམ་བུ་རིགས།

0579 拳参

Polygonum bistorta L.

སྤྱང་རམ།

0580 长梗蓼（美穗蓼）

Polygonum griffithii Hook. f.

[*Polygonum calostachyum* Diels.]

ཆུ་མ་རྩེ་ནག་པོ།

0581 钟花蓼

Polygonum campanulatum Hook. f.

སྤྱང་རམ་ལོ་མ་ཆུང་བ།

0582 革叶蓼

Polygonum coriaceum Sam.

སྣ་ལོ་རིགས།

0583 叉分蓼

Polygonum divaricatum L.

སྔོ་རྒྱ་མཚོ་ལྷུ་བ་ཚབ།

0584 圆叶蓼（大连钱冰岛蓼）

Polygonum forrestii Diels

[*Koenigia forrstii* (Diels) Mesiek et Sojak]

ཆུ་མ་རྩི།

0585 硬毛蓼

Polygonum hookeri Meisn.

ཆུ་རྩི་ཏ་ཀ

0586 水蓼

Polygonum hydropiper L.

ཆུ་མ་རྩི་རིགས།

0587 酸模叶蓼（节蓼）

Polygonum lapathifolium L.

[*Polygonum nodosum* Pers.]

སྤང་རམ།

0588 圆穗蓼

Polygonum macrophyllum D. Don

[*Polygonum sphaerostachyum* Meisn.]

སྤང་རམ།

0589 狭叶圆穗蓼

Polygonum macrophyllum D. Don var. *stenophyllum* (Meisn.) A. J. Li

རམ་བུ་རིགས།

0590 耳叶蓼

Polygonum manshuriense V. Petr.

སྤང་རམ།

0591 大海蓼

Polygonum milletii Lévl.

ཚུ་མ་རྩི་ནག་པོ།

0592 绢毛蓼

Polygonum molle D. Don

ཚུ་མ་རྩི་ནག་པོ།

0593 倒毛蓼（黑酸杆）

Polygonum molle D. Don var. *rude* (Meisn.) A. J. Li

[*Polygonum rude* Meisn.]

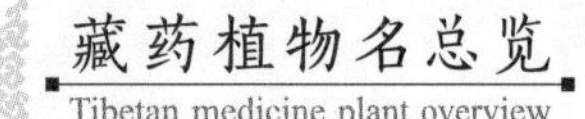

སྣ་མོ་ཚབ།

0594 尼泊尔蓼

Polygonum nepalense Miesn.

སྤང་རམ་ཚབ།

0595 红蓼（荭草、水荭花子）

Polygonum orientale L.

རམ་བུ་རིགས།

0596 草血竭

Polygonum paleaceum Wall.

མ་བཏབ་བྲ་བོ།

0597 杠板归

Polygonum perfoliatum L.

བྲི་ན་ས་ཆུང་བ།

0598 小萹蓄（小果蓼、习见蓼）

Polygonum plebeium R. Br.

སྣ་ལོ་རིགས།

0599 多穗蓼

Polygonum polystachyum Wall.

ཙི་ཙི་ས་འཛིན།

0600 西伯利亚蓼

Polygonum sibiricum Laxm.

རམ་བུ་གཡུང་བ།

0601 翅柄蓼

Polygonum sinomontanum Sam.

རམ་གཡུང་ཧ་མོན།

0602 支柱蓼

Polygonum suffultum Maxim.

སྣ་ལོ།

0603 叉枝蓼（外来蓼）

Polygonum tortuosum D. Don

[*Polygonum periginatoris* Pauls.]

རམ་བུ།

0604 珠芽蓼
Polygonum viviparum L.

རམ་བུ།

0605 细叶珠芽蓼
Polygonum viviparum L. var. *tenuifolium* Y. L. Liu
[*Polygonum tenuifolium* Kung]

ཆུ་རྩ།

0606 心叶大黄
Rheum acuminatum Hook. f. et Thoms.

ཆུ་སྒྲོམ་མ།

0607 水黄（苞叶大黄）
Rheum alexandrae Batal.

ཆུ་རྩ།

0608 藏边大黄（印度大黄）
Rheum australe D. Don
[*Rheum emodi* Wall.]

ཟུར་ལུགས་ཆུ་མ་རྩི།

0609 滇边大黄（白小黄）

Rheum delavayi Franch.

ཆུ་རྩ་པོ།

0610 牛尾七

Rheum forrestii Diels

ཟུར་ལུགས་ཆུ་མ་རྩི།

0611 头序大黄

Rheum globulosum Gage

ཆུ་རྩ་པོ།

0612 河套大黄（波叶大黄）

Rheum hotaoense C. Y. Cheng et C. T. Kao

མ་ཉིང་ཆུ་རྩ།

0613 红脉大黄

Rheum inopinatum Prain

ས་ཉིད་ཆུ་རྩ།

0614 疏枝大黄
Rheum kialense Franch.

ས་ཉིད་ཆུ་རྩ།

0615 拉萨大黄
Rheum lhasaense A. J. Li et P. K. Hsiao

ཆུ་རྩ་པོ།

0616 丽江大黄
Rheum likiangense Sam.

[*Rheum ovatum* C. Y. Cheng et Kao]

ཆུ་རྩ་མོ།

0617 卵果大黄
Rheum moorcroftianum Royle

ལྷུམ་དཀར།

0618 塔黄（高贵大黄、高山大黄）
Rheum nobile Hook. f. et Thoms.

ལྕུམ་རྩ།

0619 药用大黄

Rheum officinale Baill.

ལྕུམ་རྩ།

0620 掌叶大黄

Rheum palmatum L.

ཆུ་རྩ་མོ།

0621 歧穗大黄

Rheum przewalskii Hook. f. et Thoms.

[*Rheum scaberrimum* auct. non Lingelsh.]

ཟུར་ལུགས་ཆུ་མ་རྩེ།

0622 小大黄

Rheum pumilum Maxim.

ཆུ་རྩ་མོ་ཟུར་ལུགས།

0623 网脉大黄

Rheum reticulatum A. Los.

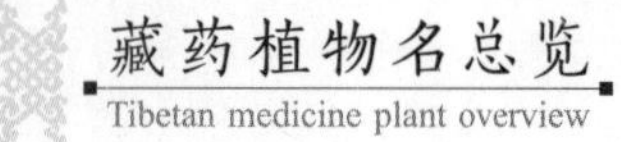

ཆུ་ཆུང་།

0624 枝穗大黄

Rheum rhizostachyum Schrenk

ཆུ་རྩ་མོ།

0625 菱叶大黄

Rheum rhomboideum A. Los.

ཆུ་རྩ་མོ།

0626 穗序大黄

Rheum spiciforme Royle

[*Rheum scaberrimum* Lingelsh.]

ལྕུམ་རྩ།

0627 鸡爪大黄（唐古特大黄）

Rheum tanguticum Maxim.

[*Rheum palmatum* L. var. *tanguticum* Maxim.]

ལྕུམ་ཆུང་།

0628 西藏大黄

Rheum tibeticum Maxim.

ཆུ་རྩ།

0629 波叶大黄

Rheum rhabarbarum L.

ཆུ་རྩ།

0630 喜马拉雅大黄（藏西大黄、喜岭大黄）

Rheum webbianum Royle

ཞེལ་ཕྲེང་ཆུ་མ་རྩེ།

0631 酸模

Rumex acetosa L.

ཆུ་ནོ།

0632 紫茎酸模

Rumex angulatus Rech. f.

ཆུ་ནོ།

0633 水生酸模

Rumex aquaticus L.

ཅུ་སོ

0634 皱叶酸模

Rumex crispus L.

ལྕུང་སོ

0635 齿果酸模

Rumex dentatus L.

ལྕུང་སོ

0636 尼泊尔酸模

Rumex nepalensis Spreng.

ཅུ་སོ

0637 巴天酸模

Rumex patientia L.

藜科 Chenopodiaceae

ཐོ་སྙེའུ་ཚབ།

0638 西伯利亚滨藜（刺果滨藜）
Atriplex sibirica L.

བྱི་ཚེར།

0639 长毛垫状驼绒藜
Krascheninnikovia compacta (Losinsk.) Tsien et C. G. Ma var. *longipilosa* Tsien et C. G. Ma

བྱི་ཚེར།

0640 驼绒藜（优若藜）
Krascheninnikovia ceratoides (L.) Gueldenstaedt

ཐོ་སྙེ།

0641 尖叶藜（尖头叶藜）
Chenopodium acuminatum Willd.

རྒྱ་སྙེའུ།

0642 藜

Chenopodium album L.

སྙེ་སྔོད།

0643 菊叶香藜

Dysphania schraderiana (Roemer & Schultes)

སྙེའུ་དམར།

0644 杖藜

Chenopodium giganteum D. Don

སྙེའུ་དམར།

0645 灰绿藜

Chenopodium glaucum L.

སྙེ་སྔོད།

0646 杂配藜

Chenopodium hybridum L.

སྙེ་གོད།

0647 平卧藜

Chenopodium karoi (Murr) Aellen

སྙེ་གོད།

0648 小藜

Chenopodium ficifolium Smith

བོད་སྙེའུ།

0649 东亚市藜

Chenopodium urbicum L. subsp. *sinicum* Kung et G. L. Chu

སྙེའུ་གོད།

0650 小果滨藜

Microgynoecium tibeticum Hook. f.

སྟག་ཚེར།

0651 猪毛菜

Salsola collina Pall.

སྲུག་ཚེར།

0652 单翅猪毛菜

Salsola monoptera Bunge

སྲུག་ཚེར།

0653 刺沙蓬

Salsola tragus L.

苋科 Amaranthaceae

བྱི་ར་ལུགས་རྒྱུ་རྩ།

0654 牛膝

Achyranthes bidentata Blume

紫茉莉科 **Nyctaginaceae**

བ་སྤྲུ།

0655 山紫茉莉（喜马拉雅紫茉莉）

Oxybaphus himalaicus Edgew.

[*Mirabilis himalaica* (Edgew.) Heim.]

བ་སྤྲུ་དམན་པ།

0656 中华山紫茉莉

Oxybaphus himalaicus Edgew. var. *chinensis* (Heim.) D. Q. Lu

[*Mirabilis himalaica* (Edgew.) Heim. var. *chinensis* Heim.]

商陆科 **Phytolaccaceae**

དཔལ་རྒོད།

0657 商陆

Phytolacca acinosa Roxb.

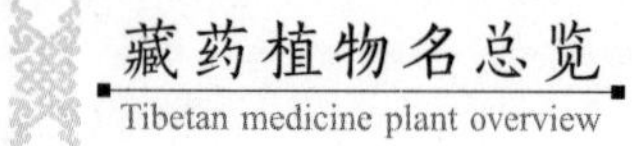

དཔའ་རྩོད་རིགས།

0658 垂序商陆（美洲商陆）
Phytolacca americana L.

马齿苋科　Portulacacea

ཙོ་ཛོ་ལ་ཁ་མི་ཏོག་ཆེ་བ།

0659 大花马齿苋（太阳花、半枝莲）
Portulaca grandiflora Hook.

སྣ་ཁྲེ་ཞན

0660 马齿苋
Portulaca oleracea L.

ཚན་གྱི་རིགས།

0661 四瓣马齿苋
Portulaca quadrifida L.

石竹科 Caryophyllaceae

ཨ་ཀྲོང་དཀར་པོ།

0662 针叶老牛筋

Arenaria acicularis Williams

[*Arenaria capillaries* auct. non Poir;

Arenaria capillalis var. *glandulosa* L. H. Zhou]

རྩྭ་ཨ་ཀྲོང་དཀར་པོ།

0663 短瓣雪灵芝（雪灵芝）

Arenaria brevipetala Tsui et L. H. Zhou

རྩྭ་ཨ་ཀྲོང་དཀར་པོ།

0664 藓状雪灵芝

Arenaria bryophylla Fernald

[*Arenaria musciformis* Wall.]

རྩྭ་ཨ་ཀྲོང་དཀར་པོ།

0665 山居雪灵芝

Arenaria edgeworthiana Majumdar

[*Arenaria monticola* Edgew.]

རྩྭ་ཨ་ཀྲོང་དཀར་པོ།

0666 狐茅状雪灵芝

Arenaria festucoides Benth.

རྩྭ་ཨ་ཀྲོང་ནག་པོའི་རིགས།

0667 小腺无心菜

Arenaria glanduligera Edgew.

རྩྭ་ཨ་ཀྲོང་དཀར་པོ།

0668 海子山老牛筋

Arenaria haitzeshanensis Y. W. Tsui

ཨ་ཀྲོང་དཀར་པོ།

0669 甘肃雪灵芝（卵瓣雪灵芝）

Arenaria kansuensis Maxim.

[*Arenaria kansuensis* var. *ovatipetala* Tsui et L. H. Zhou;

Arenaria kansuensis var. *acropetala* Tsui et L. H. Zhou]

ཨ་ཀྲོང་དཀར་པོ།

0670 澜沧雪灵芝

Arenaria lancangensis L. H. Zhou

བདུད་རྩི་གངས་ཤམ་ཚབ།

0671 黑蕊无心菜（大板山蚤缀）

Arenaria melanandra (Maxim.) Mattf.

བྲིའུ་ལ་སྦུག་ཚབ།

0672 滇藏无心菜

Arenaria napuligera Franch.

ཨ་ཀྲོང་དཀར་པོའི་རིགས།

0673 团状福禄草（团状雪灵芝）

Arenaria polytrichoides Edgew.

ཙ་མ་རྩེ་དཀར་པོའི་རིགས།

0674 福禄草（高原无心菜、高原蚤缀、甘青蚤缀）

Arenaria przewalskii Maxim.

ཨ་ཀྲོང་དཀར་པོ།

0675 垫状雪灵芝

Arenaria pulvinata Edgew.

བྲེའུ་ལ་ཕྲུག་ཚབ།

0676 红花无心菜

Arenaria rhodantha Pax et Hoffm.

ཨ་ཀྲོང་དཀར་པོ།

0677 青藏雪灵芝

Arenaria roborowskii Maxim.

བྲེའུ་ལ་ཕྲུག་ཚབ།

0678 粉花无心菜

Arenaria roseiflora Sprague

རྩྭ་ཨ་ཀྲོང་དཀར་པོ།

0679 具毛无心菜

Arenaria trichophora Franch.

[*Arenaria yunnanensis* Franch. var. *trichophora* (Franch.) Williams]

བདུད་རྩི་གངས་ཤམ་ཚབ།

0680 狭叶无心菜（狭叶具毛无心菜）

Arenaria yulongshanensis L. H. Zhou

[*Arenaria* trichophora Franch. var. *angustifolia* Franch.]

བྱིའུ་ལ་ཐུག་ཚབ།

0681 云南无心菜

Arenaria yunnanensis Franch.

དངུལ་ཏིག་ཚབ།

0682 卷耳

Cerastium arvense L.

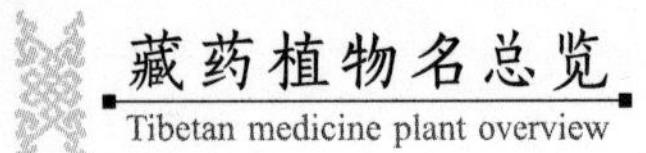

དཔྱད་གའ་ཚུ་རྩ།

0683 簇生卷耳

Cerastium fontanum Baumg. subsp. *vulgare* (Hartman)

པའི་ཉའུ་ཞི།

0684 狗筋蔓

Silene baccifer L.

ར་སུག་རིགས།

0685 瞿麦

Dianthus superbus L.

སུག་པ་རིགས།

0686 细叶石头花

Gypsophila licentiana Hand.-Mazz.

[*Gypsophila acutifolia* auct. non Fisch.]

སུག་པ་རིགས།

0687 紫萼石头花

Gypsophila patrinii Ser.

[*Gypsophila acutifolia* Fisch var. *gmelini* Regel]

ཞང་དྲིལ་དཀར་པོ།

0688 薄蒴草

Lepyrodiclis holosteoides (C. A. Mey) Fisch. et Mey

ཏུ་ཙུ་ཧིང་རྩེ།

0689 金铁锁

Psammosilene tunicoides W. C. Wu et C. Y. Wu

སུག་པ།

0690 腺萼蝇子草

Silene adenocalyx F. N. Williams

ལུག་སུག

0691 女娄菜

Silene aprica Turcz.

[*Melaudrium apricum* (Turcz.) Rohrb.]

ལུག་སྲུག

0692 掌脉蝇子草（瓦草、滇白前）
Silene asclepiadea Franch.
[Melandrium viscidulum (*Franch.*) Williams var. *szechuanense* (Williams) Hand.-Mazz.]

ལུག་སྲུག

0693 坚硬女娄菜
Silene firma Sieb. et Zucc.
[*Melandrium firma* (Srieb et Zucc.) Rohrb.]

ལུག་སྲུག

0694 隐瓣蝇子草（无瓣女娄菜）
Silene gonosperma (Rupr.) Bocquet
[*Melandrium pumilum* (Benth.) Walp.]

ལུག་སྲུག

0695 细蝇子草
Silene gracilicaulis C. L. Tang
[*Silene tenuis* auct. non Willd.]

ལུག་སུག

0696 喜马拉雅蝇子草（无瓣女娄菜、喜马拉雅女娄菜）
Silene himalayensis (Rohrb.) Majumdar

[*Melandrium apetalun* (L.) Fenzl.]

ལུག་སུག

0697 山蚂蚱草（旱麦瓶草）
Silene jenisseensis Willd.

[*Silene pubistyla* L. H. Zhou]

ལུག་སུག

0698 垫状蝇子草（簇生女娄菜）
Silene davidii (Franchet) Oxelman & Lideeen

[*Melandrium caespitosum* Williams]

ལུག་སུག

0699 尼泊尔蝇子草
Silene nepalensis Majumdar

ལུག་སྲུག

0700 宽叶变黑蝇子草
Silene nigrescens (Edgew.) Majumdar subsp. *latifolia* Bocquet

ལུག་སྲུག

0701 长梗蝇子草
Silene pterosperma Maxim.
[*Silene jenisseensis* auct. non Willd.]

བྱ་ཕོ་ཙི་ཙིའི་ཚབ།

0702 蔓茎蝇子草（蔓麦瓶草）
Silene repens Patr.

ར་སྲུག

0703 岩生蝇子草（岩生女娄菜）
Silene scopulorum Franch.
[*Melandrium scopulorum* (Franch.) Hand.-Mazz.]

ལུག་སྲུག

0704 白玉草（膨萼蝇子草）

Silene venosa (Gilib.) Aschers.

ར་སྲུག

0705 黏萼蝇子草（瓦草、滇白前）

Silene viscidula Franch.

[*Melandriu viscidulum* (Franch.) Williams]

ལུག་སྲུག

0706 藏蝇子草

Silene subcretacea F. N. Williams

ལུག་སྲུག

0707 腺毛蝇子草（腺女娄菜）

Silene yetii Bocquet

[*Melandrium glandulosum* (Maxim.) F. N. Williams]

ཙི་ཤང་དཀར་མོ།

0708 垫状偃卧繁缕
Stellaria decumbens Edgew. var. *pulvinata* Edgew. et Hook. f.

ཙི་ཤང་དཀར་མོ།

0709 叉歧繁缕（歧枝繁缕）
Stellaria dichotoma L.

ཙི་ཤང་དཀར་མོ།

0710 禾叶繁缕
Stellaria graminea L.

ཙི་ཤང་དཀར་མོ།

0711 亚伞花繁缕
Stellaria subumbellata Edgew.

ཙི་ཤང་དཀར་མོ།

0712 雀舌草（天篷草）
Stellaria uliginosa Murr.

ཏྲེ་ཤང་དཀར་པོ།

0713 伞花繁缕

Stellaria umbellata Turcz.

ཏྲེ་ཤང་དཀར་པོ།

0714 千针万线草（云南繁缕）

Stellaria yunnanensis Franch.

ལུག་སུག

0715 麦蓝菜（王不留行）

Vaccaria hispanica (Miller) Rauschert

[*Vaccaria pyramidata* Medic.]

睡莲科 **Nymphaeaceae**

འདམ་སྐྱེས་པད་མ།

0716 芡实

Euryale ferox Sailsb.

པད་མ།

0717 莲

Nelumbo nucifera Gaertn.

ཀུ་མུད།

0718 睡莲

Nymphaea tetragona Georgi

肉豆蔻科 **Myristicaceae**

ཛཱ་ཏི།

0719 肉豆蔻

Myristica fragrans Houtt.

毛茛科 Ranunculaceae

བོང་ནག་རིགས།

0720 尖萼乌头（原变种）

Aconitum acutiusculum Fletcher et Launer

[*Aconitum acutiusculum* T. L. Ming]

བོང་ང་ནག་པོ།

0721 展毛尖萼乌头

Aconitum acutiusculum H. R. Fletcher et. Lauener var.

aureopilosum W. T. Wang

བོང་དཀར་རིགས།

0722 高峰乌头

Aconitum alpinonepalense Tamura

བོང་ནག

0723 短柄乌头

Aconitum brachypodum Diels

སྨན་ཆེན།

0724 曲毛短柄乌头

Aconitum brachypodum Diels var. *crispulum* W. T. Wang

བོང་ནག་རིགས།

0725 显苞乌头

Aconitum bracteolosum W. T. Wang

ཧུ་སྲུ་ས།

0726 短距乌头

Aconitum brevicalcaratum (Finet et. Gagnep.) Diels

བོང་དམར་ཚབ།

0727 褐紫乌头

Aconitum brunneum Hand.-Mazz.

བོང་ནག

0728 乌头

Aconitum carmichaelii Debx.

བོང་དཀར་ཆབ།

0729 祁连山乌头

Aconitam chilienshanicum W. F. Wang.

བོང་དཀར་ཆབ།

0730 苍山乌头（堵刺、都刺、都拉）

Aontium contortum Finet et Ganep.

[*Aontium episcopale* auct non Levl.]

ཧི་ཤུ་ས།

0731 粗花乌头

Aconitum crassiflorum Hand.-Mazz.

བོང་ང་དམར་པོ།

0732 叉苞乌头

Aconitum creagromorphum Lauener

བོང་ནག

0733 长柱乌头

Aconitum dolichorhynchum W. T. Wang.

བོང་ནག

0734 长序乌头

Aconitum dolichostachyum W. T. Wang.

འཛིན་ནག

0735 伏毛铁棒锤

Aconitum flavum Hand.-Mazz.

བོང་ནག

0736 丽江乌头

Aconitum forrestii Stapf

བོང་ནག་རིགས།

0737 格咱乌头

Aconitum gezaënse W. T. Wang et L. Q. Li

བོད་སྨྱུས་ཟི་ར་ནག་པོ།

0738 露蕊乌头

Aconitum gymnandrum Maxim.

སྤྱང་དུག

0739 异叶乌头

Aconitum heterophyllum Wall.

བོང་ང་ནག་པོ།

0740 工布乌头

Aconitum kongboense Lauener

[*Aconitum lhasaense* Lauener]

བོང་ནག

0741 多果工布乌头

Aconitum kongboense Lauener var. *polycarpum* W. T. Wang et L. Q. Li

བོང་ནག

0742 类乌齐乌头

Aconitum leiwuqiense W. T. Wang

བཙུད་རྩི་སོ་མ།

0743 长裂乌头

Aconitum longilobum W. T. Wang

བོང་ནག

0744 长梗乌头

Aconitum longipedicellatum Lauener

བཙུད་རྩི་སོ་མ།

0745 江孜乌头

Aconitum ludlowii Exell

བོང་ང་སེར་པོ།

0746 牛扁乌头（杀狼牛扁、狼乌头）

Aconitum lycoctonum L.

འཛིན་པ།

0747 欧乌头

Aconitum napellus L.

བོང་དཀར།

0748 船盔乌头

Aconitum naviculare Stapf

བོང་ང་ནག་པོ།

0749 聂拉木乌头

Aconitum nielamuense W. T. Wang

ཧྲི་སྦུ་ས།

0750 展喙乌头

Aconitum novoluridum Munz.

བོང་ནག

0751 德钦乌头

Aconitum ouvrardianum Hand.-Mazz.

[*Aconitum tenuicaule* W. T. Wang]

བོང་ནག

0752 毛爪德钦乌头

Aconitum ouvrardinaum H. -M. var. *pilopes* W. T.

Wane et L. Q. Li

འཛིན་པ།

0753 铁棒锤

Aconitum pendulum Busch

[*Aconitum szechenyianum* Gay]

བོང་ནག

0754 毛萼多花乌头

Aconitum polyanthum (Finet et Gagnep.) Hand.-Mazz.

var. *puberulum* W. T. Wang

འཛིན་པ།

0755 多裂乌头

Aconitum polyschistum Hand.-Mazz.

བོང་ནག

0756 波密乌头

Aconitum pomeense W. T. Wang

བོང་དཀར་རིགས།

0757 美丽乌头

Aconitum pulchellum Hand.-Mazz.

བོང་ནག

0758 狭裂乌头

Aconitum refractum (Finet et Gagnep.) Hand.-Mazz.

བོང་ནག

0759 直序乌头

Aconitum richardsonianum Lauener

བོང་ནག

0760 伏毛直序乌头（细叶乌头）

Aconitum richardsonianum Launner var. *pseudosessiliflorum* (Lauener) W. T. Wang

[*Aconitum richardsonianum* var. *crispulum* W. T. Wang]

བོང་ནག།

0761 缩梗乌头

Aconitum sessiliflorum (Finet et Granep.) Hand.-Mazz.

ཏི་ཀྲུ་ས།

0762 高乌头

Aconitum sinomontanum Nakai

བོང་ནག་རིགས།

0763 亚东乌头

Aconitum spicatum Stapf

[*Aconitum balfourii* auct. non Stapf]

བོང་ནག།

0764 草黄乌头

Aconitum stramineiflorum Chang

བོང་ནག།

0765 显柱乌头

Aconitum stylosum Stapf

བཙན་དུག

0766 松潘乌头

Aconitum sungpanense Hand.-Mazz.

བོང་དཀར།

0767 甘青乌头

Aconitum tanguticum (Maxim.) Stapf

བོང་དཀར།

0768 毛果甘青乌头

Aconitum tanguticum (Maxim.) Stapf var. *trichocarpum* Hand.-Mazz.

བོང་ནག

0769 新都桥乌头

Aconitum tongolense Ulbr.

ག་བུར་ཧེས་ཤོ།

0770 滇川乌头（滇川牛扁）

Aconitum wardii Fletcher et Lauener

བོང་ནག་རིགས།

0771 竞生乌头

Aconitum yangii W. T. Wang et L. Q. Li

བོང་ནག་རིགས།

0772 展毛竞生乌头

Aconitum yangii W. T. Wang et L. Q. Li var. *villosulum* W. T. Wang et L. Q. Li

བྱི་དུག

0773 类叶升麻

Actaea asiatica Hara

[*Actaea acuminata* auct. non Wall.]

རྒྱ་རྩེ།

0774 甘青侧金盏花

Adonis bobroviana Sim.

རྒྱ་ཙེ་དུག་ལོ།

0775 短柱侧金盏花

Adonis davidii Franch.

རྒྱ་ཙེ་དུག་ལོ།

0776 蓝侧金盏花（高蓝侧金盏花、毛蓝侧金盏花）

Adonis coerulea Maxim.

[*Adonis coerulea* Maxim. f. *integra* W. T. Wang;

Adonis coerulea Maxim. f. *puberula* W. T. Wang]

སྲུབ་ཀ་སྔོན་པོ།

0777 展毛银莲花

Anemone demissa Hook. f. et Thoms.

སྲུབ་ཀ་རིགས།

0778 三出银莲花

Anemone griffithii Hook. f. et Thoms.

སྲུབ་ཀ་རིགས།

0779 叠裂银莲花

Anemone imbricata Maxim.

སྤྲ་བ་ཀ་རིགས།

0780 钝裂银莲花

Anemone obtusiloba D. Don

སྤྲ་བ་ཀ

0781 疏齿银莲花

Anemone geum subsp. *ovalifolia* Brühl

སྤྲ་བ་ཀ

0782 草玉梅

Anemone rivularis Buch. -Ham.

སྤྲ་བ་ཀ་རིགས།

0783 岩生银莲花

Anemone rupicola Comb.

སྤྲ་བ་ཀ་དམན་པ།

0784 红萼银莲花

Anemone smithiana Lau. et Panig.

སྲུབ་ཀ་དམན་པ།

0785 复伞银莲花

Anemone tetrasepala Royle

ལུག་ཐིག

0786 大火草

Anemone tomentosa (Maxim.) Pei

[*Anemone japonica* var. *tomentosa* Maxim.]

སྲུབ་ཀ་རིགས།

0787 西藏银莲花

Anemone tibetica W. T. Wang

སྲུབ་ཀ་རིགས།

0788 匙叶银莲花

Anemone trullifolia Hook. f. et Thoms

ར་སྲུག

0789 条叶银莲花

Anernone coelestina var. *linearis* (Diels) Z

(Bruhl) Hand.-Mazz.

སྲུབ་ཀ་ཚབ།

0790 无距耧斗菜（细距耧斗菜）

Aquilegia ecalcarata Maxim.

[*Aquilegia ecalcarata* Maxim. f. *semicalcarata* (Schipcz.) Hand.-Mazz.]

སྲུབ་ཀ་ཚབ།

0791 甘肃耧斗菜

Aquilegia oxysepala Franch. et Mey var. *kansuensis* Brühl

རག་ཕོ་འཛོམས་སྐྱེས།

0792 川甘美花草

Callianthemum farreri W. W. Smith

རག་ཕོ་འཛོམས་སྐྱེས་ཚབ།

0793 美花草

Callianthemum pimpinelloides (D. Don) Hook. f. et Thoms.

རུ་རྨིག་ཆབ།

0794 驴蹄草

Caltha palustris L.

རུ་རྨིག་ཆབ།

0795 花葶驴蹄草

Caltha scaposa Hook. f. et Thoms.

རྒྱ་རྩི་དུག་མོ།

0796 升麻

Cimicifuga foetida L.

རྒྱ་རྩི་དུག་མོ།

0797 多小叶升麻

Cimicifuga foetida L. var. *foliolosa* Hsiao

[*Cimicifuga simplex* auct. non Wormsk]

དབྱི་མོང་དཀར་པོ།

0798 芹叶铁线莲

Clematis aethusifolia Turcz.

དབྱི་མོང་ནག་པོ།

0799 甘川铁线莲

Clematis akebioides Hort.

[*Clematis glauca* Willd. var. *akebioides* Rehd. et Wils.]

དབྱི་མོང་དཀར་པོ།

0800 小木通

Clematis armandii Franch.

དབྱི་མོང་དཀར་པོ།

0801 短尾铁线莲

Clematis brevicaudata DC.

དབྱི་མོང་དཀར་པོ།

0802 绿叶铁线莲

Clematis viridis (Wang & Chang) Wang

དབྱི་མོང་དཀར་པོ།

0803 合柄铁线莲

Clematis connata DC.

དབྱི་མོང་དཀར་པོ་ཆེ།

0804 银叶铁线莲
Clematis delavayi Franch.

དབྱི་མོང་དཀར་པོ།

0805 粉绿铁线莲
Clematis glauca Willd.

དབྱི་མོང་དཀར་པོ།

0806 黄花铁线莲
Clematis intricata Bunge

[*Clematis glauca* Wild. var. *angustifolia* Ledeb. ;

Clematis orientalis L. var. *intricate* (Bunge) Maxim.]

དབྱི་མོང་ཁྲ་བོ།

0807 长瓣铁线莲
Clematis macropetala Ledeb.

དབྱི་མོང་དཀར་པོ།

0808 绣球藤（四喜牡丹）
Clematis montana Buch. -Ham.

དབྱི་མོང་དཀར་པོ།

0809 大花锈球藤

Clematis montana Buch. -Ham. var. *longipes* W. T. Wang

དབྱི་མོང་དཀར་པོ།

0810 小叶铁线莲

Clematis nannophylla Maxim.

དབྱི་མོང་ནག་པོ།

0811 东方铁线莲（大萼铁线莲、西藏铁线莲）

Clematis orientalis L.

[*Clematis tenuifolia* Royle]

དབྱི་མོང་དཀར་པོ།

0812 毛果铁线莲

Clematis peterae Hand.-Mazz. var. *trichocarpa* W. T. Wang

དབྱི་མོང་ཁྲ་བོ།

0813 西南铁线莲

Clematis pseudopogonandra Finet et Gagnep.

དབྱི་མོང་ཁྲ་བོ།

0814 毛茛铁线莲

Clematis ranunculoides Franch.

དབྱི་མོང་དཀར་པོ།

0815 长花铁线莲

Clematis rehderiana Craib.

དབྱི་མོང་ནག་པོ།

0816 甘青铁线莲

Clematis tangutica (Maxim.) Korsh

[*Clematis orientalis* L. var. *tangutica* Maxim.]

ཉུང་རྩི་སྤྲུས།

0817 黄连

Coptis chinensis Franch.

ཉུང་རྩི་སྤྲུས།

0818 三角叶黄连

Coptis deltoidea C. Y. Cheng et Hsiao

ཡུང་ཆེ་སྤྲུས།

0819 峨眉黄连

Coptis omeiensis (Chen) C. Y. Cheng

ཡུང་ཆེ་སྤྲུས།

0820 五裂黄连

Coptis quinquesecta W. T. Wang

ཡུང་ཆེ་སྤྲུས།

0821 西藏黄连（印度黄连、云南黄连）

Coptis teeta Wall.

[*Coptis teetoides* Cheng; *Coptis teeta* auct. non Wall.]

ཏུ་ཀང་།

0822 白蓝翠雀（矮白蓝翠雀）

Delphinium albocoeruleum Maxim.

[*Delphinium albocoeruleum* var. *pumilum* Huth.]

བྱ་རྒོད་སྤོས་ཚབ།

0823 狭菱形翠雀花

Delphinium angustirhombicum W. T. Wang

བྱ་རྐང་།

0824 巴塘翠雀花

Delphimium batangense Finet et Gagnep.

ཏི་ཤུ་ས་ཚབ།

0825 宽距翠雀

Delphinium beesianum W. W. Sm.

བྱ་རྒོད་སྤོས།

0826 囊距翠雀

Delphinium brunonianum Royle

བྱ་རྒོད་སྤོས་རིགས།

0827 拟螺距翠雀花

Delphinium bulleyanum Forrest

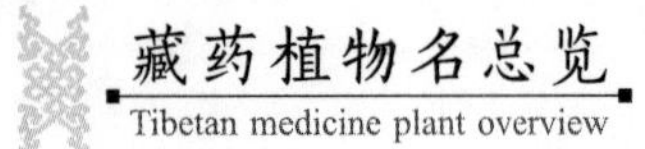

བྱ་རྐང་།

0828 蓝翠雀花

Delphinium caeruleum Jacq.

ལོ་བཙན།

0829 奇林翠雀花

Delphinium candelabrum Ostenf.

ལོ་བཙན།

0830 单花翠雀

Delphinium candelabrum Ostf. var. *monanthum* (Hand.-Mazz.) W. T. Wang

བྱ་རྐོད་སྤོས།

0831 克什米尔翠雀

Delphinium cashmerianum Royle

བྱ་རྐང་ཚབ།

0832 短角萼翠雀花

Delphinium ceratophorum Franch. var. *brevicorniculatum* W. T. Wang

གཡུ་ལུང་པ།

0833 白缘翠雀花

Delphinium chenii W. T. Wang

ཞོ་བཙན།

0834 黄毛翠雀花

Delphinium chrysotrichum Finet et Gagnep.

བྱ་རྒོད་སྤྱོས་ཚབ།

0835 察瓦龙翠雀花

Delphinium chrysostrichum Finet et Gagnep. var. *tsarongense* (Hand.-Mazz.) W. T. Wang

བྱ་རྒོད་སྤྱོས་ཚབ།

0836 滇川翠雀花

Delphinium delavayi Franch.

བྱ་རྒོད་སྤྱོས་རིགས།

0837 须花翠雀花

Delphinium delavayi Franch. var. *pogonanthum* (hand-Mazz.) W. T. Wang

བྱ་རྒོད་སྤོས་རིགས།

0838 密花翠雀花

Delphinium densiflorum Duthie et Hath

ག་བུར་ཏིས་ལོ་རིགས།

0839 短距翠雀花

Delphinium forrestii Diels

ལོ་བཙན་པ།

0840 冰川翠雀花

Delphinium glaciale Hook. et Thems.

རྒྱ་གར་བྱ་རྐང་།

0841 翠雀花

Delphinium grandiflorum L.

གཡུ་ལུང་པ།

0842 拉萨翠雀花

Delphinium gyalanum Marq. et Airy-Shaw

ཤོ་བཙན་པ།

0843 贡嘎翠雀花

Delphinium hui Chen

བྱ་རྐང་།

0844 光序翠雀花

Delphinium kamaonense Huth

བྱ་རྐང་།

0845 展毛翠雀花

Delphinium kamaonense Huth var. *glabrescens* (W. T. Wang) W. T. Wang

[*Delphinium pseudograndiflorum* W. T. Wang]

བྱ་རྐང་རིགས།

0846 少腺密叶翠雀花

Delphinium kingianum Brühl var. *eglandulosum* W. T. Wang

ག་བུར་ཧྲེ་ལ།

0847 光叶翠雀花

Delphinium leiophyllum (W. T. Wang) W. T. Wang

[*Delphinium forrestii* Diels var. *leiophyllum* W. T. Wang]

བྱ་རྐང་།

0848 软叶翠雀花

Delphinium malacophyllum Hand.-Mazz.

བྱ་རྐང་།

0849 多枝翠雀花

Delphinium maximowiczii Franch.

བྱ་རྐང་ཚབ།

0850 囊谦翠雀花

Delphinium nangchienense W. T. Wang

བྱ་རྐང་གཡུང་བ།

0851 粗距翠雀花

Delphinium pachycentrum Hensl.

གཡུ་ལུང་པ།

0852 黑水翠雀花
Delphinium potaninii Huth
[*Delphinium fargesii* Franch.]

ཕོ་བཙན།

0853 拟冰川翠雀花
Delphinium pseudoglaciale W. T. Wang

ག་བུར་ཧྲིས་པོ།

0854 宽萼翠雀花
Delphinium pseudopulcherrimum W. T. Wang

བྱ་ཁྱུང་རིགས།

0855 大通翠雀花
Delphinium pylzowii Maxim.

བྱ་ཁྱུང་རིགས།

0856 三果大通翠雀
Delphinium pylzowii Maxim. var. *trigynum* W. T. Wang

གཡུ་ལུང་པ།

0857 米林翠雀花

Delphinium sherriffii Munz

བྱ་རྐོད་སྤྱོས།

0858 宝兴翠雀花

Delphinium smithianum Hand.-Mazz.

བྱ་ཁང་རིགས།

0859 川甘翠雀花

Delphinium souliei Franch.

བྱ་ཁང་ཚབ།

0860 螺距翠雀花

Delphinium spirocentrum Hand.-Mazz.

གཡུ་ལུང་པ།

0861 匙苞翠雀花

Delphinium subspathulatum W. T. Wang

བྱ་རྐང་རིགས།

0862 大理翠雀花

Delphinium taliense Franch.

གཡུ་ལུང་པ་ཚབ།

0863 长距翠雀花

Delphinium tenii Levl.

གཡུ་ལུང་པ།

0864 澜沧翠雀花

Delphinium thibeticum Finet et Gagnep.

ག་བུར་ཧྲིས་སོ།

0865 川西翠雀花

Delphinium tongolense Franch.

ག་བུར་ཧྲིས་སོ།

0866 毛翠雀花

Delphinium trichophorum Franch.

ཀ་བུར་རྡེས་པོ།

0867 粗距毛翠雀花

Delphinium trichophorum Franch. var. *platycentrum* W. T. Wang

ཀ་བུར་རྡེས་པོ།

0868 光果毛翠雀花

Delphinium trichophorum Franch. var. *subglaberrimum* Hand.-Mazz.

པོ་བཙན།

0869 黏毛翠雀花

Delphinium viscosum Hook. f. et Thoms.

བྱ་རྐང་།

0870 黄黏毛翠雀花

Pelphinium viscosum Hook. f. et Thoms. var. *chrysotrichum* Bruh

བྱི་རྐང་།

0871 竞生翠雀花

Delphinium yangii W. T. Wang

ཚུ་རུག

0872 长叶碱毛茛

Halerpestes ruthenica (Jacq.) Ovcz

ཚུ་རུག་མཆོག

0873 碱毛茛

Halerpestes sarmentosa (Adams.) Kom C

[*Halerpestes cymbalaria* auct. non (Pursh) Green]

གསོར་ལྡེམ་པ།

0874 三裂碱毛茛

Halerpestes tricuspis (Maxim.) Hand.-Mazz.

ཡུ་མོ་མདེའུ་འབྲིན་ཚབ།

0875 扁果草

Isopyrum anemonoides Kar. et Kir.

[*Paraquilegia anemonoides* (Kar. et Kir.) Uhbr.;

Paropyrum anemonoides auct. non (Willd.) Engl.]

ཟི་ར་ནག་པོ།

0876 黑种草

Nigella damascena L.

ཟི་ར་ནག་པོ།

0877 腺毛黑种草

Nigella sativa var. *hispidula* Boiss.

ཟི་ར་ནག་པོ།

0878 家黑种草

Nigella sativa L.

གཟེར་འཇོམས་སེར་པོ།

0879 脱萼鸦跖花

Oxygraphis delavayi Franch.

གཟེར་འཛོམས་སེར་པོ།

0880 鸦跖花

Oxygraphis glacialis (Fisch.) Bunge

ར་དུག་སེར་པོ།

0881 四川牡丹

Paeonia decomposita Hand.-Mazz.

[*Paeonia szechuanica* Fang]

ཟི་ར་དམར་པོ།

0882 滇牡丹（野牡丹、黄牡丹、狭叶牡丹）

Paeonia delavayi Franch.

[*Paeonia delavavi* Fr. var. *lutea* (Delavay) Finet et Gagnep.;

Paeonia lutea Delavay;

Paeonia delavayi Franch. var. *angustiloba* Rehd et Wils;

Paeonia potanini Kom.]

ར་དུག་རིགས།

0883 芍药

Paeonia lactiflora Pall.

ཙྭ་ར་དུག

0884 美丽芍药

Paeonla mairei Levl.

ཙྭ་ར་དུག

0885 毛叶草芍药

Paeonia obovata Maxim. var. *willmottiae* (Stapf) Stern

ར་དུག་དམར་པོ།

0886 牡丹

Paeonia suffruticosa Andr.

ར་དུག

0887 川赤芍

Paeonia anomala L. subsp. *veitchii* (Lynch) D. Y. Hang & K. P. Pan

ཡུ་མོ་མདེའུ་འབྲིན།

0888 乳突拟耧斗菜

Paraquilegia anemonoides (Wild.) Ulbr.

ཡུ་མོ་མདེའུ་འབྱིན།

0889 拟耧斗菜

Paraquilegia microphylla (Poyle) Drumm.

ཕུར་མོང་དཀར་པོ།

0890 白头翁

Pulsatilla chinensis (Bunge) Regel

ཕུར་མོང་དཀར་པོ།

0891 西南白头翁

Pulsatilla millefolium (Hemsl. et Wils) Ulbr.

ལྕེ་ཚ།

0892 鸟足毛茛

Ranunculus brotherusii Freyn

ཁ་ཚ་ལྕེ་ཚ།

0893 茴茴蒜

Ranunculus chinensis Bunge

ལྕེ་ཚ་དམན་པ།

0894 毛茛

Ranunculus japonicus Thunb.

ལྕེ་ཚ་རིགས།

0895 基隆毛茛

Ranunculus hirtellus Royle

ལྕེ་ཚ་རིགས།

0896 长茎毛茛

Ranunculus nephelogenes Edgeworth var. *longicaulis* (Trautvetler) W. T. Wang

ལྕེ་ཚ་རིགས།

0897 棉毛茛

Ranunculus membranaceus Royle

[*Ranunculus pulchellus* var. *sericeus* Hook. f. et Thoms.]

ལྕེ་ཚ་རིགས།

0898 云生毛茛

Ranunculus nephelogenes Edgew.

[*Ranunculus longicaulis* C. A. Mey var. *nephelogenes* (Edgew) L. Liou]

ལྕེ་ཚ་རིགས།

0899 爬地毛茛

Ranunculus pegaeus Hand.-Mazz.

ལྕེ་ཚ་རིགས།

0900 美丽毛茛

Ranunculus pulchellus C. A. Mey

ལྕེ་ཚ་དམན་པ།

0901 深齿毛茛

Ranunculus popovii var. *stracheyanus* (Maxim.) W. T. Wang

ལྕེ་ཚ་རིགས།

0902 苞毛茛

Ranunculus similis Hemsl.

ལྕེ་ཚ།

0903 高原毛茛

Ranunculus tanguticus (Maxim.) Orcz.

[*Ranunculus brotherusii* auct. non Freyn;

Ranunculus brotherusii var. *tanguticus* (Maxim.) Tamura]

མི་ཏོག་ཆབ།

0904 猫爪草

Ranunculus ternatus Thunb.

[*Ranunculus zuccarinii* Miq.]

སྲུ་ནག་ཆབ།

0905 长果升麻（黄三七）

Souliea vaginata (Maxim.) Franch.

ཙོ་སྒྲིན།

0906 高山唐松草

Thalictrum alpinum L.

ཙོ་སྒྲིན།

0907 直梗高山唐松草

Thalictrum alpinum L. var. *elatum* Ulbr.

ཙོ་ལྷུགས་ཀྱུ།

0908 狭序唐松草

Thalictrum atriplex Finet et Gagnep.

ཙོ་སྒྲིན།

0909 贝加尔唐松草

Thalictrum baicalense Turcz.

ཙོ་སྒྲིན་ལོ་མ་ཆེ་བ།

0910 长柱贝加尔唐松草（川甘唐松草）

Thalictrum baicalenxe Turcz. var. *megastigma* Boivin

ཛོ་སྦྱིན།

0911 珠芽唐松草
Thalictrum chelidonii DC.

ཛོ་སྦྱིན།

0912 高原唐松草
Thalictrum cultratum Wall.

ཛོ་སྦྱིན།

0913 偏翅唐松草
Thalictrum delavayi Franch.

ཛོ་སྦྱིན།

0914 香唐松草（腺毛唐松草）
Thalictrum foetidum L.

ཛོ་ལྕགས་ཀྱུ།

0915 多叶唐松草
Thalictrum foliolosum L.

སྔོ་ལྕགས་ཀྱུ།

0916 金丝马尾连

Thalictrum glandulosissimum (Finet et Gagnep.) W. T. Wang et S. H. Wang

སྔོ་ལྕགས་ཀྱུ།

0917 爪哇唐松草

Thalictrum javanicum Blume.

སྔོ་སྤྲིན།

0918 稀蕊唐松草

Thalictrum oligandrum Maxim.

སྔོ་སྤྲིན།

0919 瓣蕊唐松草

Thalictrum petaloideum L.

སྔོ་སྤྲིན།

0920 长柄唐松草

Thalictrum przewalskii Maxim.

སྡོ་བྱིན།

0921 美丽唐松草

Thalictrum reniforme Wall.

སྡོ་བྱིན།

0922 小喙唐松草

Thalictrum rostellatum Hook. f. et Thoms.

སྡོ་ལྷགས་ཀྱུ།

0923 芸香叶唐松草

Thalictrum rutifolium Hook. f. et Thoms.

སྡོ་བྱིན།

0924 短梗箭头唐松草

Thalictrum simplex L. var. *brevipes* Hara

[*Thalictrum angustifolium* auct. non L.]

ཛྭ་ཨ་ཀོང།

0925 石砾唐松草

Thalictrum squamiferum Lecoy.

རྩ་ཨ་གྲོང་།

0926 钩柱唐松草
Thalictrum uncatum Maxim.

རྩོ་སྨྲིན།

0927 帚枝唐松草
Thalictrum virgatum Hook. f. et Thoms.

རྩོ་སྨྲིན།

0928 丽江唐松草
Thalictrum wangii Boivin

ཟྭར་ལུགས་བོང་སེར།

0929 矮金莲花
Trollius farreri Stapf

ཟྭར་ལུགས་བོང་སེར།

0930 大叶矮金莲花
Trollius farreri Stapf. var. *major* W. T. Wang

ཟེར་ལུགས་པོང་སེར།

0931 小金莲花

Trollius pumilus D. Don

ཟེར་ལུགས་པོང་སེར།

0932 青藏金莲花

Trollius pumilus D. Don var. *tanguticus* Brühl

[*Trollius tanguticus* (Brühl) W. T. Wang]

ཟེར་ལུགས་པོང་སེར།

0933 德格金莲花

Trollius pumilus D. Don var. *tehkehensis* (W. T. Wang) W. T. Wang

ཟེར་ལུགས་པོང་སེར།

0934 毛茛状金莲花

Trollius ranunculoides Hemsl.

ཟེར་ལུགས་པོང་སེར།

0935 云南金莲花

Trollius yunnanensis (Franch.) Utbr.

木通科 Lardizabalaceae

སླེ་ཏྲེས་ཚབ།

0936 五月瓜藤

Holboellia angustifolia Wallich

ཀ་ཡི་ཙུང་མ།

0937 八月瓜

Holboellia latifolia Wall.

小檗科 Berberidaceae

སྐྱེར་པ།

0938 峨眉小檗

Berberis aemulans Schneid.

སྐྱེར་པ།

0939 堆花小檗

Berberis aggregata Schneid.

སྐྱེར་པ།

0940 黄芦木

Berberis amurensis Rupr.

སྐྱེར་པ།

0941 近似小檗

Berberis approximata Sprag.

སྐྱེར་པ།

0942 毛叶小檗

Berberis brachypoda Maxim.

སྐྱེར་པ།

0943 短穗小檗

Berberis dictyoneura C. K. Schneider in Sargent.

སྐྱེར་པ།

0944 秦岭小檗

Berberis circumserrata Schneid.

སྐྱེར་པ།

0945 直穗小檗

Berberis dasystachya Maxim.

སྐྱེར་པ།

0946 显脉小檗

Berberis delavayi C. K. Schneid.

སྐྱེར་པ།

0947 鲜黄小檗

Berberis diaphana Maxim.

སྐྱེར་པ།

0948 刺红珠

Berberis dictyophylla Franch.

སྐྱེར་ཤུན།

0949 无粉刺红珠

Berberis dictyophylla Franch. var. *epruinosa* Schneid.

སྐྱེར་པ།

0950 置疑小檗

Berberis dubia Schneid.

སྐྱེར་པ།

0951 红枝小檗

Berberis erythroclada Ahrendt.

སྐྱེར་པ།

0952 大黄檗

Berberis francisci-ferdinandi Schneid.

སྐྱེར་པ།

0953 滇西北小檗

Berberis franchetiana Schneid.

སྐྱེར་པ།

0954 湖北小檗

Berberis gagnepainii Schneid.

སྐྱེར་པ།

0955 吉隆小檗

Berberis gilungensis Ying

སྐྱེར་པ།

0956 波密小檗

Berberis gyalacia Ahrendt.

སྐྱེར་པ།

0957 拉萨小檗

Berberis hemsleyana Ahrendt.

སྐྱེར་པ།

0958 黑果小檗

Berberis atrocarpa Schneid.

སྐྱེར་པ།

0959 川滇小檗

Berberis jamesiana Forr. et W. W. Smith

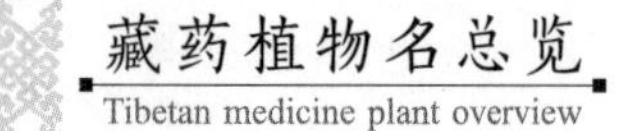

སྐྱེར་པ།

0960 腰果小檗

Berberis johannis Ahrendt.

སྐྱེར་པ།

0961 甘肃小檗

Berberis kansuensis Schneid.

སྐྱེར་པ།

0962 无脉小檗

Berberis nullinervis Ying

སྐྱེར་པ།

0963 刺黄花

Berberis polyantha Hemsl.

སྐྱེར་པ།

0964 拟多花小檗

Berberis prattii Schneid.

སྐྱེར་པ།

0965 粉叶小檗（短叶粉叶小檗）

Berberis pruinosa Franch.

[*Berberis pruinosa* Franch. var. *brevipes* Ahrendt.]

སྐྱེར་པ།

0966 砂生小檗

Berberis sabulicola Ying

སྐྱེར་པ།

0967 血红小檗

Berberis sanguinea Franch.

སྐྱེར་པ།

0968 短苞小檗

Berberis sherriffii Ahrendt.

སྐྱེར་པ།

0969 锡金小檗

Berberis sikkimensis (Schneid.) Ahrendt.

སྐྱེར་པ།

0970 华西小檗

Berberis silva-taroucana Schneid.

སྐྱེར་པ།

0971 独龙小檗

Berberis taronensis Ahrendt.

སྐྱེར་པ།

0972 白粉小檗（林芝小檗）

Berberis temolaica Ahrendt.

སྐྱེར་པ།

0973 日本小檗

Berberis thungbergii DC.

སྐྱེར་པ།

0974 西北小檗（匙叶小檗）

Berberis vernae Schneid.

སྐྱེར་པ།

0975 变绿小檗

Berberis virescens L.

སྐྱེར་པ།

0976 欧洲小檗

Berberis vulgaris L.

སྐྱེར་པ།

0977 金花小檗

Berberis wilsoniae Hemsl.

ལུག་གསོད་མེ་ཏོག

0978 红毛七

Caulophyllum robustum Maxim.

འོལ་མོ་སེ།

0979 西藏八角莲

Dysosma tsayuensis Ying

ཏ་མིག་པོ།

0980 淫羊藿

Epimedium brevicornu Maxim.

སྐྱེར་རྣོད།

0981 察隅十大功劳

Mahonia calamicaulis Spare et Fisch. subsp. *kingdom-wardiana* (Ahendl) Ying et Boutad

སྐྱེར་རྣོད།

0982 尼泊尔十大功劳

Mahonia napaulensis DC.

སྐྱེར་རྣོད།

0983 阿里山十大功劳（多小叶十大功劳）

Machonia oiwakensis DC.

ཨོལ་མོ་སེ།

0984 桃儿七

Sinopodophyllum hexandrum (Royle) Ying

[*Podophyllum emodi* Wall;

Podophyllum emodi Wall. var. *chinensis* Sprague]

防己科 **Menispermaceae**

ཉིམ་པ་ཚབ།

0985 蝙蝠葛

Menispermum dauricum DC.

དཀར་པོ་ཆིག་ཐུབ་ཚབ།

0986 地不容

Stephania epigaea H. S. Lo

[*Stephania delavayi* Diels]

རྫ་ཡུལ་བ་ལེ་ཀ།

0987 西南千金藤

Stephania subpeltata H. S. Lo

སླེ་ཏྲེས།

0988 波叶青牛胆（绿包藤、发冷藤）

Tinospora crispa (L.) Merr.

སླེ་ཏྲེས།

0989 中华青牛胆（宽筋藤）

Tinospora sinensis (Lour.) Merr.

木兰科 Magnoliaceae

མཚོན་གྱི་འཁོར་ལོ།

0990 八角茴香（大茴香八角）

Illicium verum Hook. f.

སྤག་ཆུང་།

0991 滇藏玉兰

Yulania campbellii Hook. f. et Thoms.

ད་ཧིག་ཚབ།

0992 五味子

Schisandra chinensis Baill.

ད་ཧིག་ཚབ།

0993 大花五味子

Schisandra grandiflora (Wall.) Hook. f. et Thoms.

ད་ཧིག་ཚབ།

0994 滇五味子

Schisandra henryi Clarke subsp. *yunnanensis* A. C. Smith

ད་ཧིག་ཚབ།

0995 滇藏五味子

Schisandra neglecta A. C. Smith

དཱ་ཧྲིག་ཚབ།

0996 合蕊五味子

Schisandra propinqua (Wall.) Baill.

དཱ་ཧྲིག་ཚབ།

0997 红花五味子

Schisandra rubriflora (Franch.) Rehd. et Wils.

དཱ་ཧྲིག་ཚབ།

0998 球蕊五味子

Schisandra sphaerandra Stapf

[*Schisandra elongata* auct. non Hook. f. et Thoms.]

肉豆蔻科 Myristicaceae

ཛཱ་ཏི།

0999 肉豆蔻

Myristica fragrans Houtt.

樟科 Lauraceae

ཤ་ཚ།

1000 华南桂

Cinnamomum austrosinense H. T. Chang

ཤ་ཚ།

1001 阴香

Cinnamomum burmannii (Ness) Blume

མང་ག་བུར།

1002 樟

Cinnamomum camphora (L.) Presl.

ཤིང་ཚ།

1003 肉桂

Cinnamomum cassia Presl.

དྭ་ཚ།

1004 聚花桂

Cinnamomum contractum H. W. Li

མང་ག་བུར།

1005 云南樟

Cinnamomum glanduliferum (Wall.) Ness

དྭ་ཚ།

1006 天竺桂

Cinnamomum japonicum Sieb.

དྭ་ཚ།

1007 银叶桂

Cinnamomum mairei Levl.

[*Cinnamomum argentteum* Gamb.]

ཨ་གར་གོ་སྙོད།

1008 少花桂

Cinnamomum pauciflorum Ness

ཨ་གར་གོ་སྙོད།

1009 黄樟

Cinnamomum parthenoxylon (Jack) Meisner

[*Cinnamomum parthenoxylum* (Jack.) Ness]

ད་ཚ།

1010 香桂

Cinnamomum subavenium Miq.

ད་ཚ།

1011 柴桂

Cinnamomum tamala (Buch. -Ham.) Ness

ད་ཚ།

1012 川桂

Cinnamomum wilsonii Gamb.

ཤིང་ཚ།

1013 锡兰肉桂

Cinnamomum verum J. Presl

རིན་ཆེན་སྨྱུག་ཚབ།

1014 山鸡椒（山胡椒、澄茄子）

Litsea cubeba (Lour.) Pers.

ཤིང་ག་བུར།

1015 红叶木姜子

Litsea rubescens Lec.

罂粟科 Papaveraceae

སྦྲང་རྩི་སྤྲས་ཚབ།

1016 白屈菜

Chelidonium majus L.

གཡུ་འབྲུག་ཟིལ་པ།

1017 暗绿紫堇

Corydalis melanochlora Maxim.

གཡུ་ལྕུམ་གསེར་མགོ

1018 灰绿黄堇

Corydalis adunca Maxim.

ཀྱུ་ལ་པ་དོང་བདག

1019 小距紫堇

Corydalis appendiculata Hand.-Mazz.

ཀྱ་སྤག་ཟིལ་པ།

1020 阿墩黄堇

Corydalis atuntsuensis W. W. Smith

[*Corydalis pseudoschlechteriana* auct. non Fedde]

ཀྱུ་ལ་པ་དོང་བདག

1021 小花尖瓣紫堇（天葵叶紫堇、苍山紫堇）

Corydalis oxypetala subsp. *balfourinana* Diels

ཙོ་དེ་བའི་རིགས།

1022 囊距紫堇

Corydalis benecincta W. W. Smith

ཚུ་ལྷུམ་ཤོག་དཀར།

1023 金球黄堇

Corydalis chrysosphaera Marq. et Shaw

[*Corydalis boweri* Hensl.]

རི་སྐྱོན་དམན་པ།

1024 蔓生黄堇（多茎天山紫堇）

Corydalis brevirostrata C. Y. Wu et Z. Y. Su

[*Corydalis capnaides* var. *tibetica* Maxim.]

ཤེལ་ཕྲེང་སྔོ་དེ་ཡ།

1025 鳞叶紫堇

Corydalis bulbifera C. Y. Wu

རྒྱུ་དྲུས་ཚབ།

1026 地丁草

Corydalis bungeana Turcz.

སྨུག་ཚུང་ཟིལ་པ།

1027 灰岩紫堇

Corydalis calcicola W. W. Smith

གཡུ་ལྡུམ་གསེར་མགོ

1028 铺散黄堇

Corydalis casimiriana Dulhie et Prain subsp.

brachycarpa Laden, Rheedea.

གཡུ་ལྡུམ་གསེར་མགོ

1029 聂拉木黄堇

Corydalis cavei A. D. Long

[*Corydalis papillipes* C. Y. Wu]

སྤོང་རི་ཟིལ་པ།

1030 昌都黄堇

Corydalis chamdoensis C. Y. Wu et H. Chu

ཚ་ལྡུམ་ཨོག་དཀར།

1031 斑花黄堇（广布紫堇）

Corydalis conspersa Maxim.

གཡུ་ལྡུམ་གསེར་མགོ

1032 皱波黄堇

Corydalis crispa Prain

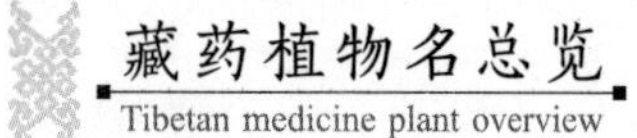

བྱ་ཕོ་ཙི་ཙི།

1033 曲花紫堇
Corydalis curviflora Maxim.

བྱ་ཕོ་ཙི་ཙི་མཆོག

1034 具爪曲花紫堇
Corydalis curyiflora Maxim. subsp. *rosthornii* Fddde

ཞལ་ཕྲེང་ཀྱུ་དྲུས་དམན་པ།

1035 迭裂黄堇
Corydalis dasyptera Maxim.

གཡུ་ལྕུམ་གསེར་མགོ

1036 南黄堇
Corydalis davidii Franch.

རྒྱ་སྟག་ཟིལ་པ།

1037 苍山黄堇（丽江黄堇）
Corydalis delavayi Franch.

གཡུ་ལྕུམ་གསེར་མགོ

1038 飞燕黄堇（翠雀状黄堇）

Corydalis delphinioides Franch.

སྤོང་རི་ཟིལ་པ།

1039 密穗黄堇

Corydalis densispica C. Y. Wu

ཆུ་ལྕུམ་ཨོག་དཀར་དམན་པ།

1040 稀花黄堇

Corydalis dubia Prain

[*Corydalis cornutior* (Marq. et Shaw) C. Y. Wu et Z. Y. Su]

ཞིལ་ཕྲེང་སྦྲོ་དེ་བ།

1041 无冠紫堇

Corydalis ecristata (Prain) D. G. Long

[*Corydalis cashmeriana* Royle var. *ecristata* Prain]

དར་ཡ་ཀན་ཚབ།

1042 紫堇

Corydalis edulis Maxim.

རྒྱ་སྟག་ཟིལ་པ།

1043 粗距紫堇（粗毛黄堇）

Corydalis eugeniae Fedde

[*Corydalis pseudoschlechteriana* auct. non Fedde]

བྱ་ཚོ་ཙི་ཙི།

1044 丝叶紫堇

Corydalis filisecta C. Y. Wu

སྟོང་རི་ཟིལ་པ།

1045 卡惹拉黄堇

Corydalis inopinata Prain ex Fedde

གཡུ་འབྲུག་ཟིལ་པ།

1046 穆坪紫堇

Corydalis flexuosa Franch.

སྨུག་ཚང་ཟྲིལ་པ།

1047 甘草叶紫堇
Corydalis glycyphyllos Fedde

གཡུ་ལྷམ་གསེར་མགོ

1048 纤细黄堇
Corydalis gracillima C. Y. Wu

སྟོང་རི་ཟྲིལ་པའི་རིགས།

1049 钩距黄堇
Corydalis hamata Franch.

ཀྱུ་དྲུས་དམན་པའི་རིགས།

1050 甘南黄堇
Corydalis sigmantha Z. Y. Su et C. Y. Wu

སྟོ་དེ་བའི་རིགས།

1051 半荷苞紫堇（三叶紫堇）
Corydalis hemidicentra Hand.-Mazz.

རེ་སྐོན་ཙེ་དམར།

1052 尼泊尔黄堇（矮紫堇）

Corydalis hendersonii Hemsl.

[*Corydalis nepalensis* Kitam.]

རེ་སྐོན་མཆོག

1053 高冠尼泊尔黄堇

Corydalis hendersonii Hemsl. var. *altocristata* C. Y. Wu et Z. Y. Su

སྒྲ་བཟང་།

1054 假獐耳紫堇

Corydalis hepaticifolia C. Y. Wu et Z. Y. Su

སྒྲ་བཟང་རིགས།

1055 拟锥花黄堇（粗穗黄堇）

Corydalis hookeri Prain

[*Corydalis thyrsielora* auct. non Prain;

Corydalis paniculata C. Y. Wu et Chuang]

ལུག་ངལ།

1056 隆恩（银瑞）

Corydalis imbricata Z. Y. Su et Liden

[*Corydalis denticulato-bracteata* auct. non Fedde]

གཡུ་ལྷུམ་སེར་མགོ

1057 赛北黄堇（赛北紫堇）

Corydalis impatiens (Pall.) Fisch

བྱ་ཕོ་ཅི་ཅི་མཆོག

1058 藏南紫堇（短距克什米尔紫堇）

Corydalis jigmei C. E. C. Filch. et K. N. Kaul

[*Corydalis cashmeriana* Royle ssp. *brevicornu* (Prain) D. G. Long]

རྒྱ་སྡིག་ཟྲིལ་པ།

1059 裸茎黄堇

Corydalis juncea Wall.

སྐྱེས་པ་ཧོང་བཏགས།

1060 帕里紫堇
Corydalis kingii Prain

ག་བུར་ཟིལ་པ།

1061 狭距紫堇
Corydalis kokiana Hand.-Mazz.

གཡུ་ལྷམ་གསེར་མགོ

1062 松潘黄堇（曲瓣紫堇）
Corydalis laucheana Fedde

སུ་མི།

1063 薯根延胡索
Corydalis ledebouriana Kar. et Kir.

ཚ་ལྷམ་ཨོག་དཀར།

1064 拉萨黄堇（无冠细叶黄堇）
Corydalis lhasaensis C. Y. Wu et Z. Y. Su

[*Corydalis meifolia* Wall var. *ecristata* C. Y. Wu]

སྐྱག་ཚང་ཟིལ་པ།

1065 洛隆紫堇

Corydalis lhorongensis C. Y. Wu et H. Chuang

རྒྱ་སྟག་ཟིལ་པ།

1066 条裂黄堇

Corydalis linearioides Maxim.

སྐྱག་ཚང་ཟིལ་པ།

1067 红花紫堇（青紫堇）

Corydalis livida Maxim.

[*Corydalis punicea* C. Y. Wu;

Corydalis rosea Maxim.]

སྐྱེས་པ་རྟོང་བདགས།

1068 米林紫堇（花紫堇）

Corydalis lupinoides Marq. et Shaw

[*Corydalis napuligera* C. Y. Wu]

ཚ་ལྷམ་ཨོག་དཀར།

1069 细叶黄堇
Corydalis meifolia Wall.

གཡུ་འབྲུག་ཟིལ་པ།

1070 暗绿紫堇
Corydalis melanochlora Maxim.

སྟོང་རི་ཟིལ་པ།

1071 小花紫堇
Corydalis minutiflora C. Y. Wu
[*Corydalis kokiana* var. *micrantha* C. Y. Wu et H. Chuang]

སེང་གེ་ཟིལ་པ།

1072 革吉黄堇
Corydalis moorcroftiana Wall.

སྟོང་རི་ཟིལ་པ།

1073 尖突黄堇
Corydalis mucronifera Maxim.

སེང་གེ་ཟྲིལ་པ།

1074 黑顶黄堇

Corydalis nigroapiculata C. Y. Wu

[*Corydalis variicolor* C. Y. Wu]

དར་ཡ་ཀན་དམན་པ།

1075 重造细果黄堇

Corydalis ophiocarpa Hook. f. et Thoms.

[*Corydalis streptocarpa* Maxim.]

བྱ་ཕོ་ཙེ་ཙེ་མཆོག

1076 浪穹紫堇

Corydalis pachycentra Franch.

[*Corydalis curviflora* Maxim. var. *rosthornii* auct. non Fedde]

རོག་པོ་འཛོམས་སྐྱེས།

1077 粗梗黄堇

Corydalis pachypoda (Franch.) Hand.-Mazz.

[*Corydalis tibetica* Hook. f. et Thoms. var. *pachypoda* Franch.]

རྒྱ་སྟག་ཟིལ་པ།

1078 远志黄堇

Corydalis polygalina Hook. f. et Thoms.

རེ་སྐོན་པ།

1079 多叶紫堇

Corydalis polyphylla Hand.-Mazz.

ཤེལ་ཕྲེང་སྔོ་དེ་བ།

1080 波密紫堇（藏天葵叶紫堇）

Corydalis pseudoadoxa C. Y. Wu et H. Chuang

[*Corydalis semiaquilegiifolia* C. Y. Wu et H. Chuang]

གཡུ་ལྕུམ་གསེར་མགོ

1081 甲格黄堇（西藏短爪黄堇）

Corydalis pseudodrakeana Liden

[*Corydalis drakeana* Prain var. *tibetica* C. Y. Wu et H. Chuang]

སྤྲང་རི་ཟྲིལ་པ།

1082 钩距黄堇

Corydalis hamata Frandh.

གཡུ་ལྷུམ་གསེར་མགོ

1083 假塞北紫堇

Corydalis pseudoimpatiens Fedde

[*Corydalis sibirica* auct. non (Linn. f.) Pers.;

Corydalis impatiens auct. non (Pall.) Fisch.]

དོམ་ནག་ཟྲིལ་བ།

1084 毛茎紫堇

Corydalis pubicaulis C. Y. Wu et H. Chuang

དར་ཡ་ཀན་རིགས།

1085 小花黄堇

Corydalis racemosa (Thunb.) Pers.

སུ་མི་སེར་པོའི་རིགས།

1086 全叶延胡索

Corydalis repens Mandl et Muehld.

རྒྱ་སྟག་ཟིལ་པ།

1087 扇苞黄堇

Corydalis rheinbabeniana Fedde

རྒྱ་སྟག་ཟིལ་པ།

1088 无毛扇苞黄堇

Corydalis rheinbabeniana Fedde var. *leioneura* H. Chuang

རྒྱ་སྟག་ཟིལ་པ།

1089 粗糙黄堇（分枝粗糙黄堇）

Corydalis scaberula Maxim.

[*Corydalis scaberula* Maxim. var. *ramifera* C. Y. Wu et H. Chuang]

བྱ་ཕོ་ཙེ་ཙེའི་རིགས།

1090 巴嘎紫堇

Corydalis sherriffii Ludl.

གཡུ་ལྷམ་གསེར་མགོ

1091 北紫堇

Corydalis sibirica (L. f.) Pers.

སྟོང་རི་ཟིལ་པ།

1092 匙苞黄堇

Corydalis spathulata Prain

གཡུ་ལྷམ་གསེར་མགོ

1093 草黄堇

Corydalis straminea Maxim.

སྟོང་རི་ཟིལ་པ།

1094 索县黄堇

Corydalis stramineoides C. Y. Wu et Z. Y. Su

[*Corydalis straminea* Maxim.]

གཡུ་ལྕུམ་གསེར་མགོ

1095 直茎黄堇

Corydalis stricta Steph.

ག་ཕུར་ཟིལ་གནོན།

1096 金钩如意草

Corydalis taliensis Franch.

ཏྲ་ཐོ་ཙི་ཙི།

1097 长轴唐古特延胡索（少花延胡索、高山延胡索）

Corydalis tangutica Peshkova subsp. *bullata* (Liden) Z. Y. Su

[*Corydalis tianzhuensis* M. S. Yang et C. J. Wang subsp. *bullata* Liden;

Corydalis pausiflora var. *latiloba* auct. non Maxim.;

Corydalis alpestris auct. non C. A. Mey]

སྔོང་རི།

1098 黄绿黄堇

Corydalis temolana C. Y. Wu et H. Chuang

སྲུ་མི་སེར་པོ།

1099 三裂延胡索（齿瓣延胡索）

Corydalis ternata Nakai

[*Corydalis turtschaninovii* auct. non Bess]

བྲུ་ཙོ་ཙི་ཙི་སེར་པོ།

1100 天祝黄堇

Corydalis tianzhuensis M. S. Yang et C. J. Wang

[*Corydalis alpestris* var. *bayeriana* auct. non (Rupy) Paper]

སྨུག་ཆུང་ཟིལ་བ།

1101 西藏高山紫堇

Corydalis tibetoalpina C. Y. Wu et T. Y. Su

གཡུ་ལྕུམ་གསེར་མགོ

1102 全冠黄堇（新都桥黄堇）

Corydalis tongolensis Franch.

སེང་གེ་ཟིལ་པ།

1103 糙果紫堇（白穗紫堇）

Corydalis trachycarpa Maxim.

[*Corydalis octocornuta* C. Y. Wu;

Corydalis trachycarpa Maxim. var. *leuchostachya*

(*Corydalis* Y. Wu et H. Chuang) C. Y. Wu;

Corydalis leuchostachya C. Y. Wu et H Chuang]

བྱ་ཕོ་ཙེ་ཙེ་རིགས།

1104 三裂紫堇

Corydalis trifoliata Franch.

ག་ཕུར་ཟིལ་གནོན།

1105 察隅紫堇

Corydalis tsayulensis C. Y. Wu et H. Chuang

ལུག་ངལ།

1106 齿苞黄堇

Corydalis wuzhenyiana Z. Y. Su et Liden

[*Corydalis denticulato-bracteata* auct. non Fedde]

སུ་མི་སེར་པོའི་རིགས།

1107 延胡索

Corydalis yanhusuo W. T. Wang

[*Corydalis turtschaninovii* Bess. f. *yanhusue* Y. H. Chou et C. C. Hsuh]

གཡུ་ལྷམ་གསེར་མགོ

1108 中甸黄堇

Corydalis zhongdianensis C. Y. Wu

མེ་ཏོག་སེར་ཆེན།

1109 苣叶秃疮花

Dicranostigma lactucoides Hook. f. et Thoms.

མེ་ཏོག་སེར་ཆེན།

1110 秃疮花

Dicranostigma leptopodum (Maxim.) Fed.

མེ་ཏོག་སེར་ཆེན།

1111 宽果秃疮花

Dicranostigma platycarpum C. Y. Wu et H. Chuang

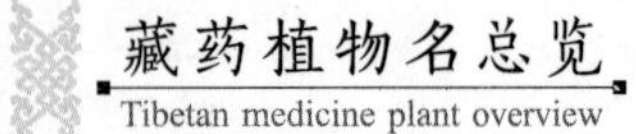

པར་པ་ཏ་རིགས།

1112 直立角茴香

Hypecoum erectum L.

པར་པ་ཏ།

1113 细果角茴香

Hypecoum leptoeapum Hook. f. et Thoms.

[*Hypecoum chinense* Franch.]

ཨུཏྤལ་དཀར་པོ།

1114 白花绿绒蒿

Meconopsis argemonantha Prain

ཨུཏྤལ་སྔོན་པོ།

1115 久治绿绒蒿

Meconopsis barbiseta C. Y. Wu et H. Chuang

ཨུཏྤལ་སྔོན་པོ།

1116 藿香叶绿绒蒿

Meconopsis betonicifolia Franch.

ཨུཏྤལ་སེར་པོ།

1117 椭果绿绒蒿

Meconopsis chelidonifolia Bur. et Franch.

ཨུཏྤལ་སྔོན་པོ།

1118 毛盘绿绒蒿

Meconopsis discigera Prain

ཨུཏྤལ་སྔོན་པོ།

1119 川西绿绒蒿

Meconopsis henrici Bue. et Franch.

ཚེར་སྔོན།

1120 多刺绿绒蒿

Meconopsis horridula Hook. f. et Thoms.

སྦྲུག་ཆུང་མདའ་ཡོན།

1121 滇西绿绒蒿

Meconopsis impedita Prain

ཨུཏྤལ་སེར་པོ།

1122 全缘叶绿绒蒿

Meconopsis integrifolia (Maxim.) Franch.

ཨུཏྤལ།

1123 尼泊尔绿绒蒿

Meconopsis napaulensis DC.

ཨུཏྤལ་སེར་པོ།

1124 锥花绿绒蒿

Meconopsis paniculata (D. Don) Prain

ཚེར་སྔོན།

1125 拟多刺绿绒蒿

Meconopsis pseudohorridula C. Y. Wu et H. Chuang

ཨུཏྤལ་སྔོན་པོ།

1126 拟秀丽绿绒蒿

Meconopsis pseudovenusta Tayl.

ཨུཏྤལ་དམར་པོ།

1127 红花绿绒蒿

Meconopsis punicea Maxim.

ཨུཏྤལ་སྔོན་པོ།

1128 五脉绿绒蒿

Meconopsis quintuplinvervia Regel

ཚེར་སྔོན།

1129 总状绿绒蒿

Meconopsis racemosa Maxim.

[*Meconopsis horidula* Hk. f. et Th. var. *racemosa* acut. non Prain]

ཚེར་སྔོན།

1130 刺瓣绿绒蒿

Meconopsis racemosa Maxim. var. *spinulifera* (L. H. Zhou) C. Y. Wu et H. Chuang

[*Meconopsis horridula* Hk. f. et Th. var. *spinulifera* L. H. Zhou]

སླུག་ཚུང་མདན་ཡོན།

1131 单叶绿绒蒿

Meconopsis simplicifolia (D. Don) Wall.

ཚེར་སྔོན།

1132 美丽绿绒蒿

Meconopsis speciosa Prain

ཨུཏྤལ་དཀར་པོ།

1133 高茎绿绒蒿

Meconpsis superba King

ཨུཏྤལ་དམར་པོ།

1134 毛瓣绿绒蒿

Meconopsis torquata Prain

སླུག་ཚུང་མདན་ཡོན།

1135 藏南绿绒蒿

Meconopsis zanganensis L. H. Zhou

རྒྱ་མེན།

1136 野罂粟（山罂粟、橘黄罂粟、小罂粟）

Papaver nudicaule L.

མེ་ཏོག་སེར་ཆེན།

1137 光果野罂粟（裂叶野罂粟）

Papaver nudicaule L. var. *aquilegioides* Fedde

[*Papaver nudicaule* L. ssp. *rubro-aurantiacum* (DC.) Fisch.]

པད་རྩ།

1138 虞美人

Papaver rhoeas L.

རྒྱ་མེན།

1139 罂粟

Papaver somniferum L.

十字花科 Brassicaceae

བྱིའུ་ལ་ཐུག་རིགས།

1140 贺兰山南芥

Arabis alashanica Maxim.

ཀེ་ཚེ།

1141 圆锥南芥

Arabis paniculata Franch.

ཡུངས་ནག

1142 芥菜

Brassica juncea (L.) Czern. et Coss.

ཉུངས་མ།

1143 芜菁（蔓菁、圆根）

Brassica rapa L.

སོག་ཀ་པ།

1144 荠菜

Capsella bursa-pastoris (L.) Medic.

ཆུ་རུག་པ།

1145 大叶碎米荠

Cardamine marcrophylla Willd.

ཆུ་རུག་པ།

1146 紫花碎米荠

Cardamine tangutorum Schulz.

བྱིའུ་ལ་ཕུག་དམན་པ།

1147 红紫糖芥

Erysimum roseum (Maxim.) Polats

ཤང་ཚེ་ནག་པོ།

1148 播娘蒿

Descurainia sophia (L.) Webb. et Berth.

བྲི་འུ་ལ་ཕུག

1149 泉沟子荠

Taphrospermum fontanum (Maxim.)

བྲི་འུ་ལ་ཕུག་རིགས།

1150 腺花旗杆

Dontosternon glandulosus (Kar. et Kir.) Golubk.

[*Dontosternon glandulosa* (Kar. et Kir.) Vass.]

བྲི་འུ་ལ་ཕུག་རིགས།

1151 羽裂花旗杆

Dontostemon pinnatifidus (Willdenow) Al-Shehbaz &

H. ohba

བྲི་འུ་ལ་ཕུག་རིགས།

1152 高茎葶苈

Draba elata Hook. f. et Thoms.

བྲི་འུ་ལ་ཕུག་རིགས།

1153 苞序葶苈

Draba ladyginii Pohle

བྲི་ཞུ་ལ་ཕུག་རིགས།

1154 葶苈（宽叶葶苈、光果葶苈）

Draba nemorosa L.

[*Draba nemorosa* L. f. *lalifolia* M. -Bieb. ap. O. Ktze.;

Draba nemorosa L. var. *leiocarpa* Lindbl.]

བྲི་ཞུ་ལ་ཕུག་རིགས།

1155 喜山葶苈

Draba oreades Schrenk

སྐྱེ་ཚེ་རིགས།

1156 芝麻菜

Eruca vesicaria (L.) Cavanilles subsp. *sativa* Mill.

སྔོང་ཐོག་པ་རིགས།

1157 四川糖芥（长角糖芥）

Erysimum benthamii P. Monnet

[*Erysimum szechuanense* O. E. Schulz;

Erysimum longisiliquum Hook. f. et Thoms.]

སྒོང་ཐོག་པ།

1158 具苞糖芥
Erysimum wardii Polatschek

སྒོང་ཐོག་པ།

1159 糖芥
Erysimum amurense Kitagawa

[*Erysimum anrantiacum* (Bunge) Maxim.]

སྒོང་ཐོག་པ་རིགས།

1160 宽线叶糖芥（蒙古糖芥）
Erysimum flavum (Georgi.) Bobrov.

[*Erysimum altaicum* C. A. Mey]

སྒོང་ཐོག་པ།

1161 山柳菊叶糖芥
Erysimum hieraciifolium L.

བྲེའུ་ལ་ཕུག་རིགས།

1162 密序山嵛菜

Eutrema heterophyllum (W. W. Smith.) Hara

[*Eutrema compactun* O. E. Schulz.]

ཁྲག་ཁྲོག་པ།

1163 独行菜

Lepidium apetalum Willd.

ཁྲག་ཁྲོག་པ།

1164 头花独行菜

Lepidium capitatum Hook. f. et Thoms.

ཁྲག་ཁྲོག་པ།

1165 柱毛独行菜

Lepidium ruderale L.

བྲེའུ་ལ་ཕུག་རིགས།

1166 涩荠（紫花芥）

Malcolmia africana (L.) R. Br.

བྱ་རྒོད་སྤོས་ཚབ།

1167 高河菜

Megacarpaea delavayi Franch.

[*Megacarpaea delavayi* Franch. var. *angustisecta* O. E. Schulaz]

ཞིལ་ཕྲེང་སྲོ་ལོ་དཀར་པོ།

1168 单花芥（无茎芥、高山辣根菜）

Pegaeophyton scapiflorum (Hook. f. et Thoms.) Marq. et Shaw

[*Cochlearia scapiflorum* Hook. f. et Thoms.]

སྲོ་ལོ་སྨུག་པོའི་ཚབ།

1169 藏芥

Phaeonychium parryoides (Kurz.) O. E. Schulz

[*Cheirantus younghusbandii* auct. non Prain]

ལ་ཕུག

1170 萝卜（莱菔子）

Raphanus sativus L.

སྔོང་ཐོག་ཚབ།

1171 高蔊菜

Rorippa elata (Hook. f. et Thoms.) Hand.-Mazz.

སྐྱེ་ཚེ།

1172 蔊菜

Rorippa indica (L.) Hiern

གཡེར་ཞིང་།

1173 沼生蔊菜

Rorippa palustris (Leyss.) Bess.

[*Rorippa islandica* (Ode.) Borb.]

ཡུངས་ཀར།

1174 白芥子

Sinapis alba L.

ཞིལ་གྲེང་སྔོང་ཐོག་པ།

1175 垂果蒜芥

Sisymbrium heteromallum C. A. Mey

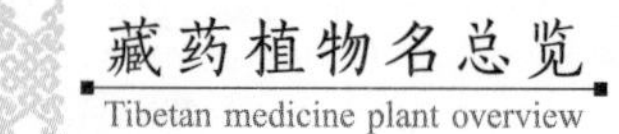

སྲོ་ལོ་སྨུག་པོ།

1176 丛菔

Solms-Laubachia pulcherrima Muschl.

སྲོ་ལོ་སྨུག་པོ།

1177 宽果丛菔（长果丛菔）

Solms-Laubachia eurycarpa (Maxim.) Botsch.

[*Solms-Laubachia dolichocarpa* Y. C. Lan et T. Y. Cheo]

སྲོ་ལོ་དཀར་པོ།

1178 绵毛丛菔

Solma-Laubachia lanata Botsch.

སྲོ་ལོ་སྨུག་པོ།

1179 线叶丛菔

Solms-Laubachia linearifolia (W. W. Smith) O. E. Schulz

སྲོ་ལོ་སྨུག་པོ།

1180 细叶丛菔

Solms-Laubachia minor Hand.-Mazz.

སྲོ་ལོ་སྨུག་པོ།

1181 总状丛菔
Solms-Laubachia platycarpa (Hook. f. et Thomas.) Batsch.

སྲོ་ལོ་སྨུག་པོ།

1182 丛菔（宽叶丛菔）
Solms-Laubachia pulcherrima Muschl.
[*Solms-Laubachia latifolia* (O. E. Schulz) Y. C. Lan et T. Y. Cheo; *Solms-Laubachia pulcherima* Muschl. var. *latifolia* O. E. Schulz]

སྲོ་ལོ་སྨུག་པོ།

1183 狭叶丛菔
Solms-Laubachia pulcherrima Muschl. f. angustifolia O. E. Schulz

སྲོ་ལོ་དཀར་པོ།

1184 倒毛丛菔（多花丛菔）
Solms-Laubachia retropilosa Botsch.
[*Solms-Laubachia floribunda* Lan et Cheo]

བྲེའུ་ལ་སྤུག

1185 轮叶沟子荠

Taphrospermum verticillatum (Jeffrey et W. W. Smith) Al-Shehbaz

བྲེ་ག

1186 菥蓂

Thlaspi arvense L.

བྲེའུ་ལ་སྤུག་རིགས།

1187 蚓果芥（念珠芥、大花蚓果芥）

Braya humilis (C. A. Mey.) B. L. Robinson [*Torularia humilis* (C. A. Mey.) O. E. Schulz var. *grandiflora* O. E. Schulz]

山茶科 Theaceae

ཇ་ཤིང་།

1188 茶

Camellia sinensis (L.) O. Kuntze.

[*Thea sinensis* L.]

ཇ་ཤིང་།

1189 大叶茶（普洱茶）

Camellia sinensis (L.) O. ktze. var. *assamica* (Mast.) Kitam.

藤黄科 Clusiaceae

ཇ་ཤང་དབང་ཕྱུག

1190 黄海棠

Hypericum ascyron L.

ཧ་ཤིང་དབང་ཕྱུག

1191 美丽金丝桃

Hypericum bellum L.

དུག་ཞུང་ཆུང་བ་ཚབ།

1192 小连翘

Hypericum erectum Thunb.

ཧ་ཤང་དབང་ཕྱུག

1193 多蕊金丝桃

Hypericum choisyanum Wall.

[*Hypericum hookerianum* Wight et Arn.]

ཧ་ཤང་དབང་ཕྱུག

1194 突脉金丝桃

Hypericum przewalskii Maxim.

茅膏菜科 Droseraceae

ཚོད་ལྡན།

1195 茅膏菜

Drosera peltata Smith

[*Drosera pellata* Smith var. *lunata* auct. non (B. -H.) Clarke]

景天科 Crassulaceae

ཁུ་རྡུག་པ།

1196 狼爪瓦松

Orostachys cartilaginea A. Bor.

ཁུ་རྡུག་པ།

1197 瓦松

Orostachys fimbriata (Turcz.) Berger

སྲོ་ལོ་དམར་པོ།

1198 唐古红景天

Rhodiola tangutica (Maxim.) S. H. Fu

སྲོ་ལོ་དམར་པོ།

1199 德钦红景天

Rhodiola atuntsuensis (Praeg.) S. H. Fu

སྲོ་ལོ་དམར་པོ།

1200 柴胡红景天

Rhodiola bupleuroides (Wall.) S. H. Fu

སྲོ་ལོ་དམར་པོ།

1201 大花红景天

Rhodiola crenulata (HK. f. et Th.) H. Ohba

[*Rhodiola rotndata* (Hemsl.) S. H. Fu;

Rhodiola euryphylla (Frod) S. H. Fu]

སྲོ་ལོ་དམར་པོ།

1202 小丛红景天

Rhodiola dumulosa (Franch.) S. H. Fu

[*Sedum wulingense* (Nak.) Kitag.]

སྲོ་ལོ་དམར་པོ།

1203 大果红景天

Rhodiola macrocarpa (Praeg.) S. H. Fu

སྲོ་ལོ་དམར་པོ།

1204 长鞭红景天

Rhodila fastigiata (Hk. f. et Th.) S. H. Fu

སྲོ་ལོ་དམར་པོ།

1205 喜马红景天

Rhodiola himalensis (D. Don) S. H. Fu

སྲོ་ལོ་དམར་པོ།

1206 圆丛红景天

Rhodiola coccinea (Royle) Borissova

ཚན་དམར།

1207 狭叶红景天

Rhodiola kirilowii (Regel) Maxim.

སྲོ་ལོ་དམར་པོ།

1208 四裂红景天

Rhodiola quadrifida (Pall.) Fisch. et May.

[*Rhodiola coccinea* (Royle) A. Bor.]

ཚན་དཀར།

1209 红景天

Rhodiola rosea L.

ཚན་དཀར།

1210 圣地红景天

Rhodiola sacra (Prain) S. H. Fu

ཚན་དཀར།

1211 长毛圣地红景天

Rhodiola sacra (Prain ex Hamet) S. H. Fu. var. *tsuiana* (S.H.Fu) S.H.Fu

ཚན་དཀར།

1212 齿叶红景天

Rhodiola serrata H. Ohba

ཚན་དཀར།

1213 粗茎红景天

Rhodiola wallichiana (Hook.) S. H. Fu

ཚན་དཀར།

1214 大株粗茎红景天（大株红景天）

Rhodiola wallichiana (Hook.) S. H. Fu var. *cholaensis* (Praeg.) S. H. Fu

སྲོ་ལོ་དམར་པོ།

1215 云南红景天

Rhodiola yunnanensis (Franch.) S. H. Fu.

ཚན་ཨའུ་རྟེ།

1216 费菜

Phedimus aizoon L.

[*Sedum aizoon* L. var. *floribundum* Nakai]

ཙན་ཨཙུ་རེ།

1217 多茎景天

Sedum multicaule Wall. et Lindl.

ཙན་ཨཙུ་རེ།

1218 阔叶景天

Sedum roborowskii Maxim.

རྡན་ཕ་སྤུང་།

1219 石莲（山瓦松）

Sinocrassula indica (Decne.) Berger

虎耳草科 Saxifragaceae

ག་དུར་མཆོག

1220 舌岩白菜

Bergenia pacumbis (Buch. -Ham.) C. Y. Wu et J. T. Pan

[*Bergenia ligulata* (Wall.) Engl.; *Saxifraga ligulata* Wall.; *Saxifraga pacumbis* Buch. -Ham.]

ག་དུར་མཆོག

1221 岩白菜

Bergenia purpurascens (Hk. f. et Th.) Engl.

ག་དུར་མཆོག

1222 短柄卷白菜

Bergemia stracheyi (Hook. f. et Th.) Engl.

གཡའ་ཀྱི་མ།

1223 蔽果金腰

Chrysosplenium absconditicapsulum J. T. Pan

[*Chrysosplenium carnosum* auct . non Hook. f. et . Thoms.]

གཡའ་ཀྱི་མ།

1224 长梗金腰

Chrysosplenium axillare Maxim.

གཡའ་ཀྱི་མ།

1225 肉质金腰

Chrysosplenium carnosum Hook. f. et . Thoms.

གཡའ་ཀྱི་མ།

1226 锈毛金腰

Chrysosplenium davidianum Decne.

གཡའ་ཀྱི་མ།

1227 肾萼金腰

Chrysosplenium delavayi Franch.

གཡའ་ཀྱི་མ།

1228 贡山金腰

Chrysosplenium forrstii Diels

གཡའ་ཀྱི་མ།

1229 肾叶金腰

Chrysosplenium griffithii Hook. f. et Thoms.

གཡའ་ཀྱི་མ།

1230 绵毛金腰

Chrysosplenium lanuginosum Hook. f.

གཡའ་ཀྱི་མ།

1231 山溪金腰

Chrysosplenium nepalensa D. Don

གཡའ་ཀྱི་མ།

1232 裸茎金腰

Chrysosplenium nudicaule Bunge

གཡའ་ཀྱི་མ།

1233 中华金腰

Chrysosplenium sinicum Maxim.

གཡའ་ཀྱི་མ།

1234 单花金腰

Chrysosplenium uniflorum Maxim.

ཏ་ཀྱིག་ཚབ།

1235 短柱梅花草

Parnassia brevistyla (Brieg.) Hand.-Mazz.

ཏ་ཀྱིག་ཚབ།

1236 中国梅花草

Parnassia chinensis Franch.

སྐྱུན་གཟིགས་ཏག་ང་།

1237 突隔梅花草

Parnassia delavayi Franch.

གསེར་ཏིག་ཚབ།

1238 细叉梅花草

Parnassia oreophila Hance

ཏག་ང་རིགས།

1239 类三脉梅花草

Parnassia pusilla Wall.

ཏ་ཀྲིག་རིགས།

1240 三脉梅花草

Parnassia trinervis Drude

ཚེར་རྭ།

1241 长刺茶藨子

Ribes alpestre Wall.

སེ་རྒོད་མདན་པ།

1242 刺果茶藨子

Ribes burejense Fr.

སེ་རྒོད་མདན་པ།

1243 糖茶藨子

Ribes himalense Royle

[*Ribes emodense* Rehd.]

སེ་རྒོད་མདན་པ།

1244 甘青茶藨子

Ribes meyeri Maxim. var. *tanguticum* Jancz.

སེ་རྒོད་མདན་པ།

1245 柱腺茶藨子

Ribes orientale Desf.

སུམ་ཅུ་ཏིག་རིགས།

1246 短瓣虎耳草

Saxifraga andersonii Engl.

ཨ་ཀྱོང་ཁྲ་བོ།

1247 黑虎耳草

Saxifraga atrata Engl.

འབྲི་ཏ་ས་འཛིན་ཚབ།

1248 喜马拉雅虎耳草

Saxifraga brunonis Wall.

[*Saxifraga brunoniana* Wall.]

སུམ་ཏིག

1249 烛台虎耳草

Saxifraga candelabrum Franch.

རྟག་ཏྲ་དཀར་པོ།

1250 零余虎耳草

Saxifraga cernua L.

སུམ་ཏིག

1251 毛瓣虎耳草

Saxifraga cillatopetala (Engl. et Irm.) J. T. Pan

སུམ་ཏིག

1252 橙黄虎耳草

Saxifraga aurantiaca

ཨ་ཀྲོང་ཁྲ་བོ།

1253 叉枝虎耳草

Saxifraga divaricata Engl. et Irm.

རྟག་ཏྲ་རིགས།

1254 异叶虎耳草

Saxifraga diversifolia Wall.

གསེར་ཏིག་རིགས།

1255 优越虎耳草
Saxifraga egregia Engl.

སུམ་རྩུ་ཏིག་རིགས།

1256 小芽虎耳草
Saxifraga gemmigera Engl. var. *gemmuligera* (Engler) J. T. Pan & Gornall

གསེར་ཏིག་རིགས།

1257 近异枝虎耳草
Saxifraga hetercladoides J. T. Pan

གསེར་ཏིག་རིགས།

1258 山羊臭虎耳草
Saxifraga hirculus L.
[*Saxifraga hirculus* L. var. *major* (Engl. et Irm.) J. T. Pan]

རྡག་ང་རིགས།

1259 黑蕊虎耳草

Saxifraga melanocentra Franch.

[*Saxifraga pseudopallida* Engl. et Irm.;

Saxifraga gageana W. W. Smith]

གསེར་ཏིག་རིགས།

1260 山地虎耳草

Szxifraga sinomontana J. T. Pan & Gornall

འབྲི་ཏ་ས་འཛིན་དམན་པ།

1261 朗县虎耳草

Saxifraga nangxianensis J. T. Pan

གུར་ཏིག

1262 垂头虎耳草

Saxifraga nigroglandulifera Balakr.

[*Saxifraga nutans* Hk. f. et Th.]

གསེར་ཏིག་རིགས།

1263 草地虎耳草

Saxifraga pratensis Engl. et Irm.

གསེར་ཏིག་རིགས།

1264 青藏虎耳草

Saxifraga przewalskii Engl.

གསེར་ཏིག་རིགས།

1265 狭瓣虎耳草

Saxifraga pseudohirculus Engl.

སུམ་ཅུ་ཏིག་རིགས།

1266 漆姑虎耳草

Saxifraga saginoides Hook. f. et Thoms.

སུམ་ཅུ་ཏིག་རིགས།

1267 红虎耳草

Saxifraga sanguinea Franch.

གསེར་ཏིག

1268 舍季拉虎耳草（色齐拉虎耳草）

Saxifraga sheqilaensis J. T. Pan

སུམ་ཅུ་ཏིག་རིགས།

1269 西南虎耳草

Saxifraga signata Engl. et Irm.

སུམ་ཅུ་ཏིག་རིགས།

1270 藏中虎耳草

Saxifraga signatella Marq.

སུམ་ཏིག

1271 大花虎耳草

Saxifraga stenophylla Royle

[*Saxifraga flagellaris* Willd. ssp. *megastanlha*

Hand.-Mazz.]

གསེར་ཏིག

1272 唐古特虎耳草

Saxifraga tangutica Engl.

སུམ་ཅུ་ཏིག་རིགས།

1273 线叶虎耳草

Saxifraga taraktophylla Marq. et Airy-Shaw

གསེར་ཏིག་རིགས།

1274 米林虎耳草

Saxifraga tigrina H. Smith

སུམ་ཅུ་ཏིག

1275 小伞虎耳草

Saxifraga umbellulata Hook. f. et Thoms.

སུམ་ཅུ་ཏིག

1276 篦齿虎耳草（伞梗虎耳草）

Saxifraga umbellulata Hk. f. et Th. var. *pectinata* (Marq. et Airy-Shaw) J. T. Pan

[*Saxifraga pasumensis* Marq. et Shaw]

གསེར་ཏིག་རིགས།

1277 爪瓣虎耳草

Saxifraga unguiculata Engl.

གསེར་ཏིག་རིགས།

1278 流苏虎耳草

Saxifraga wallichiana Sternb.

蔷薇科 Rosaceae

གསེར་མའི་རིགས།

1279 羽叶花

Acomastylis elata (Wallich ex G. Don) F. Bolle

[*Geum elata* Wall.]

གསེར་མའི་རིགས།

1280 矮生羽叶花

Acomastylis elata (Royle) F. Bolle var. *humilis* (Royle) F. Bolle

[*Geum elatum* Wall. var. *humile* (Royle) Hook. f.]

སྲོ་ཁྲག་གཅོད།

1281 龙芽草

Agrimonia pilosa Ledeb.

ཁམ་བུ།

1282 山桃

Amygdalus davidiana (Carr.) C. de Vos

[*Pruns davidiana* (Carr.) Franch.]

ཁམ་བུ།

1283 西藏桃（光核桃）

Amygdalus mira (Koehne) Kov. et Kost.

[*Prunus mira* Koehne]

ཁམ་བུ།

1284 桃

Amygdalus persica L.

[*Prunus persica* (L.) Batsch]

མངར་ཁམ།

1285 杏

Armeniaca vulgaris Lam.

[*Prunus armeniaca* L.]

དབྱད་ག་ཅི།

1286 尾叶樱桃

Cerasus dielsiana (Schneid.) Yu et Lü

[*Prunus dielsiana* Schneid.]

རི་སྐྱེས་སེའུ་དམར་ཆུང་།

1287 细齿樱桃

Cerasus serrula (Franch.) Yu et Li

[*Prunus serrula* Franch. var. *tibetica* (Batal.) Koehne]

ཁམ་ནག

1288 川西樱桃

Cerasus trichostoma (Koehne) Yu et C. L. Li

[*Prunus trichostoma* Koehne]

བསེ་ཡབ།

1289 毛叶木瓜

Chaenomeles cathayensis (Hemsl.) Schneid.

[*Chaenomeles lagenaria* (Loisel.) Koidz. var. *willsonii* Rehd.]

བསེ་ཡབ།

1290 木瓜（光皮木瓜）

Chaenomeles sinensis (Thouin) Kothne

བསེ་ཡབ།

1291 皱皮木瓜（硬贴海棠）

Chaenomeles speciosa (Sweet) Nakai

[*Chaenomeles lagenaria* (Loisel.) Koidz.]

བསེ་ཡབ།

1292 西藏木瓜

Chaenomeles thibetica Yu

རེ་ཀོན་ཚབ།

1293 无尾果

Coluria longifolia Maxim.

ཚར་དཀར།

1294 尖叶栒子

Cotoneaster acuminatus Lindl.

ཚར་ནག

1295 灰栒子

Cotoneaster acutifolius Turcz.

ཚར་ལེབ།

1296 匍匐栒子

Cotoneaster adpressus Bois

ཚར་ནག

1297 藏边栒子

Cotoneaster affinis Lindl.

ཚར་དཀར།

1298 木帚栒子

Cotoneaster dielsianus Pritz.

ཚར་དཀར།

1299 散生栒子

Cotoneaster divaricatus Rehd. et. Wils.

ཚར་དཀར།

1300 耐寒栒子

Cotoneaster frigidus Wall.

ཚར་དཀར།

1301 细弱栒子

Cotoneaster gracilis Rehd. et Wils.

ཚར་དཀར།

1302 钝叶栒子

Cotoneaster hebephyllus Diels

ཚར་ལེབ།

1303 平枝栒子

Cotoneaster horizontalis Dcne.

[*Cotoneaster adprescens* Bois var. *horizontalis* Dcne.]

ཚར་ནག

1304 黑果栒子

Cotoneaster melanocarpus Lodd.

ཚར་ནག

1305 小叶栒子

Cotoneaster microphyllus Wall.

ཚར་ལེབ།

1306 大果栒子

Cotoneaster conspicuus Comber ex Marquand

ཚར་དཀར།

1307 水栒子

Cotoneaster multiflorus Bunge

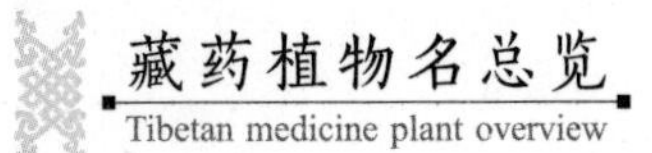

ཚར་ནག

1308 紫果水栒子

Cotoneaster multiflorus Bunge var. *atropurpureus* Yu

ཚར་དཀར།

1309 准噶尔栒子

Cotoneaster soongoricus (Regel et Herd.) Popov.

ཚར་ནག

1310 细枝栒子

Cotoneaster tenuipes Rehd. et Wils.

ཨ་ཉག

1311 橘红山楂

Crataegus aurantia Pojark

འོ་སེ་རིགས།

1312 野山楂

Crataegus cuneata Sieb. et Zucc.

ཀྱི་ནག་སྐྱུ་རུ།

1313 甘肃山楂

Crataegus kansuensis Wils.

ཀྱི་ནག་སྐྱུ་རུ།

1314 山里红

Crataegus pinnatifida Bunge var. *major* N. E. Br.

ཀྱི་ནག་སྐྱུ་རུ།

1315 山林果

Crataegus scabrifolia (Franch.) Rehd.

སེང་ལྡེང་ཚབ།

1316 华中山楂

Crataegus wilsonii Sarg.

ཙི་ཙི་ས་འཛིན་འབྲིང་བ་རིགས།

1317 蛇莓

Duchesnea indica (Andr.) Focke

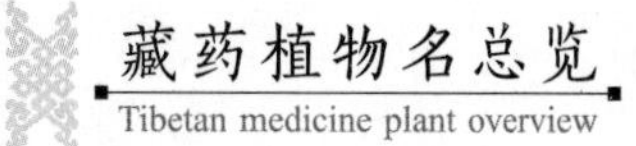

སེང་སྲོམ་ལོ་མ།

1318 枇杷

Eriobotrya japonica L.

སེང་སྲོམ་ལོ་མ།

1319 栎叶枇杷

Eriobotrya prinoides Rehd. et Wils.

འབྲི་ཏ་ས་འཛིན་འབྲིང་བ།

1320 纤细草莓

Fragaria gracilis Lozinsk.

འབྲི་ཏ་ས་འཛིན་འབྲིང་བ།

1321 西南草莓

Fragaria moupinensis (Franch.) Card.

འབྲི་ཏ་ས་འཛིན།

1322 黄毛草莓

Fragaria nilgerrensis Schlecht.

འབྲི་ཏ་ས་འཛིན་འབྲིང་བ།

1323 西藏草莓

Fragaria nubicola (Hook. f.) Lindl.

འབྲི་ཏ་ས་འཛིན་འབྲིང་བ།

1324 东方草莓

Fragaria orientalis Loz.

འབྲི་ཏ་ས་འཛིན་འབྲིང་བ།

1325 野草莓

Fragaria vesca L.

ཨ་རྩ་མགོ་རིལ།

1326 路边青

Geum aleppicum Jacq.

ཨ་རྩ་མགོ་རིལ།

1327 羽叶花

Acomastylis elata (*Royle*) F. Bolle

ཨ་རྨུ་མགོ་རིལ།

1328 柔毛路边青
Geum japonicum Thunb. var. *chinense* F. Bolle

ཀུ་ཤུ།

1329 苹果
Malus pumilla Mill.

འ་སེའི་ཚལ།

1330 丽江山荆子
Malus rockii Rehd.

འ་སེའི་རིགས།

1331 花叶海棠
Mallus transitoria (Batal.) Schneid.

གྲོ་མ།

1332 蕨麻（人参果、延寿果、鹅绒委陵菜）
Potentilla anserina L.

སེང་གེ་འབར་མ།

1333 银叶委陵菜

Potentilla argyrophylla Wall.

རོག་པོ་འཛོམས་སྐྱེས་ཆབ།

1334 二裂委陵菜

Potentilla bifurca L.

རྒྱ་མཁྲིས།

1335 委陵菜

Potentilla chinensis Ser.

རྒྱ་མཁྲིས།

1336 荽叶委陵菜

Potentilla coriandrifolia D. Don

ཙ་ཧ།

1337 楔叶委陵菜

Potentilla cuneata Wall.

ཨ་ཡག་རག་ཤ

1338 翻白草

Potentilla discolor Bunge.

རྒྱ་མཁྲིས།

1339 毛果委陵菜

Potentilla eriocarpa Wall.

ཨ་ཡག་རག་ཤ

1340 川滇委陵菜

Potentilla fallens Card.

སྤེན་ནག

1341 金露梅

Potentilla fructicosa L.

[*Dasiphora fructicosa* (L.) Rydb.]

སྤེན་ནག

1342 伏毛金露梅

Potentilla fruticosa L. var. *arbuscula* Maxim.

[*Potentilla arbuscilla* D. Don]

སྤེན་ནག

1343 垫状金露梅

Potentilla fruticosa L. var. *pumila* Hook. f.

སྤེན་དཀར།

1344 银露梅

Potentilla glabra Lodd.

[*Dasiphora davurica* (Nestl.) Kom. et Klob-Alis.]

སྤེན་དཀར།

1345 白毛银露梅

Potentilla glabra Lodd. var. *mandshurica* (Maxim.) Hand.-Mazz.

སྤེན་ནག

1346 伏毛银露梅

Potentilla glabra Lodd. var. *veitchii* (Wils.) Hand.-Mazz.

གྲོ་མོ་ས་འཛིན།

1347 川边委陵菜

Potentilla gombalana Hand.-Mazz.

རྒྱུ་མཁྲིས་ཀྱི་རིགས།

1348 柔毛委陵菜

Potentilla griffithii Hook. f.

གྲོ་མོ་ས་འཛིན།

1349 长柔毛委陵菜

Potentilla griffithii Hook. f. var. *velutina* Card.

རྒྱུ་མཁྲིས།

1350 银叶委陵菜

Potentilla leuconota D. Don.

སེང་གེ་འབར་མོ།

1351 西南委陵菜

Potentilla lineata Treviranus

[*Potentilla fulgens* Wall.]

རྒྱུ་མཁྲིས་མཆོག

1352 腺毛委陵菜

Potentilla longifolia Willd

[*Potentilla viscosa* Donn]

སེང་གེ་འབར་སྒོ།

1353 小叶委陵菜

Potentilla microphylla D. Don.

བྲིའུ་ཤིང་མངར།

1354 多茎委陵菜

Potentilla multicaulis Bunge.

ཨ་ཡག་རག་ཤ

1355 多裂委陵菜

Potentilla mutifida L.

སེང་གེ་འབར་སྒོ།

1356 雪白委陵菜（白里金梅）

Potentilla nivea L.

སྤེན་ནག

1357 小叶金露梅

Potentilla parvifolia Fisch.

སྤྲིན་ནག

1358 白毛小叶金露梅

Potentilla parvifolia Fisch. var. *hypoleuca* Hand.-Mazz.

ཁྲ་སོ་ས་འཛིན།

1359 绢毛匍匐委陵菜（结根草莓）

Potentilla reptans L. var. *sericophylla* Franch.

[*Fragaria fillipendnla* Hemsl.]

སེང་གེ་འབར་མོ།

1360 钉柱委陵菜

Potentilla saundersiana Royle.

སེང་གེ་འབར་མོ།

1361 丛生钉柱委陵菜

Potentilla saunderiana Royle var. *caespitosa*

Hand.-Mazz.

སེང་གེ་འབར་མོ།

1362 裂萼钉柱委陵菜

Potentilla saunderiana Royle var. *jacquemontii* Franch.

སེང་གེ་འབར་མོ།

1363 狭叶委陵菜

Potentilla stenophylla (Franch.) Diels

ཀྲོ་ཡོ་ས་འཛིན་རིགས།

1364 齿萼委陵菜

Potentilla smithiana Hand.-Mazz.

ཀྲུ་མཁྲིས།

1365 朝天委陵菜

Potentilla supina L.

འབི་ཙུ་ཤིང་།

1366 川梨

Pyrus pashia Buch. -Ham.

སེ་རྒོད།

1367 美蔷薇

Rosa bella Rehd. et Wils.

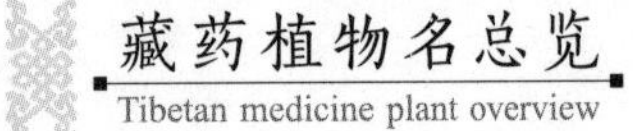

སེ་རྒོད་རིགས།

1368 复伞房蔷薇

Rosa brunonii Lindl.

རྒྱ་སེའི་མེ་ཏོག

1369 月季花

Rosa chinensis Jacq.

སེ་རྒོད་འབྲས་བུ།

1370 法国蔷薇

Rosa gallica L.

སེ་རྒོད།

1371 陕西蔷薇

Rosa giraldii Grep.

སེ་རྒོད།

1372 细梗蔷薇

Rosa graciliflora Rehd. et Wils.

སེ་བའི་མེ་ཏོག་རིགས།

1373 黄蔷薇

Rosa hugonis Hemsl.

སེ་རྒོད་འབྲས་བུའི་རིགས།

1374 金樱子

Rosa laevigata Michx.

སེ་རྒོད།

1375 大叶蔷薇

Rosa macrophylla Lindl.

སེ་བའི་མེ་ཏོག

1376 毛叶蔷薇

Rosa mairei Levl.

སེ་རྒོད།

1377 华西蔷薇

Rosa moyesii Hemsl. et Wils.

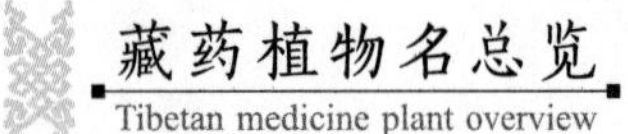

སེ་བའི་མེ་ཏོག་རིགས།

1378 野蔷薇（多花蔷薇）

Rosa multiflora Thunb.

སེ་བའི་མེ་ཏོག

1379 峨眉蔷薇（扁刺峨眉蔷薇）

Rosa omeiensis Rolfe.

[*Rosa omeiensis* Rolfe f. *pteracantha* (Franch.) Rehd. et Wils.]

སེ་བའི་མེ་ཏོག་རིགས།

1380 缫丝花（刺梨）

Rosa roxburghii Tratt.

སེ་རྒོད་རིགས།

1381 荼子蘼（悬钩子蔷薇）

Rosa rubus Levl. et Vant.

རྒྱ་སེའི་མེ་ཏོག

1382 玫瑰

Rosa rugosa Thunb.

སེ་བའི་མེ་ཏོག

1383 绢毛蔷薇

Rosa sericea Lindl.

སེ་བའི་མེ་ཏོག

1384 腺叶绢毛蔷薇

Rosa sericea Lindl. f. *glandulosa* Yü et Ku.

སེ་བའི་མེ་ཏོག

1385 宽刺绢毛蔷薇

Rosa sericea Lindl. f. *pteracantha* Franch.

སེ་རྒོད།

1386 钝叶蔷薇

Rosa sertata Rolfe.

སེ་རྒོད།

1387 刺梗蔷薇

Rosa setipoda Hemsl. et Wils.

སེ་རྒོད་རིགས།

1388 川滇蔷薇

Rosa soulieana Crep.

སེ་བའི་མེ་ཏོག

1389 西康蔷薇（川西蔷薇）

Rosa sikangensis Yü et Ku.

སེ་རྒོད།

1390 扁刺蔷薇（裂萼蔷薇）

Rosa sweginzowii Koehne

སེ་བའི་མེ་ཏོག

1391 求江蔷薇

Rosa taronensis Yu et Ku

སེ་བའི་མེ་ཏོག

1392 西藏蔷薇

Rosa tibetica Yu et Ku

སེ་རྒོད།

1393 小叶蔷薇

Rosa willmottiae Hemsl.

ཀནྡ་ཀ་རི་རིགས།

1394 秀丽莓

Rubus amabilis Focke

ཀནྡ་ཀ་རི།

1395 粉枝莓

Rubus biflorus Buch. -Ham.

ག་བྲ།

1396 华中悬钩子

Rubus cockburnianus Hemsl.

ག་བྲ་ཀ་རི།

1397 拟覆盆子

Rubus idaeopsis Focke

ག་བྲ་རིགས།

1398 无腺白叶莓
Rubus innominatus S. Moore var. *kuntzeanus* (Hemsl.) Bailley

ཀཎྜ་ཀ་རི།

1399 紫色悬钩子
Rubus irritans Focke

ག་བྲ་རིགས།

1400 绵果悬钩子
Rubus lasiostylus Focke

ཀཎྜ་ཀ་རི།

1401 黄色悬钩子
Rubus lutescens Franch.

ཀཎྜ་ཀ་རི།

1402 喜阴悬钩子
Rubus mesogaeus Focke

ག་བྲ།

1403 红泡刺藤

Rubus niveus Thunb.

[*Rosa foliolosus* D. Don]

ག་བྲ་རིགས།

1404 多腺悬钩子

Rubus phoenicolasius Maxim.

ཀཎྜ་ཀ་རི།

1405 针刺悬钩子

Rubus pungens Camb.

ཀཎྜ་ཀ་རི།

1406 库页悬钩子

Rubus sachalinensis Levl.

ག་བྲ་རིགས།

1407 黑腺美饰悬钩子

Rubus subornatus Focke var. *melanadenus* Focke

ཀཎྜ་ཀ་རི།

1408 红腺悬钩子

Rubus sumatranus Miq.

ཀཎྜ་ཀ་རི།

1409 三对叶悬钩子

Rubus trijugus Focke

ཀཎྜ་ཀ་རི།

1410 黄果悬钩子

Rubus xanthocarpus Bur. et Franch.

སྲོ་ར།

1411 地榆

Sanguisorba officinalis L.

རག་པོ་འཇོམས་སྐྱེས་ཚབ།

1412 伏毛山莓草

Sibbaldia adpressa Bunge

རག་པོ་འཛོམས་སྐྱེས་ཚབ།

1413 隐瓣山莓草

Sibbaldia procumbens L. var. *aphanopetala*

(Hand.-Mazz.) Yu et Li

ཉ་ཁྲིད་ཤིང་།

1414 狭叶鲜卑花

Sibiraea angustata (Rehd.) Hand.-Mazz.

འོ་སེའི་ཚབ།

1415 毛叶高丛珍珠梅

Sorbaria arborea Schneid. var. *subtomentosa* Rehd.

འོ་སེའི་རིགས།

1416 湖北花楸

Sorbus hupehensis Schneid.

འོ་སེའི་ཚབ།

1417 陕甘花楸

Sorbus koehneana Schneid.

ཙ་སེའི་རིགས།

1418 多对花楸

Sorbus multijuga Koehne

ཙ་སེའི་རིགས།

1419 西康花楸

Sorbus prattii Koehne

[*Sorbus unguicilata* Koechne]

ཙ་སེ།

1420 西南花楸

Sorbus rehderiana Koehne

ཙ་སེ།

1421 红毛花楸

Sorbus rufopilosa Schneid.

ཙྭ་ང།

1422 马蹄黄（黄总花草）

Spenceria ramalana Trim.

སྨག་ཤད།

1423 高山绣线菊

Spiraea alpina Pall.

སྨག་ཤད།

1424 拱枝绣线菊

Spiraea arcuata Hook. f.

སྨག་ཤད།

1425 楔叶绣线菊

Spiraea canescens D. Don

སྨག་ཤད།

1426 狭叶绣线菊（渐尖粉花绣线菊）

Spiraea japonica L. f. var. *acuminata* Franch.

སྨག་ཤད།

1427 裂叶绣线菊

Spiraea lobulata Yü et Lu

སྨག་ཤད།

1428 蒙古绣线菊

Spiraea mongolica Maxim.

སྨག་ཤད།

1429 细枝绣线菊

Spiraea myrtilloides Rehd.

སྨག་ཤད།

1430 川滇绣线菊

Spiraea schneideriana Rehd.

སྨག་ཤད།

1431 西藏绣线菊

Spiraea xizangensis L. T. Lu

སྨག་ཤད།

1432 云南绣线菊

Spiraea yunanensis Franch.

拉丁文名索引

A

Abies delavayi Franch. ······36
Abies spectabilis (D. Don) Spach ······36
Abies squamata Mast. ······36
Achyranthes bidentata Blume ······154
Acomastylis elata (*Royle*) F. Bolle ······303
Acomastylis elata (Royle) F. Bolle var. *humilis* (Royle) F. Bolle [*Geum elatum* Wall. var. *humile* (Royle) Hook. f.] ···293
Acomastylis elata (Wallich ex G. Don) F. Bolle [*Geum elata* Wall.] ······293
Aconitam chilienshanicum W. F. Wang. ······173
Aconitum acutiusculum Fletcher et Launer[*Aconitum acutiusculum* T. L. Ming] ······171
Aconitum acutiusculum H. R. Fletcher et. Lauener var. *aureopilosum* W. T. Wang ······171
Aconitum alpinonepalense Tamura ······171
Aconitum brachypodum Diels ······171
Aconitum brachypodum Diels var. *crispulum* W. T. Wang ······172
Aconitum bracteolosum W. T. Wang ······172
Aconitum brevicalcaratum (Finet et. Gagnep.) Diels ······172
Aconitum brunneum Hand.-Mazz. ······172
Aconitum carmichaelii Debx. ······172
Aconitum crassiflorum Hand.-Mazz. ····173
Aconitum creagromorphum Lauener ····173
Aconitum dolichorhynchum W. T. Wang. ······173
Aconitum dolichostachyum W. T. Wang. ······174
Aconitum flavum Hand.-Mazz. ······174
Aconitum forrestii Stapf ······174
Aconitum gezaënse W. T. Wang et L. Q. Li ······174
Aconitum gymnandrum Maxim. ······174
Aconitum heterophyllum Wall. ······175
Aconitum kongboense Lauener [*Aconitum lhasaense* Lauener] ······175
Aconitum kongboense Lauener var. *polycarpum* W. T. Wang et L. Q. Li ······175
Aconitum leiwuqiense W. T. Wang ······175
Aconitum longilobum W. T. Wang ······176
Aconitum longipedicellatum Lauener ···176
Aconitum ludlowii Exell ······176
Aconitum lycoctonum L. ······176
Aconitum napellus L. ······176
Aconitum naviculare Stapf ······177
Aconitum nielamuense W. T. Wang ······177

Aconitum novoluridum Munz. ……………177
Aconitum ouvrardianum Hand.-Mazz. [*Aconitum tenuicaule* W. T. Wang]…177
Aconitum ouvrardinaum H. -M. var. *pilopes* W. T. Wane et L. Q. Li ………177
Aconitum pendulum Busch [*Aconitum szechenyianum* Gay] ……178
Aconitum polyanthum (Finet et Gagnep.) Hand.-Mazz. var. *puberulum* W. T. Wang……………………………………178
Aconitum polyschistum Hand.-Mazz. ····178
Aconitum pomeense W. T. Wang…………178
Aconitum pulchellum Hand.-Mazz.·······179
Aconitum refractum (Finet et Gagnep.) Hand.-Mazz. …………………………179
Aconitum richardsonianum Lauener·····179
Aconitum richardsonianum Launner var. *pseudosessiliflorum* (Lauener) W. T. Wang [*Aconitum richardsonianum* var. *crispulum* W. T. Wang] ……………179
Aconitum sessiliflorum (Finet et Granep.) Hand.-Mazz. ……………………………180
Aconitum sinomontanum Nakai …………180
Aconitum spicatum Stapf [*Aconitum balfourii* auct. non Stapf] ……………………………………………180
Aconitum stramineiflorum Chang ………180
Aconitum stylosum Stapf…………………180
Aconitum sungpanense Hand.-Mazz.····181
Aconitum tanguticum (Maxim.) Stapf ……………………………………………181
Aconitum tanguticum (Maxim.) Stapf var. *trichocarpum* Hand.-Mazz. ……………181
Aconitum tongolense Ulbr.………………181
Aconitum wardii Fletcher et Lauener····181
Aconitum yangii W. T. Wang et L. Q. Li ……………………………………………182
Aconitum yangii W. T. Wang et L. Q. Li var. *villosulum* W. T. Wang et L. Q. Li ……………………………………………182
Acorus calamus L. ……………………………62
Acorus gramineus Soland. [*Acorus consanguineum* Schott; *Acorus fraternum* Schott] ………………62
Actaea asiatica Hara [*Actaea acuminata* auct. non Wall.]···182
Adiantum capillus-veneris L. ………………25
Adiantum davidii Franch.……………………25
Adiantum pedatum L.…………………………25
Adiantum tibeticum Ching …………………26
Adonis bobroviana Sim.……………………182
Adonis coerulea Maxim. [*Adonis coerulea* Maxim. f. *integra* W. T. Wang; *Adonis coerulea* Maxim. f. *puberula* W. T. Wang] ……………………………………183
Adonis davidii Franch. ……………………183
Agaricus campestris L. ………………………8
Aglaomorpha coronans (Wall. ex Mett) Copeland. [*Pseudodrynaria coronans* (Wall.) Ching]……………………………35
Agrimonia pilosa Ledeb.…………………294
Aletris alpestris Diels…………………………69
Aleuritopteris argentea (Gmel.) Fee ·······24
Allium atrosanguineum Schrenk …………69
Allium beesianum W. W. Smith …………70
Allium carolinianum DC.……………………70
Allium cepa L.…………………………………70
Allium changduense J. M. Xu ……………70
Allium chrysanthum Regel…………………70
Allium cyaneum Regel ………………………71

Allium cyathophorum Bur. et Franch. ·····71
Allium fasciculatum Rendle ····················71
Allium fistulosum L. ·······························71
Allium forrestii Diels·····························71
Allium kingdonii Stearn··························72
Allium macranthum Baker ······················72
Allium macrostemon Bunge ····················72
Allium mairei Lévl. ································72
Allium mongolicum Regel ·······················72
Allium nanodes Airy-Shaw ·····················73
Allium phariense Rendle·························73
Allium plurifoliatum Rendle
[*Allium sacculiferum* auct. non Maxim.]
···73
Allium polyrhizum Turcz.
[*A. subangulatum* Regel] ····················73
Allium prattii C. H. Wright ····················73
Allium przewalskianum Regel·················74
Allium ramosum L. [*Allium odorum* L.]
···74
Allium rude C. M. Shu ···························74
Allium sativum L. ··································74
Allium sikkimense Baker ························74
Allium strictum Schrader
[*Allium splendens* auct. non Willd.] ···75
Allium tanguticum Regel·························75
Allium tuberosum Rottl. ·························75
Allium wallichii Kunth ···························75
Allium xichuanense J. M. Xu ·················75
Allium yongdengense J. M. Xu ···············76
Allium yuanum Wang et Tang ·················76
Alnus nepalensis D. Don·······················121
Alpinia galanga (L.) Willd.···················100
Alpinia hainanensis K. Schumann········100
Alpinia officinarum Hance ····················100
Alpinia oxyphylla Miq·························100
Amomum compactum Soland················101
Amomum kravanh Pierre······················101
Amomum subulatum Roxb ···················101
Amomum tsaoko Crevost et Lemaire ····101
Amomum villosum Lour. ······················101
Amomum villosum Lour. var. *xanthioides*
(Wall.) T. L.Wu et S. J. Chen
[*Amomum xanthioides* Wall. ex Bak.]
··102
Amygdalus davidiana (Carr.) C. de Vos
[*Pruns davidiana* (Carr.) Franch.] ····294
Amygdalus mira (Koehne) Kov. et Kost.
[*Prunus mira* Koehne]·····················294
Amygdalus persica L.
[*Prunus persica* (L.) Batsch]···········294
Anemone demissa Hook. f. et Thoms.···183
Anemone geum subsp. *ovalifolia* Brühl
··184
Anemone griffithii Hook. f. et Thoms.
··183
Anemone imbricata Maxim.··················183
Anemone obtusiloba D. Don ················184
Anemone rivularis Buch. -Ham. ··········184
Anemone rupicola Comb. ····················184
Anemone smithiana Lau. et Panig.········184
Anemone tetrasepala Royle ················185
Anemone tibetica W. T. Wang ··············185
Anemone tomentosa (Maxim.) Pei
[*Anemone japonica* var. *tomentosa*
Maxim.] ··185
Anemone trullifolia Hook. f. et Thoms
··185
Anernone coelestina var. *linearis* (Diels)
Z (Bruhl) Hand.-Mazz. ····················185

Aontium contortum Finet et Ganep. [*Aontium episcopale* auct non Levl.] ···· 173
Aquilegia ecalcarata Maxim. [*Aquilegia ecalcarata* Maxim. f. *semicalcarata* (Schipcz.) Hand.-Mazz.] ················· 186
Aquilegia oxysepala Franch. et Mey var. *kansuensis* Brühl······························ 186
Arabis alashanica Maxim.····················· 262
Arabis paniculata Franch.····················· 262
Arceuthobium pini Hawksworth et Wiens ·· 132
Areca catechu L. ···································· 60
Arenaria acicularis Williams [*Arenaria capillaries* auct. non Poir; *Arenaria capillalis* var. *glandulosa* L. H. Zhou] ·· 157
Arenaria brevipetala Tsui et L. H. Zhou ·· 157
Arenaria bryophylla Fernald [*Arenaria musciformis* Wall.] ·········· 157
Arenaria edgeworthiana Majumdar [*Arenaria monticola* Edgew.] ·········· 158
Arenaria festucoides Benth. ················· 158
Arenaria glanduligera Edgew.·············· 158
Arenaria haitzeshanensis Y. W. Tsui····· 158
Arenaria kansuensis Maxim. [*Arenaria kansuensis* var. *ovatipetala* Tsui et L. H. Zhou; *Arenaria kansuensis* var. *acropetala* Tsui et L. H. Zhou] ········· 159
Arenaria lancangensis L. H. Zhou········ 159
Arenaria melanandra (Maxim.) Mattf. ·· 159
Arenaria napuligera Franch.················ 159
Arenaria polytrichoides Edgew.··········· 159
Arenaria przewalskii Maxim. ·············· 160
Arenaria pulvinata Edgew. ··················· 160
Arenaria rhodantha Pax et Hoffm. ······· 160
Arenaria roborowskii Maxim.··············· 160
Arenaria roseiflora Sprague·················· 160
Arenaria trichophora Franch. [*Arenaria yunnanensis* Franch. var. *trichophora* (Franch.) Williams] ······ 161
Arenaria yulongshanensis L. H. Zhou [*Arenaria* trichophora Franch. var. *angustifolia* Franch.] ························ 161
Arenaria yunnanensis Franch. ·············· 161
Arenga pinnata (Wurmb.) Merr. ············ 60
Arisaema amurense Maxim. ···················· 62
Arisaema aridum H. Li ···························· 62
Arisaema costatum (Wall.) Mart.············ 63
Arisaema echinatum (Wall.) Schott ········ 63
Arisaema elephas Buchet························ 63
Arisaema erubescens (Wall.) Schott [*Arisaema consanguineum* Schott; *Arisaema fraternum* Schott] ··············· 63
Arisaema flavum (Forsk.) Schott subsp. *tibeticum* J. Murata ···························· 64
Arisaema heterophyllum Blume·············· 64
Arisaema intermedium Blume ················ 64
Arisaema jacquemontii Bl.······················ 64
Arisaema nepenthoides (Wall.) Mart. ····· 64
Arisaema propinquum Schott·················· 65
Arisaema tortuosum (Wall.) Schott········· 65
Arisaema utile Hook. f.··························· 65
Arisaema wardii Marq. ··························· 65
Arisaema yunnanense Buchet ················· 65
Aristolochia debilis Sieb. et Zucc. ········ 134
Aristolochia gentilis Franch. ················ 134
Aristolochia griffithii Hook. f. et Thoms. ·· 134

Aristolochia kaempferi Hemsl. ············135
Aristolochia moupinensis Franch.·········135
Aristolochia saccata Wall.
[*Aristolochia cathcartii* Hook. f.]·····135
Aristolochia wuana Zhen W. Liu & Y. F. Deng ··135
Armeniaca vulgaris Lam.
[*Prunus armeniaca* L.] ·····················295
Arundinella hookeri Munro ex Keng, Nat. ··52
Asarum himalaicum Hook. f. et Thoms. ··135
Asparagus brachyphyllus Turcz.·············76
Asparagus breslerianus Schutes & J. H. Schultes ··77
Asparagus cochinchinensis (Lour.) Merr. ··76
Asparagus filicinus Ham. ························76
Asparagus longiflorus Franch. ················77
Asparagus myriacanthus Wang et S. C. Chen··77
Asparagus officinalis L. ··························77
Asparagus racemosus Willd ···················77
Asparagus tibeticus Wang et S. C. Chen
[*Asparagus spinasissimus* Wang et S. C. Chen] ··78
Asplenium indicum Sledge······················26
Atriplex sibirica L. ·······························151
Auricularia auricula (L.) Undew··············4
Avena fatua L. ·······································52
Avena sativa L.·······································52

B

Bambusa arundinaceae (Retz.) Willd.····53
Bambusa textilis McClure·······················53
Belamcanda chinensis (L.) DC. ··············94
Berberis aemulans Schneid.··················217
Berberis aggregata Schneid.·················217
Berberis amurensis Rupr.······················218
Berberis approximata Sprag. ················218
Berberis atrocarpa Schneid. ·················221
Berberis brachypoda Maxim. ················218
Berberis circumserrata Schneid. ··········218
Berberis dasystachya Maxim.···············219
Berberis delavayi C. K. Schneid.··········219
Berberis diaphana Maxim. ···················219
Berberis dictyoneura C. K. Schneider in Sargent. ··218
Berberis dictyophylla Franch.···············219
Berberis dictyophylla Franch. var. *epruinosa* Schneid. ··························219
Berberis dubia Schneid. ·······················220
Berberis erythroclada Ahrendt. ············220
Berberis franchetiana Schneid. ············220
Berberis francisci-ferdinandi Schneid. ·220
Berberis gagnepainii Schneid.··············220
Berberis gilungensis Ying ····················221
Berberis gyalacia Ahrendt. ··················221
Berberis hemsleyana Ahrendt. ··············221
Berberis jamesiana Forr. et W. W. Smith ··221
Berberis johannis Ahrendt. ··················222
Berberis kansuensis Schneid.················222
Berberis nullinervis Ying ······················222
Berberis polyantha Hemsl. ··················222
Berberis prattii Schneid. ······················222
Berberis pruinosa Franch.
[*Berberis pruinosa* Franch. var. *brevipes* Ahrendt.]··223

Berberis sabulicola Ying ······223
Berberis sanguinea Franch. ······223
Berberis sherriffii Ahrendt. ······223
Berberis sikkimensis (Schneid.) Ahrendt. ······223
Berberis silva-taroucana Schneid. ······224
Berberis taronensis Ahrendt. ······224
Berberis temolaica Ahrendt. ······224
Berberis thungbergii DC. ······224
Berberis vernae Schneid. ······224
Berberis virescens L. ······225
Berberis vulgaris L. ······225
Berberis wilsoniae Hemsl. ······225
Bergemia stracheyi (Hook. f. et Th.) Engl. ······281
Bergenia pacumbis (Buch. -Ham.) C. Y. Wu et J. T. Pan [*Bergenia ligulata* (Wall.) Engl.; *Saxifraga ligulata* Wall.; *Saxifraga pacumbis* Buch. -Ham.] ···280
Bergenia purpurascens (Hk. f. et Th.) Engl. ······281
Betula cylindrostachya Lindl. ······121
Betula delavayi Franch. ······121
Betula platyphylla Suk. [*Betula mandshurica* (Regel) Nakai] ······121
Betula utilis D. Don ······122
Bletilla formosana (Hayata) Schltr. ······104
Bletilla striata (Thunb.) Rchb. f. ······104
Bothriochloa ischaemum (L.) Keng ······53
Botrychium lanuginosum Wall. ······21
Botrychium lunaria (L.) Sw. ······21
Botrychium modestum Ching [*Botrypus mosestum* Ching] ······22
Brassica juncea (L.) Czern. et Coss. ······262
Brassica rapa L. ······262
Braya humilis (C. A. Mey.) B. L. Robinson [*Torularia humilis* (C. A. Mey.) O. E. Schulz var. *grandiflora* O. E. Schulz] ······272
Bryum argenteum Hedw. ······17
Bulbophyllum reptans (Lindl.) Lindl. ···104

C

Calanthe tricarinata Lindl. ······105
Callianthemum farreri W. W. Smith ······186
Callianthemum pimpinelloides (D. Don) Hook. f. et Thoms. ······186
Caltha palustris L. ······187
Caltha scaposa Hook. f. et Thoms. ······187
Calvatia cyathiformis (Boc.) Morg. ······[*Calvatia lilacina* (Mont. et Berk.) Lloyd] ······8
Calvatia gigantea (Batsch) Lloys ······9
Camellia sinensis (L.) O. ktze. var. *assamica* (Mast.) Kitam. ······273
Camellia sinensis (L.) O. Kuntze. [*Thea sinensis* L.] ······273
Campylandra wattii (C. B. Clarke) Hook. f. ······93
Cannabis sativa L. ······124
Capsella bursa-pastoris (L.) Medic. ······263
Cardamine marcrophylla Willd. ······263
Cardamine tangutorum Schulz. ······263
Cardiocrinum giganteum (Wall.) Makino ······78
Caryota mitis Lour. ······61
Caryota obtusa Griff. ······61
Catabrosa aqualica (L.) Beauv. ······53

Caulophyllum robustum Maxim. ··········225
Cedrus deodara (Roxb.) G. Don············37
Cephalanthera erecta (Thunb.) Bl.·······105
Cephalanthera longifolia (L.) Fritsch. ··105
Cephalotaxus sinensis (Rehd. et Wils.) Li ··45
Cerastium arvense L. ···························161
Cerastium fontanum Baumg. subsp. *vulgare* (Hartman) ···························162
Cerasus dielsiana (Schneid.) Yu et Lü [*Prunus dielsiana* Schneid.] ·············295
Cerasus serrula (Franch.) Yu et Li [*Prunus serrula* Franch. var. *tibetica* (Batal.) Koehne] ·····························295
Cerasus trichostoma (Koehne) Yu et C. L. Li [*Prunus trichostoma* Koehne]······295
Chaenomeles cathayensis (Hemsl.) Schneid. [*Chaenomeles lagenaria* (Loisel.) Koidz. var. *willsonii* Rehd.] ··296
Chaenomeles sinensis (Thouin) Kothne ··296
Chaenomeles speciosa (Sweet) Nakai [*Chaenomeles lagenaria* (Loisel.) Koidz.] ··296
Chaenomeles thibetica Yu····················296
Chelidonium majus L. ··························234
Chenopodium acuminatum Willd. ········151
Chenopodium album L.························152
Chenopodium ficifolium Smith ·············153
Chenopodium giganteum D. Don ·········152
Chenopodium glaucum L. ·····················152
Chenopodium hybridum L. ···················152
Chenopodium karoi (Murr) Aellen ·······153
Chenopodium urbicum L. subsp. *sinicum* Kung et G. L. Chu ···························153
Chrysosplenium absconditicapsulum J. T. Pan [*Chrysosplenium carnosum* auct . non Hook. f. et . Thoms.]·················281
Chrysosplenium axillare Maxim.··········281
Chrysosplenium carnosum Hook. f. et . Thoms. ··282
Chrysosplenium davidianum Decne. ····282
Chrysosplenium delavayi Franch. ·········282
Chrysosplenium forrstii Diels···············282
Chrysosplenium griffithii Hook. f. et Thoms. ··282
Chrysosplenium lanuginosum Hook. f. ··283
Chrysosplenium nepalensa D. Don·······283
Chrysosplenium nudicaule Bunge ········283
Chrysosplenium sinicum Maxim.··········283
Chrysosplenium uniflorum Maxim. ······283
Cimicifuga foetida L. ···························187
Cimicifuga foetida L. var. *foliolosa* Hsiao [*Cimicifuga simplex* auct. non Wormsk] ··187
Cinnamomum austrosinense H. T. Chang ··231
Cinnamomum burmannii (Ness) Blume ··231
Cinnamomum camphora (L.) Presl.······231
Cinnamomum cassia Presl. ···················231
Cinnamomum contractum H. W. Li······232
Cinnamomum glanduliferum (Wall.) Ness ··232
Cinnamomum japonicum Sieb. ·············232
Cinnamomum mairei Levl. [*Cinnamomum argentteum* Gamb.] ···232

Cinnamomum parthenoxylon (Jack) Meisner [*Cinnamomum parthenoxylum* (Jack.) Ness] ······233
Cinnamomum pauciflorum Ness ······232
Cinnamomum subavenium Miq. ······233
Cinnamomum tamala (Buch. -Ham.) Ness ······233
Cinnamomum verum J. Presl ······233
Cinnamomum wilsonii Gamb. ······233
Claviceps microcephala (Wall.) Tuce. ······2
Claviceps purpurea (Fr.) Tull. ······2
Clematis aethusifolia Turcz. ······187
Clematis akebioides Hort. [*Clematis glauca* Willd. var. *akebioides* Rehd. et Wils.] ······188
Clematis armandii Franch. ······188
Clematis brevicaudata DC. ······188
Clematis connata DC. ······188
Clematis delavayi Franch. ······189
Clematis glauca Willd. ······189
Clematis intricata Bunge [*Clematis glauca* Wild. var. *angustifolia* Ledeb. ; *Clematis orientalis* L. var. *intricate* (Bunge) Maxim.] ······189
Clematis macropetala Ledeb. ······189
Clematis montana Buch. -Ham. var. *longipes* W. T. Wang ······190
Clematis montana Buch. -Ham. ······189
Clematis nannophylla Maxim. ······190
Clematis orientalis L. [*Clematis tenuifolia* Royle] ······190
Clematis peterae Hand.-Mazz. var. *trichocarpa* W. T. Wang ······190
Clematis pseudopogonandra Finet et Gagnep. ······190
Clematis ranunculoides Franch. ······191
Clematis rehderiana Craib. ······191
Clematis tangutica (Maxim.) Korsh [*Clematis orientalis* L. var. *tangutica* Maxim.] ······191
Clematis viridis (Wang & Chang) Wang ······188
Clintonia udensis Trautv. et Mey ······78
Cocos nucifera L. ······61
Coix lacryma-jobi L. var. *mayuen* (Roman) Stapf ······53
Coluria longifolia Maxim. ······297
Commelina paludosa Bl. [*Commelina obliquo* Buch. Ham.] ······67
Coprinopsis atramentaria (Bull.) Redhead, Vilgalys & Moncalvo [*Coprinus atramentarius* (Bull) Fr.] ······8
Coptis chinensis Franch. ······191
Coptis deltoidea C. Y. Cheng et Hsiao ······191
Coptis omeiensis (Chen) C. Y. Cheng ······192
Coptis quinquesecta W. T. Wang ······192
Coptis teeta Wall.[*Coptis teetoides* Cheng; *Coptis teeta* auct. non Wall.] ······192
Cordyceps baimashanica M. Zhuang ······2
Cordyceps sinensis (Berk.) Sace. ······2
Cordyceps sobolifera (Hill) Berk. et Brome ······3
Coriolus versicolor Fr. [*Polystictus versicolor* (L.) Fr.] ······5
Corydalis adunca Maxim. ······235
Corydalis appendiculata Hand.-Mazz. ······235
Corydalis atuntsuensis W. W. Smith [*Corydalis pseudoschlechteriana* auct. non Fedde] ······235

Corydalis benecincta W. W. Smith ·······235
Corydalis brevirostrata C. Y. Wu et Z. Y. Su [*Corydalis capnaides* var. *tibetica* Maxim.] ·······236
Corydalis bulbifera C. Y. Wu················236
Corydalis bungeana Turcz.··················236
Corydalis calcicola W. W. Smith··········236
Corydalis casimiriana Dulhie et Prain subsp. *brachycarpa* Laden, Rheedea.············237
Corydalis cavei A. D. Long [*Corydalis papillipes* C. Y. Wu] ·······237
Corydalis chamdoensis C. Y. Wu et H. Chu ·······237
Corydalis chrysosphaera Marq. et Shaw [*Corydalis boweri* Hensl.] ················236
Corydalis conspersa Maxim.················237
Corydalis crispa Prain ·························237
Corydalis curviflora Maxim. ················238
Corydalis curyiflora Maxim. subsp. *rosthornii* Fddde ····························238
Corydalis dasyptera Maxim. ················238
Corydalis davidii Franch.·····················238
Corydalis delavayi Franch. ···················238
Corydalis delphinioides Franch. ···········239
Corydalis densispica C. Y. Wu ·············239
Corydalis dubia Prain [*Corydalis cornutior* (Marq. et Shaw) C. Y. Wu et Z. Y. Su]·····························239
Corydalis ecristata (Prain) D. G. Long [*Corydalis cashmeriana* Royle var. *ecristata* Prain] ·······························239
Corydalis edulis Maxim.·······················240
Corydalis eugeniae Fedde [*Corydalis pseudoschlechteriana* auct. non Fedde] ·······240
Corydalis filisecta C. Y. Wu··················240
Corydalis flexuosa Franch.····················240
Corydalis glycyphyllos Fedde ···············241
Corydalis gracillima C. Y. Wu·············241
Corydalis hamata Franch.·····················241
Corydalis hamata Frandh. ····················249
Corydalis hemidicentra Hand.-Mazz.···241
Corydalis hendersonii Hemsl. [*Corydalis nepalensis* Kitam.]··········242
Corydalis hendersonii Hemsl. var. *altocristata* C. Y. Wu et Z. Y. Su ······242
Corydalis hepaticifolia C. Y. Wu et Z. Y. Su·······242
Corydalis hookeri Prain [*Corydalis thyrsielora* auct. non Prain; *Corydalis paniculata* C. Y. Wu et Chuang]·······242
Corydalis imbricata Z. Y. Su et Liden [*Corydalis denticulato-bracteata* auct. non Fedde]·······243
Corydalis impatiens (Pall.) Fisch··········243
Corydalis inopinata Prain ex Fedde ·····240
Corydalis jigmei C. E. C. Filch. et K. N. Kaul [*Corydalis cashmeriana* Royle ssp. *brevicornu* (Prain)D. G. Long]··243
Corydalis juncea Wall.·························243
Corydalis kingii Prain ··························244
Corydalis kokiana Hand.-Mazz. ···········244
Corydalis laucheana Fedde ··················244
Corydalis ledebouriana Kar. et Kir.······244
Corydalis lhasaensis C. Y. Wu et Z. Y. Su [*Corydalis meifolia* Wall var. *ecristata* C. Y. Wu] ·······244
Corydalis lhorongensis C. Y. Wu et H. Chuang·······245
Corydalis linearioides Maxim. ············245

Corydalis livida Maxim. [*Corydalis punicea* C. Y. Wu; *Corydalis rosea* Maxim.] ······245
Corydalis lupinoides Marq. et Shaw [*Corydalis napuligera* C. Y. Wu]······245
Corydalis meifolia Wall. ······246
Corydalis melanochlora Maxim. ······234
Corydalis melanochlora Maxim. ······246
Corydalis minutiflora C. Y. Wu [*Corydalis kokiana* var. *micrantha* C. Y. Wu et H. Chuang]······246
Corydalis moorcroftiana Wall.······246
Corydalis mucronifera Maxim.······246
Corydalis nigroapiculata C. Y. Wu [*Corydalis variicolor* C. Y. Wu] ······247
Corydalis ophiocarpa Hook. f. et Thoms. [*Corydalis streptocarpa* Maxim.]······247
Corydalis oxypetala subsp. *balfourinana* Diels······235
Corydalis pachycentra Franch. [*Corydalis curviflora* Maxim. var. *rosthornii* auct. non Fedde] ······247
Corydalis pachypoda (Franch.) Hand.-Mazz. [*Corydalis tibetica* Hook. f. et Thoms. var. *pachypoda* Franch.] ······247
Corydalis polygalina Hook. f. et Thoms. ······248
Corydalis polyphylla Hand.-Mazz. ······248
Corydalis pseudoadoxa C. Y. Wu et H. Chuang [*Corydalis semiaquilegiifolia* C. Y. Wu et H. Chuang]······248
Corydalis pseudodrakeana Liden [*Corydalis drakeana* Prain var. *tibetica* C. Y. Wu et H. Chuang] ······248
Corydalis pseudoimpatiens Fedde [*Corydalis sibirica* auct. non (Linn. f.) Pers.; *Corydalis impatiens* auct. non (Pall.) Fisch.] ······249
Corydalis pubicaulis C. Y. Wu et H. Chuang······249
Corydalis racemosa (Thunb.) Pers. ······249
Corydalis repens Mandl et Muehld. ······250
Corydalis rheinbabeniana Fedde······250
Corydalis rheinbabeniana Fedde var. *leioneura* H. Chuang ······250
Corydalis scaberula Maxim.[*Corydalis scaberula* Maxim. var. *ramifera* C. Y. Wu et H. Chuang]······250
Corydalis sherriffii Ludl. ······251
Corydalis sibirica (L. f.) Pers. ······251
Corydalis sigmantha Z. Y. Su et C. Y. Wu ······241
Corydalis spathulata Prain ······251
Corydalis straminea Maxim. ······251
Corydalis stramineoides C. Y. Wu et Z. Y. Su [*Corydalis straminea* Maxim.]······251
Corydalis stricta Steph. ······252
Corydalis taliensis Franch. ······252
Corydalis tangutica Peshkova subsp. *bullata* (Liden) Z. Y. Su [*Corydalis tianzhuensis* M. S. Yang et C. J. Wang subsp.*bullata* Liden;*Corydalis pausiflora* var. *latiloba* auct. non Maxim.; *Corydalis alpestris* auct. non C. A. Mey] ······252
Corydalis temolana C. Y. Wu et H. Chuang······252
Corydalis ternata Nakai [*Corydalis turtschaninovii* auct. non Bess] ······253

Corydalis tianzhuensis M. S. Yang et C. J. Wang [*Corydalis alpestris* var. *bayeriana* auct. non (Rupy) Paper] ······253
Corydalis tibetoalpina C. Y. Wu et T. Y. Su ······253
Corydalis tongolensis Franch. ······253
Corydalis trachycarpa Maxim. [*Corydalis octocornuta* C. Y. Wu;*Corydalis trachycarpa* Maxim. var. *leuchostachya* (*Corydalis* Y. Wu et H. Chuang) C. Y. Wu;*Corydalis leuchostachya* C. Y. Wu et H Chuang] ······254
Corydalis trifoliata Franch. ······254
Corydalis tsayulensis C. Y. Wu et H. Chuang······254
Corydalis wuzhenyiana Z. Y. Su et Liden [*Corydalis denticulato-bracteata* auct. non Fedde]······254
Corydalis yanhusuo W. T. Wang [*Corydalis turtschaninovii* Bess. f. *yanhusue* Y. H. Chou et C. C. Hsuh] ······255
Corydalis zhongdianensis C. Y. Wu······255
Cotoneaster acuminatus Lindl. ······297
Cotoneaster acutifolius Turcz. ······297
Cotoneaster adpressus Bois······297
Cotoneaster affinis Lindl.······297
Cotoneaster conspicuus Comber ex Marquand······299
Cotoneaster dielsianus Pritz. ······298
Cotoneaster divaricatus Rehd. et. Wils. ······298
Cotoneaster frigidus Wall. ······298
Cotoneaster gracilis Rehd. et Wils. ······298
Cotoneaster hebephyllus Diels ······298
Cotoneaster horizontalis Dcne. [*Cotoneaster adprescens* Bois var. *horizontalis* Dcne.] ······299
Cotoneaster melanocarpus Lodd. ······299
Cotoneaster microphyllus Wall. ······299
Cotoneaster multiflorus Bunge ······299
Cotoneaster multiflorus Bunge var. *atropurpureus* Yu······300
Cotoneaster soongoricus (Regel et Herd.) Popov. ······300
Cotoneaster tenuipes Rehd. et Wils. ······300
Crataegus aurantia Pojark······300
Crataegus cuneata Sieb. et Zucc. ······300
Crataegus kansuensis Wils. ······301
Crataegus pinnatifida Bunge var. *major* N. E. Br. ······301
Crataegus scabrifolia (Franch.) Rehd. ······301
Crataegus wilsonii Sarg. ······301
Crocus sativus L.······95
Cryptogramma stelleri (Gmel.) Prantl······25
Cupressus gigantea Cheng et L. K. Fu······40
Cupressus torulosa D. Don······41
Curcuma aromatica Salisb······102
Curcuma longa L. [*Curcuma domestica* Valeton] ······102
Cymbopogon distans (Nees) Wats. ······54
Cymbopogon jwarancusa (Jones) Schult. ······54
Cymbopogon tungmaiensis L. Liu······54
Cynodon dactylon (L.) Pars. ······54
Cyperus cyperoides (L.) Kuntze ······60
Cyperus rotundus L.······59
Cypripedium elegans Rchb. f.······105
Cypripedium fasciolatum Franch. ······106

Cypripedium flavum P. F. Hunt et Summerh. [*Cypripedium reginae* auct. non Walt.] ······ 106
Cypripedium franchetii Wilson. ······ 106
Cypripedium guttatum Sw. ······ 106
Cypripedium henryi Rolfe ······ 106
Cypripedium himalaicum Rolfe ······ 107
Cypripedium macranthum Sw. ······ 107
Cypripedium tibeticum King ······ 107
Cyrtomium caryotideum (Wall.) Pre. ······ 27
Cyrtonium fortunei J. Sm. ······ 27

D

Dactylorhiza hatagirea (D. Don) Soó ··· 113
Dactylorhiza viridis (L.) R. M. Bateman ······ 105
Debregeasia orientalis C. J. Chen [*Debregeasia edulis* auct. non (Sieb. et Zucc.) Wedd.] ······ 127
Debregeasia saeneb (Fossk.) Hopper et Wood [*Debregeasia salicifolia* (Don) Rendle] ······ 127
Delphimium batangense Finet et Gagnep. ······ 193
Delphinium albocoeruleum Maxim. [*Delphinium albocoeruleum* var. *pumilum* Huth.] ······ 192
Delphinium angustirhombicum W. T. Wang ······ 193
Delphinium beesianum W. W. Sm. ······ 193
Delphinium brunonianum Royle ······ 193
Delphinium bulleyanum Forrest ······ 193
Delphinium caeruleum Jacq. ······ 194
Delphinium candelabrum Ostenf. ······ 194
Delphinium candelabrum Ostf. var. *monanthum* (Hand.-Mazz.) W. T. Wang ······ 194
Delphinium cashmerianum Royle ······ 194
Delphinium ceratophorum Franch. var. *brevicorniculatum* W. T. Wang ······ 194
Delphinium chenii W. T. Wang ······ 195
Delphinium chrysostrichum Finet et Gagnep. var. *tsarongense* (Hand.-Mazz.) W. T. Wang ······ 195
Delphinium chrysotrichum Finet et Gagnep. ······ 195
Delphinium delavayi Franch. ······ 195
Delphinium delavayi Franch. var. *pogonanthum* (hand-Mazz.) W. T. Wang ······ 195
Delphinium densiflorum Duthie et Hath ······ 196
Delphinium forrestii Diels ······ 196
Delphinium glaciale Hook. et Thems. ······ 196
Delphinium grandiflorum L. ······ 196
Delphinium gyalanum Marq. et Airy-Shaw ······ 196
Delphinium hui Chen ······ 197
Delphinium kamaonense Huth ······ 197
Delphinium kamaonense Huth var. *glabrescens* (W. T. Wang) W. T. Wang [*Delphinium pseudograndiflorum* W. T. Wang] ······ 197
Delphinium kingianum Brühl var. *eglandulosum* W. T. Wang ······ 197
Delphinium leiophyllum (W. T. Wang) W. T. Wang [*Delphinium forrestii* Diels var. *leiophyllum* W. T. Wang] ······ 198

Delphinium malacophyllum Hand.-Mazz. ······198
Delphinium maximowiczii Franch.········198
Delphinium nangchienense W. T. Wang ······198
Delphinium pachycentrum Hensl.·········198
Delphinium potaninii Huth [*Delphinium fargesii* Franch.] ··········199
Delphinium pseudoglaciale W. T. Wang ······199
Delphinium pseudopulcherrimum W. T. Wang······199
Delphinium pylzowii Maxim.················199
Delphinium pylzowii Maxim. var. *trigynum* W. T. Wang ······199
Delphinium sherriffii Munz··················200
Delphinium smithianum Hand.-Mazz. ······200
Delphinium souliei Franch.·················200
Delphinium spirocentrum Hand.-Mazz. ······200
Delphinium subspathulatum W. T. Wang ······200
Delphinium taliense Franch. ·················201
Delphinium tenii Levl. ··························201
Delphinium thibeticum Finet et Gagnep. ······201
Delphinium tongolense Franch. ············201
Delphinium trichophorum Franch.·········201
Delphinium trichophorum Franch. var. *platycentrum* W. T. Wang ················202
Delphinium trichophorum Franch. var. *subglaberrimum* Hand.-Mazz.··········202
Delphinium viscosum Hook. f. et Thoms. ······202
Delphinium yangii W. T. Wang ············203
Dendrobium chrysanthum Wall. ···········107
Dendrobium denneanum Kerr. [*Dendrobium aurantiacum* Rchb. f. var. *denneanum* (Kerr) Z. H. Tsi] ············107
Dendrobium densiflorum Lindl.············108
Dendrobium hancockii Rolfe················108
Dendrobium hookerianum Lindl.··········108
Dendrobium jenkinsii Wall. [*Dendrobium aggregatum* Roxb.] ····108
Dendrobium moniliforme (L.) Sw. ········108
Dendrobium monticola P. F. Hunt et Summerh. ······109
Dendrobium nobile Lindl.····················109
Dermatocarpon miniatum (L.) Mann. ····11
Descurainia sophia (L.) Webb. et Berth. ······263
Dianthus superbus L.··························162
Dicranostigma lactucoides Hook. f. et Thoms.······255
Dicranostigma leptopodum (Maxim.) Fed. ······255
Dicranostigma platycarpum C. Y. Wu et H. Chuang······255
Dioscorea bulbifera L.···························93
Dioscorea deltoidea Wall.······················94
Dioscorea nipponica Makino··················94
Dioscorea polystachya Turczaninow ······94
Dontostemon pinnatifidus (Willdenow) Al-Shehbaz &H. ohba ······················264
Dontosternon glandulosus (Kar. et Kir.) Golubk. [*Dontosternon glandulosa* (Kar. et Kir.) Vass.] ·························264
Draba elata Hook. f. et Thoms. ············264
Draba ladyginii Pohle··························264

Draba nemorosa L. [*Draba nemorosa* L. f. *lalifolia* M. -Bieb. ap. O. Ktze.; *Draba nemorosa* L. var. *leiocarpa* Lindbl.] ······265
Draba oreades Schrenk ······265
Drosera peltata Smith [*Drosera pellata* Smith var. *lunata* auct. non (B. -H.) Clarke] ······275
Drynaria baronii (Christ) Diels [*Drynaria baronii* (Christ) Diels var. *intermedia* Ching et S. K. Wu] ······34
Drynaria delavayi Christ ······34
Drynaria mollis Bedd. [*Drynaria costulisora* Ching et S. K. Wu; *Drynaria tibetica* Ching et S. K. Wu] ······34
Drynaria propinqua (Wall.) J. Sm. ······34
Dryopteris atrata (Wallich ex Kunze) Ching ······27
Dryopteris barbigera (T. Moore et Hook.) O. Ktze. ······27
Dryopteris goeringiana (Kunze) Koidz. ······28
Dryoteris komarovii kossinsky ······28
Duchesnea indica (Andr.) Focke ······301
Dysosma tsayuensis Ying ······225
Dysphania schraderiana (Roemer & Schultes) ······152

E

Elettaria cardamomum Maton [*Eletiaria major* Smith; *Eletiaria cardamomum* Maton var. *major* Thw.] ······102
Engleromyces goetzei P. Henn. ······5
Entosthodon attenuatus (Dicks.) Bryhn [*Funaria attenuata* (Dicks) Lindh.] ······16
Ephedra equisetina Bunge ······46
Ephedra gerardiana Wall. ······47
Ephedra intermedia Schrenk [*Ephedra intermedia* Schrenk var. *tibetica* Stapf] ······47
Ephedra likiangensis Florin ······47
Ephedra minuta Florin [*Ephedra minuta* Florin var. *dioeca* C. Y. Cheng] ······48
Ephedra monosperma Gmel. ······48
Ephedra przewalskii Stapf ······48
Ephedra saxatilis Royle ······48
Ephedra saxatilis Royle ex Florin ······47
Ephedra sinica Stapf ······48
Epimedium brevicornu Maxim. ······226
Epipactis helleborine (L.) Crantz ······109
Equisetum arvense L. ······20
Equisetum diffusum D. Don ······20
Equisetum hyemale L. [*Hippochaete hyemal* (L.) C. Boerner] ······21
Equisetum palustre L. ······20
Equisetum ramosissimum Desf. [*Hippochaete ramosissima* (Desf.) Boerner] ······21
Equisetum ramosissimum subsp. *debile* ··20
Eriobotrya japonica L. ······302
Eriobotrya prinoides Rehd. et Wils. ······302
Eruca vesicaria (L.) Cavanilles subsp. *sativa* Mill. ······265
Erysimum amurense Kitagawa [*Erysimum anrantiacum* (Bunge) Maxim.] ······266
Erysimum benthamii P. Monnet [*Erysimum szechuanense* O. E. Schulz; *Erysimum longisiliquum* Hook. f. et Thoms.] ······265

Erysimum flavum (Georgi.) Bobrov. [*Erysimum altaicum* C. A. Mey] ······266
Erysimum hieraciifolium L. ··················266
Erysimum roseum (Maxim.) Polats·······263
Erysimum wardii Polatschek ················266
Euryale ferox Sailsb. ····························169
Eutrema heterophyllum (W. W. Smith.) Hara [*Eutrema compactun* O. E. Schulz.] ···267
Evernia divaricata Ach. ··························13
Evernia mesomorpha Nly. ······················14

F

Fagopyrum dibotrys (D. Don) Hara [*Fagopyrum cymosum* (Trev.); *Polygonum cymosum* Trev.] ·············136
Fagopyrum esculentum Moench [*Polygonum fagopyrum* L.] ·············136
Fagopyrum tataricum (L.) Gaertn. [*Polygonum tataricum* L.] ················136
Fallopia aubertii (L. Henry) Holub [*Polygonum aubertii* L. Henry] ········137
Fallopia convolvulus (L.) Á. Löve [*Polygonum convolvulus* L.]·············137
Fallopia denticulata (Huang) A. J. Li [*Polygonum denticulatum* Huang]····137
Ficus carica L. ·······································125
Ficus tikoua Bur. ···································125
Flammulina velutipes (Curt.) Singer·········7
Fragaria gracilis Lozinsk. ····················302
Fragaria moupinensis (Franch.) Card. ···302
Fragaria nilgerrensis Schlecht. ············302
Fragaria nubicola (Hook. f.) Lindl. ·····303
Fragaria orientalis Loz. ························303
Fragaria vesca L. ··································303
Fritillaria cirrhosa D. Don ·····················78
Fritillaria crassicaulis S. C. Chen··········79
Fritillaria delavayi Franch. ······················79
Fritillaria fusca Tur. ·······························79
Fritillaria przewalskii Maxim. ················79
Fritillaria sichuanica S. C. Chen···········78
Fritillaria unibracteata Hsiao et K. C. Hsia ··80
Fritillaria verticillata Willd. ···················79
Funaria hygrometrica Hedw. ··················17

G

Ganoderma japonicum (Fr.) Lloyd ··········6
Ganoderma lucidum (Leyss.) Karst. ·········6
Gastrodia elata Bl. ································110
Geastrum triplex Jungh. ··························10
Geum aleppicum Jacq. ··························303
Geum japonicum Thunb. var. *chinense* F. Bolle ···304
Girardinia diversifolia (Link) Friis [*Girardinia palmata* Bl.] ·················127
Gnetum montanum Markgr. ·····················49
Gnetum pendulum C. Y . Cheng Cheng [*Gnetum montanum* Markgr. f. *megalocarpum* Markgr.] ·····················49
Gonostegia hirta (Bl.) Miq. [*Memorialis hirta* (Bl.) Weed.] ···························128
Goodyera repens (L.) R. Br. ················110
Gymnadenia bicornis T. Tang et K. Y. Lang ··110
Gymnadenia conopsea (L.) R. Br. ········110
Gymnadenia crassinervis Finet············110

Gymnadenia orchidis Lindl. ················ 111
Gymnocarpium oyamense (Bak.) Ching ··26
Gypsophila licentiana Hand.-Mazz. [*Gypsophila acutifolia* auct. non Fisch.] ··162
Gypsophila patrinii Ser. [*Gypsophila acutifolia* Fisch var. *gmelini* Regel] ··162

H

Habenaria davidii Franch. [*Habenaria densa* aunt. non L.] ······ 111
Habenaria glaucifolia Bur. et Franch. ·· 111
Habenaria szechuanica Schulz [*Habenaria diphylla* auct. non Dalz.] ················ 111
Habenaria tibetica Schltr. ···················· 112
Halerpestes ruthenica (Jacq.) Ovcz ······203
Halerpestes sarmentosa (Adams.) Kom C [*Halerpestes cymbalaria* auct. non (Pursh) Green] ······························203
Halerpestes tricuspis (Maxim.) Hand.-Mazz. ··203
Hedychium densiflorum Wall. ·············· 103
Hemerocallis citrina Baroni···················80
Hemerocallis fulva L.····························80
Hemipiliopsis purpureopunctata K. Y. Lang. ··· 111
Hericium erinaceus (Bull.) Pers. ·············5
Herminium alaschanicum Maxim.········ 112
Herminium monorchis (L.) R. Br. ········ 112
Holboellia angustifolia Wallich ···········217
Holboellia latifolia Wall. ······················217
Horderum vulgare L. var. *coeleste* L. ·····55
Hordeum vulgare L. ·····························54
Hordeum vulgare L. var. *trifurcatum* (Jess.) Alef. ··55
Hornstedtia tibetica T. L. Wu et Senjen ··103
Houttuynia cordata Thunb.·················· 114
Hypecoum erectum L. ··························256
Hypecoum leptoeapum Hook. f. et Thoms. [*Hypecoum chinense* Franch.] ·········256
Hypericum ascyron L.··························273
Hypericum bellum L. ···························274
Hypericum choisyanum Wall. [*Hypericum hookerianum* Wight et Arn.] ············274
Hypericum erectum Thunb.···················274
Hypericum przewalskii Maxim. ············274
Hypsizygus ulmarius [*Pleurotus ulmarius* (Bull.) Ouel.] ··6

I

Illicium verum Hook. f. ························228
Imperata cylindrica (L.) Beauv. var. *major* (Ness) C. E. Hubb.····························55
Iris bulleyana Dykes ····························95
Iris bulleyana Dykes f. *alba* Y. T. Zhao··95
Iris chrysographes Dykes ······················95
Iris clarkei Baker ·································95
Iris collettii Hook. f.······························96
Iris cuniculiformis Noltie & K. Y. Guan ··96
Iris decora Wall. [*Iris nepalensis* D. Don] ··96
Iris delavayi Mich. ·······························96
Iris goniocarpa Baker ···························96

Iris halophila Pall. [*Iris spuria* L. var. *holophila* (Pall.) Dykes] ······97
Iris japonica Thunb. ······97
Iris kemaonensis D. Don ······97
Iris lactea Pall. [*Iris pallasii* Fisch. var. *chinensis* Fisch.; *Iris ensata* Thunb. var. *chinensis* Maxim.] ······97
Iris leptophylla Lingelsheim ex H. Limpricht ······99
Iris loczyi Kanitz. ······98
Iris milesii Baker ······98
Iris potaninii Maxim. ······98
Iris qinghainica Y. T. Zhao ······98
Iris ruthenica Ker-Gawl. ······99
Iris songarica Schrenk ······99
Iris tectorum Maxim. ······99
Iris tigridia Bunge ······98
Iris uniflora Pall ······99
Isopyrum anemonoides Kar. et Kir. [*Paraquilegia anemonoides* (Kar. et Kir.) Uhbr.; *Paropyrum anemonoides* auct. non (Willd.) Engl.] ······204

J

Juglans regia L. ······120
Juncus allioides Franch. ······67
Juncus amplifolius A. Camus ······68
Juncus bufonius L. ······68
Juncus effusus L. ······68
Juncus himalensis Klotz. ······68
Juncus kingii Rendle [*Juncus longibracteatus* A. M. Lu et Z. Y. Zhang] ······68
Juncus thomsonii Buchen. ······69
Juncus triflorus Ohwi, J. ······69
Juniperus chinensis (L.) Syst. ······42
Juniperus convallium (Rehd. et Wils.) Cheng et W. T. Wang ······42
Juniperus formosana Hayata ······41
Juniperus indica Bertoloni ······45
Juniperus komarovii (Florin) Cheng et W. T. Wang ······42
Juniperus pingii (Cheng) Cheng et W. T. Wang ······42
Juniperus pingii (Cheng) Cheng et W. T. Wang var. *wilsonii* (Rehd.) Cheng et L. K. Fu [*S. squamata* (Buch. -Ham.) Ant. var. *wilsonii* (Rehd.) Cheng et L. K. Fu] ······43
Juniperus przewalskii (Kom.) Kom. ······43
Juniperus recurva (Buch. -Ham.) Ant. ···43
Juniperus rigida Sieb. et Zucc. ······41
Juniperus sabina L. ······44
Juniperus sabina L. var. *erectopatens* (W. C. Cheng et L. K. Fu) Y. F. Yu et L. K. Fu ······44
Juniperus saltuaria (Rehd. et Wils.) Cheng et W. T. Wang ······43
Juniperus semiglobosa Regel ······45
Juniperus sibirica Burgsd. ······41
Juniperus squamata Buch. -Ham. [*Sabina squamata* (Buch. -Ham.) Ant.] ······44
Juniperus tibetica (Kom.) Kom. ······44

K

Kaempferia galanga L. ······103
Krascheninnikovia ceratoides (L.) Gueldenstaedt ······151

Krascheninnikovia compacta (Losinsk.) Tsien et C. G. Ma var. *longipilosa* Tsien et C. G. Ma ··· 151
Kyllinga brevifolia Rottb. ··· 60

L

Laportea bulbifera (Sieb. et Zucc.) Weed. [*Laportea terminalis* Wight] ··· 128
Larix griffithiana (Lindl. et Gord.) Hort. ··· 37
Larix himalaica Cheng et L. K. Fu ··· 37
Larix potaninii Batalin ··· 37
Larix potaninii var. *australis* A. Henry ex Handel- Mazzetti. ··· 37
Lasiosphaera fenzlii Reich. ··· 9
Lepidium apetalum Willd. ··· 267
Lepidium capitatum Hook. f. et Thoms. ··· 267
Lepidium ruderale L. ··· 267
Lepisofus eilophyllus (Dres.) Ching ··· 30
Lepisorus asterolepis (Bak.) Ching [*Lepisorus mactosphaerus* (Bak.) Ching var. *asterolepis* (Hay) Ching] ··· 29
Lepisorus bicolor Ching ··· 30
Lepisorus clathratus (C. B. Clarke) Ching [*Lepisorus soulieanus* (Christ) Ching et S. K. Wu; *Lepisorus variabilis* Ching et S. K. Wu] ··· 30
Lepisorus contortus (Christ) Ching ··· 30
Lepisorus macrosphaerus (Baker) Ching ··· 31
Lepisorus morrisonensis (Hayata) H. Ito ··· 31
Lepisorus oligolepidus (Baker) Ching ··· 31
Lepisorus pseudonudus Ching ··· 31
Lepisorus scolopendrium (Buch. -Ham.) Menhra et Bir. [*L. excavatus* Bory var. *scolopendrium* (Buch. Ham.) Ching; *Lepisorus virescens* Ching et S. K. Wu] ··· 31
Lepisorus tibeticus Ching et S. K. Wu ··· 32
Lepisorus waltonii (Ching) S. L. Yu [*Platygyria inacquibasis* Ching et S. K. Wu; *Platygyria waltonii* (Ching) Ching et S. K. Wu; *Lepisorus walltonii* (Ching) Ching] ··· 32
Lepyrodiclis holosteoides (C. A. Mey) Fisch. et Mey ··· 163
Lethariella cashmeriana Krog. ··· 13
Lethariella cladonioides (Nyl.) Krog. ··· 12
Lethariella sinensis Wei et Jiang ··· 13
Letharilla flexuosa (Nyl.) Wei et Jiang ··· 13
Leucocalocybe mongolica (S. Imai) X. D. Yu & Y. J. Yao [*Tricholoma mongolicum* Lmai.] ··· 7
Lilium bakerianum Coll. et Hemsl. ··· 80
Lilium davidii Duchartre ··· 80
Lilium duchartrei Franch. [*Lilium lankongense* Franch.] ··· 81
Lilium lancifolium Thunb. ··· 81
Lilium lophophorum (Bur. et Franch.) Franch. ··· 81
Lilium nanum Klotz. et Garcke ··· 81
Lilium nepalense D. Don ··· 81
Lilium pumilum DC. [*Lilium tenuifolium* Fisch.] ··· 82
Lilium taliense Franch. ··· 82
Lilium wardii Stapf ··· 82

Liparis campylostalix H. G. Reichenbach [*Liparis tschangii* auct. non Schltr.] ······112
Liriope graminifolia (L.) Baker ······82
Liriope spicata (Thunb.) Lour. ······82
Litsea cubeba (Lour.) Pers. ······234
Litsea rubescens Lec. ······234
Lloydia delavayi Franch. ······83
Lloydia flavonutans Hara ······83
Lloydia ixiolirioides Baker ······83
Lloydia oxycarpa Franch. ······83
Lloydia serotina Rchb. [*Lloydia himalensis* Royle] ······83
Lloydia serotina var. *parva* (Marq. et Shaw) Hara ······84
Lloydia tibetica Bak. ······84
Lloydia yunnanensis Franch. ······84
Lycoperdon polymorphum Vitt. ······9
Lycopodium cernuum L. [*Palhinhaea cernua* (L.) Vasc. et Franco] ······18
Lycopodium japonicum Thunb. [*Lycopodium clavatum* auct. non L.] ······18
Lycoris aurea (L' Her.) Herb. ······93
Lygodium japonicum (Thunb.) Sw. ······23

M

Machonia oiwakensis DC. ······226
Maclura cochinchinensis (Lour.) Garner. [*Cudrania cochinchinensis* (Lour.) Kudo et Masam.] ······125
Mahonia calamicaulis Spare et Fisch. subsp. *kingdom-wardiana* (Ahendl) Ying et Boutad ······226
Mahonia napaulensis DC. ······226
Maianthemum fuscum (Wallich) La Frankie ······89
Maianthemum henryi (Franchet) La Frankie ······90
Maianthemum oleraceum (Baker) La Frankie ······90
Maianthemum purpureum (Wall.) La Frankie ······90
Maianthemum szechuanicum (Wang & Tang) H. Li ······90
Maianthemum tatsienense (Franchet) La Frankie ······90
Malcolmia africana (L.) R. Br. ······267
Mallus transitoria (Batal.) Schneid. ······304
Malus pumilla Mill. ······304
Malus rockii Rehd. ······304
Marasmius oreades (Bolt.) Fr. ······9
Meconopsis argemonantha Prain ······256
Meconopsis barbiseta C. Y. Wu et H. Chuang ······256
Meconopsis betonicifolia Franch. ······256
Meconopsis chelidonifolia Bur. et Franch. ······257
Meconopsis discigera Prain ······257
Meconopsis henrici Bue. et Franch. ······257
Meconopsis horridula Hook. f. et Thoms. ······257
Meconopsis impedita Prain ······257
Meconopsis integrifolia (Maxim.) Franch. ······258
Meconopsis napaulensis DC. ······258
Meconopsis paniculata (D. Don) Prain ······258

Meconopsis pseudohorridula C. Y. Wu et H. Chuang······258
Meconopsis pseudovenusta Tayl.··········258
Meconopsis punicea Maxim. ················259
Meconopsis quintuplinvervia Regel······259
Meconopsis racemosa Maxim. [*Meconopsis horidula* Hk. f. et Th. var. *racemosa* acut. non Prain]················259
Meconopsis racemosa Maxim. var. *spinulifera* (L. H. Zhou) C. Y. Wu et H. Chuang [*Meconopsis horridula* Hk. f. et Th. var. *spinulifera* L. H. Zhou] ·······259
Meconopsis simplicifolia (D. Don) Wall. ·····260
Meconopsis speciosa Prain ···················260
Meconopsis torquata Prain ···················260
Meconopsis zanganensis L. H. Zhou ····260
Meconpsis superba King······················260
Megacarpaea delavayi Franch. [*Megacarpaea delavayi* Franch. var. *angustisecta* O. E. Schulaz]·············268
Menispermum dauricum DC.················227
Metroxylon sagu Rottb.··························61
Microgynoecium tibeticum Hook. f. ·····153
Milula spicata Prain·····························84
Morus alba L.·······································125
Morus australis Poir.···························125
Morus macroura Miq. [*Morus laevigata* Wall.]····················126
Morus mongolica (Bur.) Schneid. var. *diabolica* Koidz. [*Morus mongolica* (Bur.) Schneid. var. *yunnanensis* (Koidz.) C. Y. Wu et Cao; *Morus yunnanensis* Koidz.] ························126
Morus serrata Roxb. ·····························126
Myristica fragrans Houtt. ····················170
Myristica fragrans Houtt. ····················230

N

Nelumbo nucifera Gaertn.····················170
Neomicrocalamus microphyllus Hsuh et Yi ·····55
Nigella damascena L. ··························204
Nigella sativa L.·································204
Nigella sativa var. *hispidula* Boiss.·······204
Notholirion bulbuliferum (Lingelsh.) Stearn[*Notholirion hyacinthinum* (Wils.) Stapf] ···84
Notholirion macrophyllum (D. Don) Bioss. ·····85
Nymphaea tetragona Georgi················170

O

Ophioglossum nudicaule Bedd. ··············22
Ophioglossum reticulatum L.··················22
Ophioglossum thermale Kom. [*Ophioglossum angustatum* Maxon.] ·····22
Ophioglossum vulgatum L. ·····················23
Ophiopogon bodinieri Lévl····················85
Ophiopogon intermedius D. Don············85
Ophiopogon japonicus (L. f.) Ker-Gawl. ·····85
Oreorchis erythrochrysea Hand.-Mazz. ·····113
Orostachys cartilaginea A. Bor. ···········275
Orostachys fimbriata (Turcz.) Berger ···275
Oryza sativa L.·····································55

Oxybaphus himalaicus Edgew. [*Mirabilis himalaica* (Edgew.) Heim.] ··············155
Oxybaphus himalaicus Edgew. var. *chinensis* (Heim.) D. Q. Lu [*Mirabilis himalaica* (Edgew.) Heim. var. *chinensis* Heim.] ··············155
Oxygraphis delavayi Franch. ··············204
Oxygraphis glacialis (Fisch.) Bunge ····205
Oxyria digyna (L.) Hill. ··············137
Oxyria sinensis Hemsl. ··············138

P

Paeonia anomala L. subsp. *veitchii* (Lynch) D. Y. Hang & K. P. Pan ··············206
Paeonia decomposita Hand.-Mazz. [*Paeonia szechuanica* Fang] ··············205
Paeonia delavayi Franch. [*Paeonia delavavi* Fr. var. *lutea* (Delavay) Finet et Gagnep.; *Paeonia* lutea Delavay; *Paeonia delavayi* Franch. var. *angustiloba* Rehd et Wils; *Paeonia potanini* Kom.] ··············205
Paeonia lactiflora Pall. ··············205
Paeonia obovata Maxim. var. *willmottiae* (Stapf) Stern ··············206
Paeonia suffruticosa Andr. ··············206
Paeonla mairei Levl. ··············206
Panicum miliaceum L. ··············56
Papaver nudicaule L. ··············261
Papaver nudicaule L. var. *aquilegioides* Fedde [*Papaver nudicaule* L. ssp. *rubro-aurantiacum* (DC.) Fisch.] ··············261
Papaver rhoeas L. ··············261
Papaver somniferum L. ··············261
Paraquilegia anemonoides (Wild.) Ulbr. ··············206
Paraquilegia microphylla (Poyle) Drumm. ··············207
Paris mairei H. Léveillé ··············86
Paris polyphylla Smith ··············85
Paris polyphylla Smith var. *stenophylla* Franch. ··············86
Paris thibetica Franchet ··············86
Paris verticillata M. Bieb. ··············86
Parmelia tinctorum Despr. ··············13
Parnassia brevistyla (Brieg.) Hand.-Mazz. ··············284
Parnassia chinensis Franch. ··············284
Parnassia delavayi Franch. ··············284
Parnassia oreophila Hance ··············284
Parnassia pusilla Wall. ··············284
Parnassia trinervis Drude ··············285
Paspalum scrobiculatum L. var. *orbiculare* G. Forst. ··············56
Pegaeophyton scapiflorum (Hook. f. et Thoms.) Marq. et Shaw [*Cochlearia scapiflorum* Hook. f. et Thoms.] ··············268
Pellaea straminea Ching ··············25
Pelphinium viscosum Hook. f. et Thoms. var. *chrysotrichum* Bruh ··············202
Pennisetum flaccidum Griseb. ··············56
Phaeonychium parryoides (Kurz.) O. E. Schulz [*Cheirantus younghusbandii* auct. non Prain] ··············268
Phedimus aizoon L. [*Sedum aizoon* L. var. *floribundum* Nakai] ··············279
Phoenix dactylifera L. ··············61

Phragmites australi (Cav.) Trin. [*Phragmites communis* Trin.; *P. australis* Trin.] ······56
Phyllostachys nigra (Lodl.) Munro var. *henonis* (Mitf.) Stapf ······57
Phytolacca acinosa Roxb. ······155
Phytolacca americana L. ······156
Picea crassifolia Kom. ······38
Picea likiangensis (Franch.) Pritz. var. *rubescens* Rehd. et Wils. [*Picea likiangensis* (Franch.) Pritz. var. *balfouriana* (Rehd. et Wils.) Hillier] ······38
Picea purpurea Mast. ······38
Picea smithiana (Wall.) Boiss. ······38
Pilea pumila (L.) A. Gray [*Pilea mongolica* Wedd.] ······128
Pilea racemosa (Royle) Tuyama ······128
Pinalia excavata (Lindl.) Kuntze ······109
Pinalia graminifolia Lindl. ······109
Pinellia ternata (Thunb.) Breit. ······66
Pinus armandii Franch. ······39
Pinus densata Mast. ······39
Pinus gerardiana Wall. ······39
Pinus massoniana Lamb. ······39
Pinus roxburghii Sarg. ······40
Pinus tabuliformis Carr. ······40
Pinus wallichiana A. B. Jackson [*Pinus griffithii* McClell.] ······39
Pinus yunnanensis Franch. ······40
Piper boehmeriaefolium (Miq.) C. DC. ······114
Piper kadsura (Choisy) Ohwi ······115
Piper longum L. ······115
Piper nigrum L. ······115
Platanthera chlorantha Cust. ······113
Platycladus orientalis (L.) Franco [*Biota orientalis* (L.) Endl.] ······41
Polygonatum alternicirrhosum Hand.-Mazz ······86
Polygonatum cathcartii Baker ······87
Polygonatum cirrhifolium (Wall.) Royle [*Polygonatum fuscum* Hua] ······87
Polygonatum curvistylum Hua ······87
Polygonatum cyrtonema Hua [*Polygonatum multiflorum* auct. non (L.) Wall.] ······87
Polygonatum hookeri Baker ······88
Polygonatum kingianum Coll. et Hemsl. [*Polygonatum uncinatum* Diels] ······88
Polygonatum odoratum (Mill.) Druce [*Polygonatum officinale* All.; *Polygonatum officinale* All. var. *papillosum* Franch.] ······88
Polygonatum oppositifolium (Wall.) Royle ······88
Polygonatum prattii Baker [*Polygonatum delavayi* Hua] ······89
Polygonatum sibiricum Delar. ······89
Polygonatum verticillatum (L.) All. [*Polygonatum kansuense* Maxim.; *Polygonatum erythrocarpum* Hua] ······89
Polygonum amphibium L. ······138
Polygonum amplexicaule D. Don ······138
Polygonum aviculare L. ······138
Polygonum bistorta L. ······138
Polygonum campanulatum Hook. f. ······139
Polygonum coriaceum Sam. ······139
Polygonum divaricatum L. ······139

Polygonum forrestii Diels [*Koenigia forrstii* (Diels) Mesiek et Sojak]·······139
Polygonum griffithii Hook. f. [*Polygonum calostachyum* Diels.]····139
Polygonum hookeri Meisn. ···················140
Polygonum hydropiper L. ······················140
Polygonum lapathifolium L. [*Polygonum nodosum* Pers.]·············140
Polygonum macrophyllum D. Don [*Polygonum sphaerostachyum* Meisn.] ··140
Polygonum macrophyllum D. Don var. *stenophyllum* (Meisn.) A. J. Li·········141
Polygonum manshuriense V. Petr.·········141
Polygonum milletii Lévl.·······················141
Polygonum molle D. Don·····················141
Polygonum molle D. Don var. *rude* (Meisn.) A. J. Li [*Polygonum rude* Meisn.]··141
Polygonum nepalense Miesn. ···············142
Polygonum orientale L. ························142
Polygonum paleaceum Wall.·················142
Polygonum perfoliatum L. ····················142
Polygonum plebeium R. Br. ··················142
Polygonum polystachyum Wall. ············143
Polygonum sibiricum Laxm. ·················143
Polygonum sinomontanum Sam.···········143
Polygonum suffultum Maxim. ···············143
Polygonum tortuosum D. Don [*Polygonum periginatoris* Pauls.]·····143
Polygonum viviparum L.·······················144
Polygonum viviparum L. var. *tenuifolium* Y. L. Liu [*Polygonum tenuifolium* Kung] ···144
Polystichum braunii (Spren.) Fee ··········28
Polystichum qamdoense Ching et S. K. Wu ···28
Polystichum sinense (Christ) Christ········28
Polystichum squarrosum (D. Don) Fee ···29
Ponerorchis chusua (D. Don) Soó ········112
Populus alba L.···································115
Populus cathayana Rehd. ······················116
Populus davidiana Dode·······················116
Populus rotundifolia Griff. var. *bonatii* (Lévl.) C. Wang et Tung [*Populus bonati* Lévl.]·····················116
Populus rotundifolia Griff. var. *duclouxiana* (Dode) Gomb. ··············116
Populus simonii Carr.···························117
Poria cocos (Fr.) Wolf ·····························6
Portulaca grandiflora Hook. ················156
Portulaca oleracea L. ···························156
Portulaca quadrifida L. ························156
Potamogeton distinctus A. Benn.············51
Potamogeton natans L. ··························51
Potentilla anserina L. ··························304
Potentilla argyrophylla Wall.················305
Potentilla bifurca L.·····························305
Potentilla chinensis Ser.························305
Potentilla coriandrifolia D. Don···········305
Potentilla cuneata Wall.························305
Potentilla discolor Bunge. ····················306
Potentilla eriocarpa Wall.·····················306
Potentilla fallens Card. ························306
Potentilla fructicosa L. [*Dasiphora fructicosa* (L.) Rydb.]····306
Potentilla fruticosa L. var. *arbuscula* Maxim. [*Potentilla arbusculla* D. Don] ···306

Potentilla fruticosa L. var. *pumila* Hook. f. ······307
Potentilla glabra Lodd. [*Dasiphora davurica* (Nestl.) Kom. et Klob-Alis.] ······307
Potentilla glabra Lodd. var. *mandshurica* (Maxim.) Hand.-Mazz. ······307
Potentilla glabra Lodd. var. *veitchii* (Wils.) Hand.-Mazz. ······307
Potentilla gombalana Hand.-Mazz. ······307
Potentilla griffithii Hook. f. ······308
Potentilla griffithii Hook. f. var. *velutina* Card. ······308
Potentilla leuconota D. Don. ······308
Potentilla lineata Treviranus [*Potentilla fulgens* Wall.] ······308
Potentilla longifolia Willd [*Potentilla viscosa* Donn] ······308
Potentilla microphylla D. Don. ······309
Potentilla multicaulis Bunge. ······309
Potentilla mutifida L. ······309
Potentilla nivea L. ······309
Potentilla parvifolia Fisch. ······309
Potentilla parvifolia Fisch. var. *hypoleuca* Hand.-Mazz. ······310
Potentilla reptans L. var. *sericophylla* Franch. [*Fragaria fillipendnla* Hemsl.] ······310
Potentilla saunderiana Royle var. *caespitosa*Hand.-Mazz. ······310
Potentilla saunderiana Royle var. *jacquemontii* Franch. ······310
Potentilla saundersiana Royle. ······310
Potentilla smithiana Hand.-Mazz. ······311
Potentilla stenophylla (Franch.) Diels ······311
Potentilla supina L. ······311
Psammosilene tunicoides W. C. Wu et C. Y. Wu ······163
Pteridium aquilinum (L.) Kuhn. var. *latiusculum* (Desv.) Underw. ······23
Pteris cretica var. *cretica* (Christ) C ······24
Pteris dactylina Hook. ······24
Pteris multifida Poir. ······24
Pulsatilla chinensis (Bunge) Regel ······207
Pulsatilla millefolium (Hemsl. et Wils) Ulbr. ······207
Pyrrosia davidii (Baker) Ching [*Pyrrosia gralla* (Giesenh.) Ching] ······32
Pyrrosia drakeana (Franch.) Ching ······33
Pyrrosia lingua (Thunb.) Farw. ······33
Pyrrosia mollis (Kunze.) Ching ······33
Pyrrosia petiolosa (Christ) Ching ······33
Pyrrosia sheareri (Barke) Ching ······33
Pyrus pashia Buch. -Ham. ······311

Q

Quercus acutissima Carr. ······122
Quercus aquifolioides Rehd. et Wils. ······122
Quercus dentata Thunb. ······122
Quercus engleriana Seem. ······123
Quercus guyavifolia H. Léveillé ······123
Quercus lanata Smith ······123
Quercus semecarpifolia Smith. ······123
Quercus senescens Hand.-Mazz. ······123

R

Ranunculus brotherusii Freyn ······207
Ranunculus chinensis Bunge ······207

Ranunculus hirtellus Royle··················208
Ranunculus japonicus Thunb.···············208
Ranunculus membranaceus Royle
[*Ranunculus pulchellus* var. *sericeus* Hook. f. et Thoms.]··························208
Ranunculus nephelogenes Edgew.
[*Ranunculus longicaulis* C. A. Mey var. *nephelogenes* (Edgew) L. Liou]·······209
Ranunculus nephelogenes Edgeworth var. *longicaulis* (Trautvetler) W. T. Wang
··208
Ranunculus pegaeus Hand.-Mazz.········209
Ranunculus popovii var. *stracheyanus* (Maxim.) W. T. Wang·······················209
Ranunculus pulchellus C. A. Mey·········209
Ranunculus similis Hemsl.····················210
Ranunculus tanguticus (Maxim.) Orcz.
[*Ranunculus brotherusii* auct. non Freyn; *Ranunculus brotherusii* var. *tanguticus* (Maxim.) Tamura]···········210
Ranunculus ternatus Thunb.
[*Ranunculus zuccarinii* Miq.]···········210
Raphanus sativus L. ····························268
Reboulia hemisphaerica (L.) Raddi········17
Rheum acuminatum Hook. f. et Thoms.
··144
Rheum alexandrae Batal. ······················144
Rheum australe D. Don
[*Rheum emodi* Wall.] ························144
Rheum delavayi Franch.························145
Rheum forrestii Diels ··························145
Rheum globulosum Gage ······················145
Rheum hotaoense C. Y. Cheng et C. T. Kao
··145
Rheum inopinatum Prain·······················145
Rheum kialense Franch. ························146
Rheum lhasaense A. J. Li et P. K. Hsiao
··146
Rheum likiangense Sam. [*Rheum ovatum* C. Y. Cheng et Kao] ·····························146
Rheum moorcroftianum Royle ··············146
Rheum nobile Hook. f. et Thoms. ·········146
Rheum officinale Baill.··························147
Rheum palmatum L.·····························147
Rheum przewalskii Hook. f. et Thoms.
[*Rheum scaberrimum* auct. non Lingelsh.]···147
Rheum pumilum Maxim.························147
Rheum reticulatum A. Los. ···················147
Rheum rhabarbarum L.·························149
Rheum rhizostachyum Schrenk ·············148
Rheum rhomboideum A. Los.················148
Rheum spiciforme Royle
[*Rheum scaberrimum* Lingelsh.] ······148
Rheum tanguticum Maxim.
[*Rheum palmatum* L. var. *tanguticum* Maxim.] ···148
Rheum tibeticum Maxim.······················148
Rheum webbianum Royle ·····················149
Rhodila fastigiata (Hk. f. et Th.) S. H. Fu
··277
Rhodiola atuntsuensis (Praeg.) S. H. Fu
··276
Rhodiola bupleuroides (Wall.) S. H. Fu
··276
Rhodiola coccinea (Royle) Borissova····277
Rhodiola crenulata (HK. f. et Th.) H. Ohba
[*Rhodiola rotndata* (Hemsl.) S. H. Fu; *Rhodiola euryphylla* (Frod) S. H. Fu]
··276

Rhodiola dumulosa (Franch.) S. H. Fu [*Sedum wulingense* (Nak.) Kitag.] ···277
Rhodiola himalensis (D. Don) S. H. Fu ············277
Rhodiola kirilowii (Regel) Maxim.·······278
Rhodiola macrocarpa (Praeg.) S. H. Fu ············277
Rhodiola quadrifida (Pall.) Fisch. et May. [*Rhodiola coccinea* (Royle) A. Bor.] ············278
Rhodiola rosea L.············278
Rhodiola sacra (Prain ex Hamet) S. H. Fu. var. *tsuiana* (S.H.Fu) S.H.Fu···········278
Rhodiola sacra (Prain) S. H. Fu···········278
Rhodiola serrata H. Ohba···········279
Rhodiola tangutica (Maxim.) S. H. Fu ············276
Rhodiola wallichiana (Hook.) S. H. Fu ············279
Rhodiola wallichiana (Hook.) S. H. Fu var. *cholaensis* (Praeg.) S. H. Fu············279
Rhodiola yunnanensis (Franch.) S. H. Fu. ············279
Ribes alpestre Wall. ············285
Ribes burejense Fr. ············285
Ribes himalense Royle [*Ribes emodense* Rehd.] ············285
Ribes meyeri Maxim. var. *tanguticum* Jancz. ············285
Ribes orientale Desf.············286
Rorippa elata (Hook. f. et Thoms.) Hand.-Mazz. ············269
Rorippa indica (L.) Hiern ············269
Rorippa palustris (Leyss.) Bess. [*Rorippa islandica* (Ode.) Borb.] ·····269
Rosa bella Rehd. et Wils.············311
Rosa brunonii Lindl. ············312
Rosa chinensis Jacq.············312
Rosa gallica L. ············312
Rosa giraldii Grep.············312
Rosa graciliflora Rehd. et Wils.············312
Rosa hugonis Hemsl. ············313
Rosa laevigata Michx. ············313
Rosa macrophylla Lindl.············313
Rosa mairei Levl.············313
Rosa moyesii Hemsl. et Wils.············313
Rosa multiflora Thunb. ············314
Rosa omeiensis Rolfe. [*Rosa omeiensis* Rolfe f. *pteracantha* (Franch.) Rehd. et Wils.] ············314
Rosa roxburghii Tratt. ············314
Rosa rubus Levl. et Vant.············314
Rosa rugosa Thunb. ············314
Rosa sericea Lindl. ············315
Rosa sericea Lindl. f. *glandulosa* Yü et Ku. ············315
Rosa sericea Lindl. f. *pteracantha* Franch. ············315
Rosa sertata Rolfe.············315
Rosa setipoda Hemsl. et Wils. ············315
Rosa sikangensis Yü et Ku. ············316
Rosa soulieana Crep. ············316
Rosa sweginzowii Koehne············316
Rosa taronensis Yu et Ku············316
Rosa tibetica Yu et Ku ············316
Rosa willmottiae Hemsl. ············317
Roscoea auriculata K. Schum ············103
Roscoea tibetica Batatin [*Roscoea intermedia* Gagnep]··········103
Rubus amabilis Focke············317

Rubus biflorus Buch. -Ham.··················317
Rubus cockburnianus Hemsl.················317
Rubus idaeopsis Focke························317
Rubus innominatus S. Moore var. *kuntzeanus* (Hemsl.) Bailley············318
Rubus irritans Focke···························318
Rubus lasiostylus Focke·······················318
Rubus lutescens Franch.························318
Rubus mesogaeus Focke ·······················318
Rubus niveus Thunb. [*Rosa foliolosus* D. Don]···319
Rubus phoenicolasius Maxim. ··············319
Rubus pungens Camb.···························319
Rubus sachalinensis Levl.·····················319
Rubus subornatus Focke var. *melanadenus* Focke ···319
Rubus sumatranus Miq. ·······················320
Rubus trijugus Focke ···························320
Rubus xanthocarpus Bur. et Franch. ·····320
Rumex acetosa L.································149
Rumex angulatus Rech. f. ····················149
Rumex aquaticus L.·····························149
Rumex crispus L.································150
Rumex dentatus L.······························150
Rumex nepalensis Spreng. ···················150
Rumex patientia L. ·····························150

S

Saccharum officinarum L.······················57
Saccharum sinense Roxb. ······················57
Salix alba L. ··117
Salix babylonica L. ·····························117
Salix characta Schneid. ·······················117
Salix cheilophila Schneid.·····················117
Salix daphnoides Vill. ·························118
Salix hypoleuca Seemen ·······················118
Salix luctuosa Lévl.·····························118
Salix matsudana Koidz. ·······················118
Salix oritrepha Schneid.·······················118
Salix oritrepha Schneid. var. *amnemachinensis* (Hao) C. Wang et C. F. Fang [*Salix anmemachinensis* Hao] ···119
Salix paraplesia Schneid.·····················119
Salix sclerophylla Anderss. ··················119
Salix sclerophylloides Y. L. Chou. ········119
Salix sinica (Hao) C. Wang et C. F. Fang [*Salix* caprea auct. non L.]···············120
Salix taoensis Goerz····························120
Salix wilhelmsiana M. Bieb. ················120
Salsola collina Pall. ····························153
Salsola monoptera Bunge ····················154
Salsola tragus L. ································154
Sanguisorba officinalis L. ····················320
Santalum album L. ······························131
Satyrium nepalense D. Don ··················113
Satyrium nepalense D. Don var. *ciliatum* (Lindl) Hook. f ·······························113
Sauromatum diversifolium (Wallich ex Schott) Cusimano & Hetterscheid······66
Sauromatum giganteum Engl.·················66
Sauromatum venosum (Aiton) Kunth ·····66
Saxifraga andersonii Engl. ··················286
Saxifraga atrata Engl.··························286
Saxifraga aurantiaca ··························287
Saxifraga brunonis Wall. [*Saxifraga brunoniana* Wall.]··········286
Saxifraga candelabrum Franch.············286
Saxifraga cernua L. ····························287

Saxifraga cillatopetala (Engl. et Irm.) J. T. Pan ······287
Saxifraga divaricata Engl. et Irm. ········287
Saxifraga diversifolia Wall. ··················287
Saxifraga egregia Engl. ························288
Saxifraga gemmigera Engl. var. *gemmuligera* (Engler) J. T. Pan & Gornall ······288
Saxifraga hetercladoides J. T. Pan ········288
Saxifraga hirculus L. [*Saxifraga hirculus* L. var. *major* (Engl. et Irm.) J. T. Pan] ······288
Saxifraga melanocentra Franch. [*Saxifraga pseudopallida* Engl. et Irm.; *Saxifraga gageana* W. W. Smith] ······289
Saxifraga nangxianensis J. T. Pan ········289
Saxifraga nigroglandulifera Balakr. [*Saxifraga nutans* Hk. f. et Th.]········289
Saxifraga pratensis Engl. et Irm. ··········290
Saxifraga przewalskii Engl. ···················290
Saxifraga pseudohirculus Engl. ············290
Saxifraga saginoides Hook. f. et Thoms. ······290
Saxifraga sanguinea Franch. ················290
Saxifraga sheqilaensis J. T. Pan············291
Saxifraga signata Engl. et Irm. ·············291
Saxifraga signatella Marq.····················291
Saxifraga stenophylla Royle [*Saxifraga flagellaris* Willd. ssp. *megastanlha* Hand.-Mazz.] ······291
Saxifraga tangutica Engl. ·····················292
Saxifraga taraktophylla Marq. et Airy-Shaw ······292
Saxifraga tigrina H. Smith····················292
Saxifraga umbellulata Hk. f. et Th. var. *pectinata* (Marq. et Airy-Shaw) J. T. Pan[*Saxifraga pasumensis* Marq. et Shaw] ······292
Saxifraga umbellulata Hook. f. et Thoms. ······292
Saxifraga unguiculata Engl. ·················293
Saxifraga wallichiana Sternb.················293
Schisandra chinensis Baill.····················229
Schisandra grandiflora (Wall.) Hook. f. et Thoms. ······229
Schisandra henryi Clarke subsp. *yunnanensis* A. C. Smith ··················229
Schisandra neglecta A. C. Smith··········229
Schisandra propinqua (Wall.) Baill. ·····230
Schisandra rubriflora (Franch.) Rehd. et Wils. ······230
Schisandra sphaerandra Stapf [*Schisandra elongata* auct. non Hook. f. et Thoms.] ······230
Schizostachyum chinense Rendle············57
Secale cereale L. ··57
Sedum multicaule Wall. et Lindl. ··········280
Sedum roborowskii Maxim. ··················280
Selaginella nipponica Franch. et Sav. ·····19
Selaginella pulvinata (Hook. et Grev.) Maxim. ······19
Selaginella sanguinolenta (L.) Spring ····19
Selaginella tamariscina (P. Beauv.) Spring ······19
Selliguea senanensis (Maximowicz) S. G. Lu ······32
Setaria italica (L.) Beauv. ·······················58
Setaria pumila (Poiret) Roemer & Schultes ······58

Setaria viridis (L.) Beauv.······················58
Seteria italica (L.) Beauv. var. *germanica* (Mill.) Schred ····································58
Sibbaldia adpressa Bunge ····················320
Sibbaldia procumbens L. var. *aphanopetala* (Hand.-Mazz.) Yu et Li····················321
Sibiraea angustata (Rehd.) Hand.-Mazz. ··321
Silene adenocalyx F. N. Williams ·········163
Silene aprica Turcz.[*Melaudrium apricum* (Turcz.) Rohrb.]·······························163
Silene asclepiadea Franch. [Melandrium viscidulum (*Franch.*) Williams var. *szechuanense* (Williams) Hand.-Mazz.] ··164
Silene baccifer L. ·································162
Silene davidii (Franchet) Oxelman & Lideeen [*Melandrium caespitosum* Williams] ···165
Silene firma Sieb. et Zucc. [*Melandrium firma* (Srieb et Zucc.) Rohrb.] ··········164
Silene gonosperma (Rupr.) Bocquet [*Melandrium pumilum* (Benth.) Walp.] ··164
Silene gracilicaulis C. L. Tang [*Silene tenuis* auct. non Willd.]····················164
Silene himalayensis (Rohrb.) Majumdar····· [*Melandrium apetalun* (L.) Fenzl.]···165
Silene jenisseensis Willd. [*Silene pubistyla* L. H. Zhou]·····································165
Silene nepalensis Majumdar ················165
Silene nigrescens (Edgew.) Majumdar subsp. *latifolia* Bocquet····················166
Silene pterosperma Maxim. [*Silene jenisse*ensis auct. non Willd.] ··········166
Silene repens Patr. ·······························166
Silene scopulorum Franch. [*Melandrium scopulorum* (Franch.) Hand.-Mazz.] ··166
Silene subcretacea F. N. Williams ········167
Silene venosa (Gilib.) Aschers.·············167
Silene viscidula Franch. [*Melandriu viscidulum* (Franch.) Williams] ········167
Silene yetii Bocquet[*Melandrium glandulosum* (Maxim.) F. N. Williams] ··167
Sinapis alba L. ····································269
Sinocrassula indica (Decne.) Berger ····280
Sinopodophyllum hexandrum (Royle) Ying [*Podophyllum emodi* Wall;*Podophyllum emodi* Wall. var. *chinensis* Sprague] ··227
Sisymbrium heteromallum C. A. Mey···269
Smilax aspera L. ···································91
Smilax biumbellata T. Koyama, Brittonia ··91
Smilax elegans Wall. ex Kunt. ················91
Smilax glabra Roxb. ·····························91
Smilax mairei Lévl. ·······························91
Smilax menispermoidea A. DC. ·············92
Smilax stans Maxim. [*Smilax vaginata* Dence] ··92
Solma-Laubachia lanata Botsch.··········270
Solms-Laubachia eurycarpa (Maxim.) Botsch. [*Solms-Laubachia dolichocarpa* Y. C. Lan et T. Y. Cheo]····················270
Solms-Laubachia linearifolia (W. W. Smith) O. E. Schulz·························270
Solms-Laubachia minor Hand.-Mazz. ··270

Solms-Laubachia platycarpa (Hook. f. et Thomas.) Batsch. ············271
Solms-Laubachia pulcherrima Muschl. ············270
Solms-Laubachia pulcherrima Muschl. [*Solms-Laubachia latifolia* (O. E. Schulz) Y. C. Lan et T. Y. Cheo; *Solms-Laubachia pulcherima* Muschl. var. *latifolia* O. E. Schulz] ············271
Solms-Laubachia pulcherrima Muschl. f. angustifolia O. E. Schulz ············271
Solms-Laubachia retropilosa Botsch. [*Solms-Laubachia floribunda* Lan et Cheo] ············271
Sorbaria arborea Schneid. var. *subtomentosa* Rehd. ············321
Sorbus hupehensis Schneid. ············321
Sorbus koehneana Schneid. ············321
Sorbus multijuga Koehne ············322
Sorbus prattii Koehne [*Sorbus unguicilata* Koechne] ············322
Sorbus rehderiana Koehne ············322
Sorbus rufopilosa Schneid. ············322
Souliea vaginata (Maxim.) Franch. ············210
Sparganium stoloniferum Buch. -Ham. ············50
Spenceria ramalana Trim. ············322
Spiraea alpina Pall. ············323
Spiraea arcuata Hook. f. ············323
Spiraea canescens D. Don ············323
Spiraea japonica L. f. var. *acuminata* Franch. ············323
Spiraea lobulata Yü et Lu ············323
Spiraea mongolica Maxim. ············324
Spiraea myrtilloides Rehd. ············324
Spiraea schneideriana Rehd. ············324
Spiraea xizangensis L. T. Lu ············324
Spiraea yunanensis Franch. ············324
Spirodela polyrhiza (L.) Schleid. ············67
Spirogyra communis (Has.) Kuetz. ············1
Spirogyra longata (Vauch.) Kuetz. ············1
Spriogyra varians (Has.) Kuetz. ············1
Stellaria decumbens Edgew. var. *pulvinata* Edgew. et Hook. f. ············168
Stellaria dichotoma L. ············168
Stellaria graminea L. ············168
Stellaria subumbellata Edgew. ············168
Stellaria uliginosa Murr. ············168
Stellaria umbellata Turcz. ············169
Stellaria yunnanensis Franch. ············169
Stephania epigaea H. S. Lo [*Stephania delavayi* Diels] ············227
Stephania subpeltata H. S. Lo ············228
Stereocaulon paschale (L.) Hoffm. ············11
Streptopus simplex D. Don ············92
Stuckenia pectinata (L.) Borner ············51
Syntrichia sinensis (Müll. Hal.) Ochyra ············16
Szxifraga sinomontana J. T. Pan & Gornall ············289

T

Taphrospermum fontanum (Maxim.) ············264
Taphrospermum verticillatum (Jeffrey et W. W. Smith) Al-Shehbaz ············272
Taxus wallichiana Zucc. ············46
Taxus yunnanensis Cheng et L. K. Fu ············46
Tectaria polymorpha (Wall.) Cop. ············29
Teloschistes flavicans (Sw.) Norm. ············15

Thalictrum alpinum L. ··························211
Thalictrum alpinum L. var. *elatum* Ulbr. ··························211
Thalictrum atriplex Finet et Gagnep. ····211
Thalictrum baicalense Turcz. ···············211
Thalictrum baicalenxe Turcz. var. *megastigma* Boivin ··························211
Thalictrum chelidonii DC. ···················212
Thalictrum cultratum Wall. ··················212
Thalictrum delavayi Franch. ················212
Thalictrum foetidum L. ························212
Thalictrum foliolosum L. ·····················212
Thalictrum glandulosissimum (Finet et Gagnep.) W. T. Wang et S. H. Wang ··························213
Thalictrum javanicum Blume. ·············213
Thalictrum oligandrum Maxim. ···········213
Thalictrum petaloideum L. ··················213
Thalictrum przewalskii Maxim. ···········213
Thalictrum reniforme Wall. ··················214
Thalictrum rostellatum Hook. f. et Thoms. ··························214
Thalictrum rutifolium Hook. f. et Thoms. ··························214
Thalictrum simplex L. var. *brevipes* Hara [*Thalictrum angustifolium* auct. non L.] ··························214
Thalictrum squamiferum Lecoy. ··········214
Thalictrum uncatum Maxim. ················215
Thalictrum virgatum Hook. f. et Thoms. ··························215
Thalictrum wangii Boivin ····················215
Thamnolia subuliformis (Ehrh.) W. Culb. ··························12
Thamnolia vermicularis (Sw.) Schaer. ····12
Theropogon pallidus Maxim. ··················92
Thesium chinense Turcz. ······················131
Thesium longiflorum Hand.-Mazz. ·······132
Thesium ramosoides Hendry. ················132
Thesium tongolicum Hendry. ················132
Thlaspi arvense L. ·······························272
Thysanolaena latifolia (Roxb.) Kuntze···58
Tinospora crispa (L.) Merr. ·················228
Tinospora sinensis (Lour.) Merr. ···········228
Tremella fuciformis Berk. ·························4
Tremella mesenterica (Schaeff.) Retz. ······4
Triglochin maritima L. ····························51
Triglochin palustris L. ···························52
Trillium govanianum Wall ······················92
Triticum aestivum L. ······························59
Trollius farreri Stapf ····························215
Trollius farreri Stapf. var. *major* W. T. Wang ··························215
Trollius pumilus D. Don ·······················216
Trollius pumilus D. Don var. *tanguticus* Brühl [*Trollius tanguticus* (Brühl) W. T. Wang] ··························216
Trollius pumilus D. Don var. *tehkehensis* (W. T. Wang) W. T. Wang ················216
Trollius ranunculoides Hemsl. ··············216
Trollius yunnanensis (Franch.) Utbr. ·····216
Typha latifolia L. ·································50
Typhonium mangkamgense H. Li ···········66

U

Ulmus glaucescens Franch. var. *lasiocarpa* Rehd. ··························124
Ulmus parvifolia Jacq. ························124
Ulmus pumila L. ································124

Urginea indica Kunth. ······93
Urtica angustifolia Fisch. ······129
Urtica ardens Link. ······129
Urtica cannabina L. ······129
Urtica dioica L. ······130
Urtica fissa Pritz. [*Urtica thunbergiana* auct. non Sieb. et Zucc.] ······129
Urtica hyperborea Jacq. ······129
Urtica laetevirens Maxim. ······130
Urtica mairei Lévl. ······130
Urtica membranifolia C. J. Chen. ······130
Urtica thunbergiana Sieb. et Zucl. ······130
Urtica triangularis Hand.-Mazz. ······131
Urtica triangularis Hand.-Mazz. ssp. *pinnatifida* (Hand.-Mazz.) C. J. Chen. ······131
Usnea diffracta Vain. ······14
Usnea longissima (L.) Ach. ······14
Usnea montis-fuji Mot. ······14
Usnea roseola Vain. ······14
Usnea rubescens Stirt. ······15
Ustilago crameri Körn ······3
Ustilago hordei (Pers.) Lagerh. ······3
Ustilago maydis (DC.) Corda ······3
Ustilago nuda (Jens.) Rostr. ······4

V

Vaccaria hispanica (Miller) Rauschert [*Vaccaria pyramidata* Medic.] ······169
Viscum articulatum Burm. f. ······133
Viscum coloratum (Kom.) Nakai ······133
Viscum diospyrosicola Hayata [*Viscum angulatum* auct. non Heyne] ······133
Viscum liquidambaricola Hayata [*Viscum articulatum* Burm. f. var. *liquidambaricolum* (Hayata) Sesh.] ······133
Viscum nudum Danser ······134

X

Xanthoria fallax (Hepp.) Am. ······15

Y

Yulania campbellii Hook. f. et Thoms. ······229
Yushania yadongensis Yi ······59

Z

Zea mays L. ······59
Zingiber officinale Rosc. ······104

中文名索引

一画

一把伞南星……63

二画

二叶舌唇兰……113
二裂委陵菜……305
七筋姑……78
八月瓜……217
八角茴香（大茴香八角）……228

三画

三出银莲花……183
三对叶悬钩子……320
三花灯心草……69
三角叶荨麻……131
三角叶黄连……191
三角叶薯蓣……94
三果大通翠雀……199
三脉梅花草……285
三棱虾脊兰……105
三裂延胡索（齿瓣延胡索）……253
三裂紫堇……254
三裂碱毛茛……203
土茯苓……91
工布乌头……175
大马勃……9
大瓦韦……31
大火草……185
大叶太白米（大叶假百合）……85
大叶杓兰……106
大叶茶（普洱茶）……273
大叶碎米荠……263
大叶矮金莲花……215
大叶蔷薇……313
大白茅……55
大头麦角（火焰苞拂茅麦角菌）……2
大百合……78
大麦……54
大麦坚黑粉菌……3
大花马齿苋（太阳花、半枝莲）……156
大花五味子……229
大花红景天……276
大花虎耳草……291
大花韭……72
大花锈球藤……190
大苞鸭跖草……67
大果马兜铃……135
大果红杉……37
大果红景天……277
大果栒子……299
大果圆柏……44
大株粗茎红景天（大株红景天）……279
大海蓼……141
大通翠雀花……199
大理百合……82
大理翠雀花……201
大黄檗……220

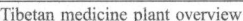

大麻……124
大锐果鸢尾……96
大蒜……74
大蝎子草……127
小大黄……147
小木通……188
小叶杨……117
小叶委陵菜……309
小叶金露梅……309
小叶柳……118
小叶栒子……299
小叶铁线莲……190
小叶瓶尔小草……22
小叶蔷薇……317
小白及……104
小丛红景天……277
小百合……81
小伞虎耳草……292
小灯心草……68
小麦……59
小芽虎耳草……288
小花火烧兰……109
小花尖瓣紫堇（天葵叶紫堇、苍山紫堇）……235
小花杓兰……107
小花黄堇……249
小花紫堇……246
小豆蔻（三角蔻、印度豆蔻、长形豆蔻、斯里兰卡小豆蔻）……102
小连翘……274
小果滨藜……153
小金莲花……216
小洼瓣花……84
小距紫堇……235
小斑叶兰……110
小萹蓄（小果蓼、习见蓼）……142
小喙唐松草……214
小腺无心菜……158
小藜……153
口蘑（白蘑）……7
山丹……82
山生柳……118
山地虎耳草……289
山羊臭虎耳草……288
山麦冬……82
山杨……116
山里红……301
山鸡椒（山胡椒、澄茄子）……234
山林果……301
山岭麻黄……47
山居雪灵芝……158
山柰……103
山柳菊叶糖芥……266
山蚂蚱草（旱麦瓶草）……165
山珠南星（山珠半夏）……65
山桃……294
山紫茉莉（喜马拉雅紫茉莉）……155
山溪金腰……283
千针万线草（云南繁缕）……169
川贝母……78
川甘美花草……186
川甘翠雀花……200
川边委陵菜……307
川西云杉……38
川西绿绒蒿……257
川西翠雀花……201
川西樱桃……295
川百合……80
川赤芍……206
川桂……233

川梨……311
川滇小檗……221
川滇委陵菜……306
川滇绣线菊……324
川滇蔷薇……316
川滇槲蕨……34
久治绿绒蒿……256
广布小红门兰……112
女娄菜……163
飞燕黄堇（翠雀状黄堇）……239
叉子圆柏……44
叉分蓼……139
叉苞乌头……173
叉枝虎耳草……287
叉枝蓼（外来蓼）……143
叉歧繁缕（歧枝繁缕）……168
马尾松……39
马齿苋……156
马兜铃……134
马蔺……97
马蹄黄（黄总花草）……322

四画

天山鸢尾……98
天门冬……76
天竺桂……232
天南星……64
天祝黄堇……253
天麻……110
天蓝韭……71
无毛扇苞黄堇……250
无花果……125
无尾果……297
无刺菝葜……91
无脉小檗……222
无冠紫堇……239
无粉刺红珠……219
无距耧斗菜（细距耧斗菜）……186
无腺白叶莓……318
云生毛茛……209
云芝……5
云南无心菜……161
云南红豆杉……46
云南红景天……279
云南松……40
云南金莲花……216
云南洼瓣花……84
云南绣线菊……324
云南樟……232
木瓜（光皮木瓜）……296
木耳（黑木耳、云耳）……4
木帚栒子……298
木贼……21
木贼麻黄……46
木藤蓼……137
五月瓜藤……217
五味子……229
五脉绿绒蒿……259
五裂黄莲……192
支柱蓼……143
太白山葱……73
太白米（假百合）……84
犬问荆……20
巨柏……40
互卷黄精……86
瓦松……275
少花桂……232
少腺密叶翠雀花……197
日本小檗……224

中华山紫茉莉······155
中华山蓼······138
中华耳蕨······28
中华青牛胆（宽筋藤）······228
中华金丝······13
中华金腰······283
中甸黄堇······255
中国黄花柳······120
中国梅花草······284
中麻黄（西藏中麻黄）······47
水生酸模······149
水麦冬······52
水栒子······299
水黄（苞叶大黄）······144
水麻······127
水蜈蚣······60
水蓼······140
贝加尔唐松草······211
手参······110
牛尾七······145
牛扁乌头（杀狼牛扁、狼乌头）······176
牛膝······154
毛爪德钦乌头······177
毛叶小檗······218
毛叶木瓜······296
毛叶草芍药······206
毛叶高丛珍珠梅······321
毛叶蔷薇······313
毛杓兰······106
毛茎紫堇······249
毛果甘青乌头······181
毛果旱榆······124
毛果委陵菜······306
毛果铁线莲······190
毛茛······208
毛茛状金莲花······216
毛茛铁线莲······191
毛重楼······86
毛盘绿绒蒿······257
毛萼多花乌头······178
毛翠雀花······201
毛槲蕨（糙毛槲蕨、西藏槲蕨）······34
毛瓣虎耳草······287
毛瓣绿绒蒿······260
升麻······187
长瓦韦······31
长毛圣地红景天······278
长毛垫状驼绒藜······151
长叶云杉（大果云杉）······38
长叶头蕊兰······105
长叶碱毛茛······203
长形水绵······1
长花天冬门······77
长花百蕊草······132
长花铁线莲······191
长序乌头······174
长茎毛茛······208
长刺天门冬······77
长刺茶藨子······285
长果升麻（黄三七）······210
长柄唐松草······213
长柱贝加尔唐松草（川甘唐松草）······211
长柱乌头······173
长柱鹿药······90
长轴唐古特延胡索（少花延胡索、高山延胡索）······252
长柔毛委陵菜······308
长梗乌头······176
长梗金腰······281
长梗蓼（美穗蓼）······139

长梗蝇子草……166
长距玉凤花……111
长距鸟足兰……113
长距翠雀花……201
长葶鸢尾……96
长裂乌头……176
长鞭红景天……277
长瓣铁线莲……189
爪哇白豆蔻……101
爪哇唐松草……213
爪瓣虎耳草……293
反苞苹兰……109
月季花……312
风藤（海风藤）……115
乌头……172
乌柳……117
凤尾草（井栏边草）……24
凤尾蕨（大叶井口边草）……24
方枝柏……43
心叶大黄……144
心叶瓶尔小草……22
巴天酸模……150
巴东栎……123
巴郎栎……122
巴塘翠雀花……193
巴嘎紫堇……251
双色瓦韦……30

五画

玉竹……88
玉米（玉蜀黍）……59
玉米黑粉菌……3
甘川铁线莲……188
甘青乌头……181
甘青侧金盏花……182
甘青茶藨子……285
甘青铁线莲……191
甘肃小檗……222
甘肃山楂……301
甘肃贝母……79
甘肃雪灵芝（卵瓣雪灵芝）……159
甘肃耧斗菜……186
甘草叶紫堇……241
甘南黄堇……241
甘蔗（竹蔗）……57
节节草……21
石刁柏……77
石韦……33
石地钱……17
石松（伸筋草）……18
石莲（山瓦松）……280
石砾唐松草……214
石斛（金钗石斛）……109
布朗耳蕨……28
龙芽草……294
平枝栒子……299
平卧藜……153
平滑洼瓣花……83
东方草莓……303
东方铁线莲（大萼铁线莲、西藏铁线莲）……190
东北南星……62
东亚市藜……153
东亚羽节蕨……26
卡开芦（南芦苇、芦苇）……56
卡惹拉黄堇……240
北重楼……86
北紫堇……251
甲格黄堇（西藏短爪黄堇）……248

凹舌掌裂兰……105
四川玉凤花……111
四川牡丹……205
四川鹿药……90
四川糖芥（长角糖芥）……265
四孢蘑菇……8
四裂红景天……278
四瓣马齿苋……156
禾叶山麦冬……82
禾叶繁缕……168
禾秆旱蕨……25
禾颐苹兰……109
仙环小皮伞……9
白及……104
白马山虫草（冬虫夏草）……2
白毛小叶金露梅……310
白毛银露梅……307
白玉草（膨萼蝇子草）……167
白石耳……11
白石花……13
白头翁……207
白边瓦韦……31
白羊草……53
白花西南鸢尾……95
白花绿绒蒿……256
白芥子……269
白豆蔻……101
白屈菜……234
白草……56
白柳……117
白背铁线蕨……25
白桦（瘤枝桦、垂枝桦、东北白桦）……121
白粉小檗（林芝小檗）……224
白缘翠雀花……195
白蓝翠雀（矮白蓝翠雀）……192
丛生钉柱委陵菜……310
丛菔……270
丛菔（宽叶丛菔）……271
印度海葱……93
印度簕竹……53
冬虫夏草（虫草）……2
鸟足毛茛……207
半荷苞紫堇（三叶紫堇）……241
半夏……66
头花独行菜……267
头序大黄……145
永登韭……76
尼泊尔十大功劳……226
尼泊尔鸢尾……96
尼泊尔桤木……121
尼泊尔黄堇（矮紫堇）……242
尼泊尔绿绒蒿……258
尼泊尔蓼……142
尼泊尔酸模……150
尼泊尔蝇子草……165
奶桑（光叶桑）……126
圣地红景天……278
对叶黄精……88
丝毛柳……118
丝叶紫堇……240

六画

吉隆小檗……221
吉隆桑……126
地丁草……236
地不容……227
地果（地瓜）……125
地榆……320

耳叶象牙参……103
耳叶蓼……141
芍药……205
芒康犁头尖……66
亚东乌头……180
亚东玉山竹……59
亚伞花繁缕……168
亚高山冷水花……128
芝麻菜……265
西川韭……75
西北小檗（匙叶小檗）……224
西北天门冬……77
西伯利亚刺柏……41
西伯利亚滨藜（刺果滨藜）……151
西伯利亚蓼……143
西谷椰树（莎木、莎面木）……61
西南千金藤……228
西南手参……111
西南白头翁……207
西南花楸……322
西南鸢尾……95
西南虎耳草……291
西南委陵菜……308
西南草莓……302
西南铁线莲……190
西南菝葜……91
西南野古草……52
西南鹿药……89
西康花楸……322
西康蔷薇（川西蔷薇）……316
西藏八角莲……225
西藏大豆蔻……103
西藏大黄……148
西藏马兜铃……134
西藏天门冬……78
西藏木瓜……296
西藏瓦韦……32
西藏玉凤花……112
西藏白皮松……39
西藏延龄草……92
西藏红杉（西藏落叶松）……37
西藏杓兰……107
西藏冷杉（喜马拉雅冷杉）……36
西藏鸢尾……95
西藏草莓……303
西藏柏木……41
西藏洼瓣花……84
西藏桃（光核桃）……294
西藏铁线蕨……26
西藏高山紫堇……253
西藏绣线菊……324
西藏菝葜……91
西藏黄连（印度黄连、云南黄连）…192
西藏银莲花……185
西藏新小竹……55
西藏蔷薇……316
有柄石韦……33
百蕊草……131
灰包……9
灰岩紫堇……236
灰背栎……123
灰栒子……297
灰绿黄堇……235
灰绿藜……152
尖叶栒子……297
尖叶藜（尖头叶藜）……151
尖顶地星（尖头地星）……10
尖果洼瓣花……83
尖突黄堇……246
尖被百合……81

尖萼乌头（原变种）……171
光叶翠雀花……198
光叶槲蕨（石莲姜槲蕨）……34
光序翠雀花……197
光果毛翠雀花……202
光果野罂粟（裂叶野罂粟）……261
曲毛短柄乌头……172
曲花紫堇……238
曲序南星……65
曲金丝……13
团状福禄草（团状雪灵芝）……159
网脉大黄……147
网眼瓦韦（川西瓦韦、多变瓦韦）……30
网檐南星……65
肉豆蔻……170
肉豆蔻……230
肉质金腰……282
肉桂……231
肉球菌（竹菌）……5
舌岩白菜……280
乔松……39
伏毛山莓草……320
伏毛直序乌头（细叶乌头）……179
伏毛金露梅……306
伏毛铁棒锤……174
伏毛银露梅……307
伏生石豆兰……104
伏地卷柏……19
优贵马兜铃……134
优越虎耳草……288
延胡索……255
华山松……39
华中山楂……301
华中悬钩子……317
华北石韦（西南石韦）……32
华北鳞毛蕨……28
华西小檗……224
华西贝母……78
华西蔷薇……313
华南桂……231
血红小檗……223
全叶延胡索……250
全冠黄堇（新都桥黄堇）……253
全缘叶绿绒蒿……258
合柄铁线莲……188
合蕊五味子……230
伞花繁缕……169
杂配藜……152
多小叶升麻……187
多叶韭……73
多叶唐松草……212
多叶紫堇……248
多对花楸……322
多形叉蕨……29
多花黄精……87
多茎委陵菜……309
多茎景天……280
多枝翠雀花……198
多刺天门冬……77
多刺绿绒蒿……257
多果工布乌头……175
多星韭……75
多脉南星（长尾南星）……63
多裂乌头……178
多裂委陵菜……309
多腺悬钩子……319
多蕊金丝桃……274
多穗蓼……143
多鳞耳蕨（密鳞刺叶耳蕨）……29
多鳞鳞毛蕨（髯毛鳞毛蕨）……27

冰川翠雀花……196
问荆……20
羊耳蒜……112
羊齿天门冬……76
米林虎耳草……292
米林紫堇（花紫堇）……245
米林翠雀花……200
灯心草……68
灯笼石松（垂穗石松）……18
江孜乌头……176
祁连山乌头……173
祁连圆柏……43
异叶马兜铃……135
异叶乌头……175
异叶虎耳草……287
异形水绵……1
异株荨麻……130
阴香……231
防己叶菝葜……92
羽叶花……293
羽叶花……303
羽裂花旗杆……264
羽裂荨麻……131
买麻藤……49
红毛七……225
红毛花楸……322
红叶木姜子……234
红皮松萝……15
红皮蔗（甘蔗）……57
红花无心菜……160
红花五味子……230
红花鸢尾……98
红花绿绒蒿……259
红花紫堇（青紫堇）……245
红杉（金钱松、落叶松）……37
红豆蔻（大高良姜）……100
红枝小檗……220
红虎耳草……290
红泡刺藤……319
红脉大黄……145
红萼银莲花……184
红紫糖荠……263
红景天……278
红腺悬钩子……320
红蓼（荭草、水荭花子）……142
红髓松萝……14
纤细草莓……302
纤细黄堇……241

七画

麦冬……85
麦角菌……2
麦蓝菜（王不留行）……169
远志黄堇……248
走茎灯心草……68
贡山金腰……282
贡嘎翠雀花……197
扭瓦韦（卷叶瓦韦）……30
拟石黄衣……15
拟多花小檗……222
拟多刺绿绒蒿……258
拟冰川翠雀花……199
拟秀丽绿绒蒿……258
拟锥花黄堇（粗穗黄堇）……242
拟耧斗菜……207
拟螺距翠雀花……193
拟覆盆子……317
芜菁（蔓菁、圆根）……262
芸香叶唐松草……214

芸香草……54
苣叶秃疮花……255
花叶海棠……304
花葶驴蹄草……187
芹叶铁线莲……187
芥菜……262
苍山乌头（堵刺、都刺、都拉）……173
苍山冷杉……36
苍山黄堇（丽江黄堇）……238
芡实……169
苎叶蒟（芦子）……114
芦松萝（破茎松萝、环裂松萝）……14
克什米尔翠雀……194
杜松……41
杠板归……142
杖藜……152
杏……295
求江蔷薇……316
束花石斛（金兰）……107
两栖蓼……138
丽江大黄……146
丽江山荆子……304
丽江乌头……174
丽江唐松草……215
丽江麻黄……47
坚硬女娄菜……164
旱生南星……62
旱柳……118
针叶老牛筋……157
针刺悬钩子……319
钉柱委陵菜……310
牡丹……206
秃疮花……255
秀丽莓……317
近似小檗……218
近多鳞鳞毛蕨……28
近异枝虎耳草……288
近硬叶柳……119
角距手参……110
角盘兰……112
条叶银莲花……185
条裂黄堇……245
卵果大黄……146
库门鸢尾……97
库页悬钩子……319
庐山石韦……33
间型沿阶草……85
灵芝……6
尾叶樱桃……295
阿里山十大功劳（多小叶十大功劳）……226
阿墩黄堇……235
鸡爪大黄（唐古特大黄）……148
鸡桑……125
驴蹄草……187

八画

青山生柳……119
青甘韭……74
青皮竹（竹黄、天竹黄）……53
青杨……116
青海云杉……38
青海鸢尾……98
青稞……55
青稞黑粉菌……4
青藏虎耳草……290
青藏金莲花……216
青藏雪灵芝……160
玫瑰……314

抱茎蓼……138
拉萨大黄……146
拉萨小檗……221
拉萨黄堇（无冠细叶黄堇）……244
拉萨翠雀花……196
披散木贼（密枝问荆）……20
苦荞麦……136
苹果……304
苞毛茛……210
苞序葶苈……264
直立角茴香……256
直序乌头……179
直茎黄堇……252
直梗高山唐松草……211
直穗小檗……219
茅膏菜……275
枝穗大黄……148
杯花韭……71
枇杷……302
松萝（长松萝）……14
松潘叉子圆柏……44
松潘乌头……181
松潘黄堇（曲瓣紫堇）……244
枫香槲寄生……133
构棘（穿破石）……125
刺红珠……219
刺沙蓬……154
刺齿贯众……27
刺果茶藨子……285
刺柏……41
刺黄花……222
刺梗蔷薇……315
刺棒南星……63
刺瓣绿绒蒿……259
郁金……102
奇林翠雀花……194
欧乌头……176
欧洲小檗……225
轮叶沟子荠……272
轮叶黄精……89
软叶翠雀花……198
鸢尾……99
歧穗大黄……147
齿叶红景天……279
齿叶蓼（酱头）……137
齿苞黄堇……254
齿果酸模……150
齿被韭……76
齿萼委陵菜……311
卓巴百合……82
肾叶山蓼……137
肾叶金腰……282
肾萼金腰……282
具毛无心菜……161
具爪曲花紫堇……238
具苞糖芥……266
昆仑多子柏……45
昌都韭……70
昌都高山耳蕨……28
昌都黄堇……237
岩生银莲花……184
岩生蝇子草（岩生女娄菜）……166
岩白菜……281
帕里韭……73
帕里紫堇……244
迭裂黄堇……238
迭鞘石斛……107
垂子买麻藤（大子买麻藤）……49
垂叶黄精……87
垂头虎耳草……289

垂序商陆（美洲商陆）……156
垂枝柏（曲枝圆柏）……43
垂枝香柏……42
垂果蒜芥……269
垂柳……117
委陵菜……305
侧柏……41
爬地毛茛……209
舍季拉虎耳草（色齐拉虎耳草）……291
金丝马尾连……213
金丝刷……12
金丝绣球……13
金耳（黄木耳）……4
金耳石斛……108
金色狗尾草……58
金灯心草（吉隆灯心草）……68
金花小檗……225
金针菇……7
金荞麦……136
金钩如意草……252
金脉鸢尾……95
金钱蒲（随手香、石菖蒲）……62
金铁锁……163
金球黄堇……236
金黄枝衣（壁衣）……15
金樱子……313
金露梅……306
乳突拟耧斗菜……206
狐茅状雪灵芝……158
忽地笑……93
狗牙根……54
狗尾草……58
狗筋蔓……162
变绿小檗……225
卷丹……81
卷叶黄精（卷叶玉竹）……87
卷耳……161
卷茎蓼……137
卷柏……19
卷鞘鸢尾……98
单子麻黄……48
单叶细辛……135
单叶绿绒蒿……260
单花芥（无茎芥、高山辣根菜）……268
单花鸢尾……99
单花金腰……283
单花翠雀……194
单翅猪毛菜……154
法国蔷薇……312
河套大黄（波叶大黄）……145
油松……40
沿阶草……85
沿沟草……53
沼生蔊菜……269
波叶大黄……149
波叶青牛胆（绿包藤、发冷藤）……228
波密小檗……221
波密乌头……178
波密紫堇（藏天葵叶紫堇）……248
宝兴马兜铃（木香马兜铃、穆坪马兜铃、淮通马兜铃）……135
宝兴百合……81
宝兴翠雀花……200
帚枝唐松草……215
陕甘花楸……321
陕西假瘤蕨……32
陕西蔷薇……312
线叶丛菔……270
线叶虎耳草……292
线叶柳……120

细叉梅花草 ……284
细叶石头花 ……162
细叶石斛 ……108
细叶丛菔 ……270
细叶珠芽蓼 ……144
细叶黄堇 ……246
细茎石斛 ……108
细枝栒子 ……300
细枝绣线菊 ……324
细齿樱桃 ……295
细果角茴香 ……256
细弱栒子 ……298
细梗蔷薇 ……312
细蝇子草 ……164
细穗桦（长穗桦） ……121
驼绒藜（优若藜） ……151
贯众 ……27

九画

拱枝绣线菊 ……323
指状珊瑚枝（东方珊瑚枝） ……11
垫状金露梅 ……307
垫状卷柏 ……19
垫状雪灵芝 ……160
垫状偃卧繁缕 ……168
垫状蝇子草（簇生女娄菜） ……165
革叶蓼 ……139
革吉黄堇 ……246
荜茇（荜拔、荜拨） ……115
草玉梅 ……184
草地虎耳草 ……290
草血竭 ……142
草果 ……101
草黄乌头 ……180
草黄堇 ……251
草麻黄 ……48
茴茴蒜 ……207
荞麦（甜荞） ……136
茯苓 ……6
茶 ……273
荠菜 ……263
荨麻（裂叶荨麻） ……129
胡桃（核桃） ……120
胡椒 ……115
南黄堇 ……238
药用大黄 ……147
柞栎 ……122
栎叶枇杷 ……302
柳叶水麻 ……127
柱毛独行菜 ……267
柱腺茶藨子 ……286
柿寄生 ……133
砖子苗 ……60
砂仁（阳春砂仁） ……101
砂生小檗 ……223
耐寒栒子 ……298
鸦跖花 ……205
韭 ……75
显苞乌头 ……172
显柱乌头 ……180
显脉小檗 ……219
星鳞瓦韦 ……29
咬人荨麻 ……130
钝叶栒子 ……298
钝叶蔷薇 ……315
钝齿阴地蕨 ……22
钝齿鱼尾葵 ……61
钝裂银莲花 ……184
钟花韭 ……72

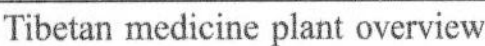

钟花蓼……139
钩柱唐松草……215
钩距黄堇……241
钩距黄堇……249
毡毛石韦（大叶石韦）……33
香豆蔻……101
香附……59
香柏……43
香桂……233
香唐松草（腺毛唐松草）……212
重造细果黄堇……247
重楼（七叶一枝花）……85
复伞房蔷薇……312
复伞银莲花……185
泉沟子荠……264
须花翠雀花……195
须弥荨麻……129
胎生铁角蕨……26
匍匐栒子……297
狭叶无心菜（狭叶具毛无心菜）……161
狭叶丛菔……271
狭叶红景天……278
狭叶委陵菜……311
狭叶荨麻……129
狭叶重楼……86
狭叶圆穗蓼……141
狭叶瓶尔小草……22
狭叶绣线菊（渐尖粉花绣线菊）……323
狭叶葫芦藓……16
狭叶鲜卑花……321
狭序唐松草……211
狭菱形翠雀花……193
狭距紫堇……244
狭萼杓兰（高山杓兰）……107
狭裂乌头……179
狭瓣虎耳草……290
独龙小檗……224
独行菜……267
独花黄精……88
独角莲（禹白附、白附子）……66
弯蕊开口箭……93
美花草……186
美丽毛茛……209
美丽乌头……179
美丽芍药……206
美丽金丝桃……274
美丽唐松草……214
美丽绿绒蒿……260
美蔷薇……311
姜……104
姜黄……102
类三脉梅花草……284
类乌齐乌头……175
类叶升麻……182
总状丛菔……271
总状绿绒蒿……259
洼瓣花……83
洮河柳……120
洛隆紫堇……245
洋葱……70
突脉金丝桃……274
突隔梅花草……284
穿龙薯蓣……94
扁枝衣……14
扁枝槲寄生……133
扁刺蔷薇（裂萼蔷薇）……316
扁果草……204
费菜……279
贺兰山南芥……262
柔毛委陵菜……308

柔毛路边青······304
柔软石韦······33
柔扁枝衣······13
绒毛阴地蕨······21

十画

秦岭小檗······218
秦岭槲蕨（中华槲蕨、华槲蕨、渐尖槲蕨）······34
珠芽艾麻······128
珠芽唐松草······212
珠芽蓼······144
盐生鸢尾······97
聂拉木乌头······177
聂拉木黄堇······237
莲······170
荼子蘼（悬钩子蔷薇）······314
荽叶委陵菜······305
桄榔（砂糖椰子）······60
桃······294
桃儿七······227
格咱乌头······174
索县黄堇······251
翅柄蓼······143
夏须草······92
柴胡红景天······276
柴桂······233
蚓果芥（念珠芥、大花蚓果芥）······272
峨眉小檗······217
峨眉黄连······192
峨眉蔷薇（扁刺峨眉蔷薇）······314
圆叶蓼（大连钱冰岛蓼）······139
圆丛红景天······277
圆枝卷柏（红枝卷柏）······19
圆果雀稗······56
圆柏······42
圆锥南芥······262
圆穗蓼······140
铁线蕨······25
铁棒锤······178
透茎冷水花······128
笔管草······20
倒毛丛菔（多花丛菔）······271
倒毛蓼（黑酸杆）······141
射干······94
狼爪瓦松······275
皱叶酸模······150
皱皮木瓜（硬贴海棠）······296
皱波黄堇······237
高山瓦韦······30
高山贝母······79
高山赤藓······16
高山松······39
高山松寄生······132
高山柏（鳞桧）······44
高山栎······123
高山韭······74
高山桦······121
高山唐松草······211
高山粉条儿菜······69
高山绣线菊······323
高乌头······180
高良姜······100
高茎绿绒蒿······260
高茎葶苈······264
高河菜······268
高冠尼泊尔黄堇······242
高原毛茛······210
高原鸢尾（小棕包）······96

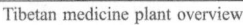

高原荨麻……129
高原南星……64
高原唐松草……212
高原犁头尖……66
高峰乌头……171
高焯菜……269
准噶尔鸢尾……99
准噶尔栒子……300
唐古红景天……276
唐古韭……75
唐古特虎耳草……292
竞生乌头……182
竞生翠雀花……203
瓶尔小草……23
拳参……138
粉叶小檗（短叶粉叶小檗）……223
粉叶玉凤花……111
粉花无心菜……160
粉枝莓……317
粉绿铁线莲……189
益智……100
烛台虎耳草……286
海子山老牛筋……158
海枣……61
海金沙……23
海南山姜……100
海韭菜……51
浮叶眼子菜……51
流苏虎耳草……293
浪穹紫堇……247
涩荠（紫花芥）……267
宽叶变黑蝇子草……166
宽叶荨麻……130
宽叶香蒲……50
宽刺绢毛蔷薇……315
宽果丛菔（长果丛菔）……270
宽果秃疮花……255
宽线叶糖芥（蒙古糖芥）……266
宽距翠雀……193
宽萼翠雀花……199
家黑种草……204
窄瓣鹿药……90
朗县虎耳草……289
扇羽阴地蕨……21
扇苞黄堇……250
展毛尖萼乌头……171
展毛竞生乌头……182
展毛银莲花……183
展毛翠雀花……197
展苞灯心草……69
展喙乌头……177
通麦栎……123
通麦香茅……54
桑……125
绢毛匍匐委陵菜（结根草莓）……310
绢毛蔷薇……315
绢毛蓼……141
绣球藤（四喜牡丹）……189

十一画

球蕊五味子……230
堆花小檗……217
基隆毛茛……208
菱叶大黄……148
菥蓂……272
黄毛草莓……302
黄毛翠雀花……195
黄色悬钩子……318
黄花贝母……79

黄花杓兰……106
黄花铁线莲……189
黄花菜（金针菜）……80
黄芦木……218
黄连……191
黄苞南星……64
黄果悬钩子……320
黄独……93
黄洼瓣花……83
黄海棠……273
黄绿黄堇……252
黄蔷薇……313
黄精……89
黄樟……233
黄黏毛翠雀花……202
菖蒲（水菖蒲）……62
萝卜（莱菔子）……268
菊叶香藜……152
梭沙韭……71
梭砂贝母……79
雪白委陵菜（白里金梅）……309
雪地茶……12
雪松……37
雪茶……12
雀舌草（天篷草）……168
匙叶银莲花……185
匙苞黄堇……251
匙苞翠雀花……200
眼子菜……51
野山楂……300
野草莓……303
野韭……74
野黄韭……74
野葱……70
野蔷薇（多花蔷薇）……314
野罂粟（山罂粟、橘黄罂粟、小罂粟）……261
野燕麦……52
野薏仁（川谷）……53
蛇莓……301
崖姜（岩姜蕨）……35
银叶委陵菜……305
银叶委陵菜……308
银叶真藓……17
银叶桂……232
银叶铁线莲……189
银白杨……115
银兰……105
银耳……4
银粉背蕨……24
银露梅……307
袋形马兜铃……135
偏翅唐松草……212
假塞北紫堇……249
假獐耳紫堇……242
船盔乌头……177
脱皮马勃（脱被毛球马勃）……9
脱萼鸦跖花……204
象南星……63
猪毛菜……153
猪笼南星……64
猫爪草……210
麻叶荨麻……129
麻栎……122
康定玉竹……89
康定柳……119
商陆……155
粗皮松萝……14
粗花乌头……173
粗茎贝母……79

粗茎红景天 ······279
粗根鸢尾 ······98
粗根韭 ······71
粗梗黄堇 ······247
粗距毛翠雀花 ······202
粗距紫堇（粗毛黄堇） ······240
粗距翠雀花 ······198
粗榧 ······45
粗糙黄堇（分枝粗糙黄堇） ······250
清溪杨 ······116
淫羊藿 ······226
淡竹（毛金竹） ······57
深齿毛茛 ······209
密花石斛 ······108
密花姜花 ······103
密花翠雀花 ······196
密序山嵛菜 ······267
密枝圆柏 ······42
密齿柳 ······117
密穗黄堇 ······239
隆恩（银瑞） ······243
隐序南星 ······65
隐瓣山莓草 ······321
隐瓣蝇子草（无瓣女娄菜） ······164
绵毛丛菔 ······270
绵毛金腰 ······283
绵果悬钩子 ······318
绿叶铁线莲 ······188
绿花杓兰 ······106
绿茎槲寄生 ······134

十二画

斑龙芋 ······66
斑花黄堇（广布紫堇） ······237
塔枝圆柏 ······42
塔黄（高贵大黄、高山大黄） ······146
喜山葶苈 ······265
喜马灯心草 ······68
喜马红景天 ······277
喜马拉雅大黄（藏西大黄、喜岭大黄） ······149
喜马拉雅长叶松（西藏长叶松） ······40
喜马拉雅红杉 ······37
喜马拉雅红豆杉（西藏红豆杉） ······46
喜马拉雅虎耳草 ······286
喜马拉雅蝇子草（无瓣女娄菜、喜马拉雅女娄菜） ······165
喜阴悬钩子 ······318
葫芦藓 ······17
散生栒子 ······298
葱 ······71
葱状灯心草 ······67
葶苈（宽叶葶苈、光果葶苈） ······265
萱草 ······80
萹蓄 ······138
朝天委陵菜 ······311
棒丝黄精 ······87
椰子 ······61
棉毛茛 ······208
棕鳞瓦韦（变绿瓦韦、绿色瓦韦） ······31
榔榆（小叶榆） ······124
椭果绿绒蒿 ······257
粟（小米、谷子） ······58
粟粒黑粉菌 ······3
硬毛蓼 ······140
硬叶柳 ······119
裂叶绣线菊 ······323
裂萼钉柱委陵菜 ······310
裂瓣角盘兰 ······112

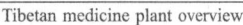

雅致杓兰 ······105
紫马勃（紫色秃马勃） ······8
紫芝 ······6
紫色悬钩子 ······318
紫花鹿药 ······90
紫花碎米荠 ······263
紫苞鸢尾 ······99
紫茎酸模 ······149
紫果云杉 ······38
紫果水栒子 ······300
紫点杓兰 ······106
紫堇 ······240
紫萍 ······67
紫斑兰 ······111
紫斑百合 ······81
紫斑洼瓣花 ······83
紫萼石头花 ······162
辉葱（辉韭） ······75
掌叶大黄 ······147
掌叶凤尾蕨（指状凤尾蕨） ······24
掌叶铁线蕨 ······25
掌状扇蕨（耳基宽带蕨、宽带蕨） ······32
掌脉蝇子草（瓦草、滇白前） ······164
掌裂兰 ······113
帽半栎 ······123
黑三棱 ······50
黑水翠雀花 ······199
黑麦（黑大麦） ······57
黑顶黄堇 ······247
黑虎耳草 ······286
黑果小檗 ······221
黑果栒子 ······299
黑种草 ······204
黑籽重楼 ······86
黑腺美饰悬钩子 ······319
黑蕊无心菜（大板山蚤缀） ······159
黑蕊虎耳草 ······289
铺散黄堇 ······237
锈毛金腰 ······282
锐果鸢尾 ······96
短角萼翠雀花 ······194
短尾铁线莲 ······188
短苞小檗 ······223
短柄乌头 ······171
短柄卷白菜 ······281
短柱侧金盏花 ······183
短柱梅花草 ······284
短梗山兰 ······113
短梗箭头唐松草 ······214
短距手参 ······110
短距乌头 ······172
短距翠雀花 ······196
短葶韭 ······73
短穗小檗 ······218
短穗鱼尾葵 ······61
短瓣虎耳草 ······286
短瓣雪灵芝（雪灵芝） ······157
稀叶珠蕨 ······25
稀花黄堇 ······239
稀蕊唐松草 ······213
稀鳞瓦韦 ······31
黍 ······56
集穗柳 ······118
腋花扭柄花 ······92
猴头菇 ······5
阔叶景天 ······280
普通水棉 ······1
湖北小檗 ······220
湖北花楸 ······321
疏枝大黄 ······146

疏齿银莲花……184
缘毛鸟足兰……113

十三画

蓝花韭……70
蓝苞葱……69
蓝侧金盏花（高蓝侧金盏花、毛蓝侧金盏花）……183
蓝翠雀花……194
蒙古韭……72
蒙古绣线菊……324
蒙桑（云南桑）……126
楔叶委陵菜……305
楔叶绣线菊……323
榆生离褶伞（大榆蘑）……6
榆树（榆、白榆）……124
零余虎耳草……287
虞美人……261
睡莲……170
暗绿紫堇……234
暗绿紫堇……246
暗紫贝母……80
暗鳞鳞毛蕨……27
路边青……303
置疑小檗……220
锡兰肉桂……233
锡金小檗……223
锥花绿绒蒿……258
矮生羽叶花……293
矮金莲花……215
矮麻黄（川麻黄、异株矮麻黄）……48
腰果小檗……222
腺毛委陵菜……308
腺毛黑种草……204
腺毛蝇子草（腺女娄菜）……167
腺叶绢毛蔷薇……315
腺花旗杆……264
腺萼蝇子草……163
新都桥乌头……181
滇川乌头（滇川牛扁）……181
滇川翠雀花……195
滇五味子……229
滇边大黄（白小黄）……145
滇西北小檗……220
滇西百蕊草……132
滇西绿绒蒿……257
滇百合……80
滇牡丹（野牡丹、黄牡丹、狭叶牡丹）……205
滇南山杨（小白杨）……116
滇韭……72
滇黄精……88
滇藏无心菜……159
滇藏五味子……229
滇藏方枝柏……45
滇藏玉兰……229
滇藏荨麻……130
粱（小米）……58
裸茎金腰……283
裸茎黄堇……243
福禄草（高原无心菜、高原蚤缀、甘青蚤缀）……160
叠裂银莲花……183

十四画

聚石斛……108
聚花桂……232
蔓生黄堇（多茎天山紫堇）……236

蔓茎蝇子草（蔓麦瓶草）……166
蔽果金腰……281
蔊菜……269
槟榔……60
酸模……149
酸模叶蓼（节蓼）……140
碱毛茛……203
碱韭……73
蝉花……3
罂粟……261
管花鹿药……90
膜叶荨麻……130
膜果麻黄（曲枝麻黄）……48
鲜黄小檗……219
辣薄荷草……54
粽叶芦……58
漆姑虎耳草……290
赛北黄堇（赛北紫堇）……243
察瓦龙翠雀花……195
察隅十大功劳……226
察隅紫堇……254
褐紫乌头……172
翠雀花……196
缩砂密（砂仁）……102
缩梗乌头……180
缫丝花（刺梨）……314

十五画

播娘蒿……263
蕨……23
蕨麻（人参果、延寿果、鹅绒委陵菜）……304
蕺菜（鱼腥草）……114
槲寄生（北寄生）……133
樟……231
蝴蝶花……97
蝙蝠葛……227
墨汁鬼伞……8
稻……55
德钦乌头……177
德钦红景天……276
德格金莲花……216
澜沧雪灵芝……159
澜沧翠雀花……201

十六画

鞘柄菝葜……92
燕麦……52
薤白……72
薯根延胡索……244
薯蓣……94
薄叶鸢尾……99
薄竹（华思劳竹）……57
薄蒴草……163
橙黄虎耳草……287
橘红山楂……300
穆坪紫堇……240
篦齿虎耳草（伞梗虎耳草）……292
篦齿眼子菜……51
糙皮桦……122
糙果紫堇（白穗紫堇）……254
糖芥……266
糖茶藨子……285

十七画

藏中虎耳草……291
藏东百蕊草（东俄洛百蕊草）……132

藏边大黄（印度大黄）……144
藏边枸子……297
藏红花（番红花）……95
藏芥……268
藏青稞……55
藏南石斛……109
藏南星……65
藏南绿南星……64
藏南绿绒蒿……260
藏南紫堇（短距克什米尔紫堇）……243
藏象牙参……103
藏麻黄……47
藏麻黄……48
藏蝇子草……167
藓状雪灵芝……157
檀香（白檀香）……131
螺距翠雀花……200
穗花韭……84
穗序大黄……148
穗菝葜……91
黏毛翠雀花……202
黏萼蝇子草（瓦草、滇白前）……167
簇生卷耳……162

十八画

藜……152
瞿麦……162
镰叶韭……70
翻白草……306

十九画

藿香叶绿绒蒿……256
攀援天门冬（短叶天门冬）……76
瓣蕊唐松草……213

二十画

鳞叶紫堇……236
鳞皮冷杉……36
糯米团……128

二十一画

露蕊乌头……174

二十二画

囊距紫堇……235
囊距翠雀……193
囊谦翠雀花……198

藏文名索引

ཀ

ཀ་ཀོ་ལ། ……101
ཀཎྚ་ཀ་རི། ……317
ཀཎྚ་ཀ་རི། ……318
ཀཎྚ་ཀ་རི། ……318
ཀཎྚ་ཀ་རི། ……318
ཀཎྚ་ཀ་རི། ……319
ཀཎྚ་ཀ་རི། ……319
ཀཎྚ་ཀ་རི། ……320
ཀཎྚ་ཀ་རི། ……320
ཀཎྚ་ཀ་རི། ……320
ཀཎྚ་ཀ་རི་རིགས། ……317
ཀུ་མུད། ……170
ཀུ་ཤ ……58
ཀུ་ཤུ། ……304
ཀུའི་ཧྲེང་ཨེ། ……104
ཀོ་ལ་དཀར་པོ། ……100
ཀོ་ཤ ……6
ཀོ་ཤ་སྨུག་པོ། ……6
ཀླུང་སྔོག་ཀེ་ཛོ། ……71
ཀླུང་ཤོ ……150
ཀླུང་ཤོ ……150
ཀྲུལ་པ་དོང་བདག ……235
ཀྲུལ་པ་དོང་བདག ……235
སྐེ་ཚེ། ……262
སྐེ་ཚེ། ……269
སྐེ་ཚེ་རིགས། ……265
སྐྱེར་རྩོད། ……226
སྐྱེར་རྩོད། ……226
སྐྱེར་རྩོད། ……226
སྐྱེར་པ། ……217
སྐྱེར་པ། ……217
སྐྱེར་པ། ……218
སྐྱེར་པ། ……218
སྐྱེར་པ། ……218
སྐྱེར་པ། ……218
སྐྱེར་པ། ……218
སྐྱེར་པ། ……219
སྐྱེར་པ། ……219
སྐྱེར་པ། ……219
སྐྱེར་པ། ……219
སྐྱེར་པ། ……220
སྐྱེར་པ། ……220
སྐྱེར་པ། ……220
སྐྱེར་པ། ……220
སྐྱེར་པ། ……220
སྐྱེར་པ། ……221

སྐྱེར་པ།……221
སྐྱེར་པ།……221
སྐྱེར་པ།……221
སྐྱེར་པ།……221
སྐྱེར་པ།……222
སྐྱེར་པ།……222
སྐྱེར་པ།……222
སྐྱེར་པ།……222
སྐྱེར་པ།……222
སྐྱེར་པ།……223
སྐྱེར་པ།……223
སྐྱེར་པ།……223
སྐྱེར་པ།……223
སྐྱེར་པ།……223
སྐྱེར་པ།……224
སྐྱེར་པ།……224
སྐྱེར་པ།……224
སྐྱེར་པ།……224
སྐྱེར་པ།……224
སྐྱེར་པ།……225
སྐྱེར་པ།……225
སྐྱེར་པ།……225
སྐྱེར་ཤུན།……219
སྐྱེས་པ་དོང་བཏགས།……244
སྐྱེས་པ་དོང་བཏགས།……245
སྐྲ་བཟང་།……242
སྐྲ་བཟང་རིགས།……242
དཀར་པོ་ཆིག་ཐུབ་ཚབ།……227

ཁ།

ཁ་ཆེ་གུར་གུམ།……95
ཁ་ཚ་ལྡེ་ཚ།……207
ཁད་ཁའུ་ཙན།……93
ཁམ་ནག……295
ཁམ་བུ།……294
ཁམ་བུ།……294
ཁམ་བུ།……294
ཁམ་ར་ཤ……123
ཁུ་བྱུག་ཆིག་ཐུབ།……92
ཁུ་བྱུག་པ།……275
ཁུ་བྱུག་པ།……275
ཁུ་བྱུག་རྫི་ཐོག……84
ཁུ་བྱུག་རྫི་ཐོག་ཀ་ཚབ།……60
ཁྲ་མ།……58
ཁྲག་ཁྲོག་པ།……267
ཁྲག་ཁྲོག་པ།……267
ཁྲག་ཁྲོག་པ།……267
ཁྲེ།……58

ག།

ག་དུར་མཆོག……280
ག་དུར་མཆོག……281
ག་དུར་མཆོག……281
ག་ཕུར་ཧེ་ལ།……198
ག་བུར་ཏིས་ཤོ།……181

ག་བུར་ཏིས་ལོ། ……199
ག་བུར་ཏིས་ལོ། ……201
ག་བུར་ཏིས་ལོ། ……201
ག་བུར་ཏིས་ལོ། ……202
ག་བུར་ཏིས་ལོ། ……202
ག་བུར་ཏིས་ལོ་རིགས། ……196
ག་པུར་ཟིལ་གནོན། ……252
ག་པུར་ཟིལ་གནོན། ……254
ག་བུར་ཟིལ་པ། ……244
ག་བྲ། ……317
ག་བྲ། ……319
ག་བྲ་ཀ་རི། ……317
ག་བྲ་རིགས། ……318
ག་བྲ་རིགས། ……318
ག་བྲ་རིགས། ……319
ག་བྲ་རིགས། ……319
གུར་ཏིག ……289
གོ་ཡུ། ……60
གྲང་ཁྲུམ་མ། ……121
གྲེ་གུ་སེར་ཐིག། ……29
གྲེས་མའི་གེ་སར། ……97
གྲོ། ……59
གྲོ་ག ……121
གྲོ་ག ……121
གྲོ་ག ……121
གྲོ་ག ……122
གྲོ་མ། ……304
གྲོ་ལོ་ས་འཛིན། ……307
གྲོ་ལོ་ས་འཛིན། ……308
གྲོ་ལོ་ས་འཛིན། ……310
གྲོ་ལོ་ས་འཛིན་རིགས། ……311
གྲོ་ས་ཛྲི་ཀ ……3
གྲོག་དྲིས་མ། ……85
གྲོག་དྲིས་མ། ……86
གྲོག་དྲིས་མ། ……86
གྲོག་དྲིས་མ། ……86
གྲོག་དྲིས་མ། ……86
གྲོག་ཤིང་། ……15
གྲོག་ཤིང་། ……16
གྲོག་ཤིང་། ……16
གྲོག་ཤིང་། ……17
གྲོག་ཤིང་། ……17
གླ་སྒང་། ……59
གླང་དཀར། ……119
གླང་ལྕང་ནག་པོ། ……118
གླང་ལྕང་ནག་པོ། ……118
གླང་ལྕང་ནག་པོ། ……120
གླང་མ། ……117
གླང་མ་དཀར་པོ། ……119
གླང་མ་ནག་པོ། ……118
གླང་མ་ནག་པོ། ……119
གླང་མ་ནག་པོ། ……119
གླང་མ་ཆུང་བ། ……118
གླང་མ་ཆེ་བ། ……118
ཀྱུ་དྲུས་དམན་པའི་རིགས། ……241
ཀྱུ་དྲུས་ཚབ། ……236

རྒྱ་གར་བྱ་རྐང་། ······ 196
རྒྱ་གར་ཨ་སྒྲི་ཁ། ······ 93
རྒྱ་སྤོག ······ 70
རྒྱ་ལྕང་། ······ 117
རྒྱ་ལྕང་ཕྲ་མོ། ······ 117
རྒྱ་ནག་སྐྱུ་རུ། ······ 301
རྒྱ་ནག་སྐྱུ་རུ། ······ 301
རྒྱ་ནག་སྐྱུ་རུ། ······ 301
རྒྱ་སྟག་ཟིལ་པ། ······ 235
རྒྱ་སྟག་ཟིལ་པ། ······ 238
རྒྱ་སྟག་ཟིལ་པ། ······ 240
རྒྱ་སྟག་ཟིལ་པ། ······ 243
རྒྱ་སྟག་ཟིལ་པ། ······ 245
རྒྱ་སྟག་ཟིལ་པ། ······ 248
རྒྱ་སྟག་ཟིལ་པ། ······ 250
རྒྱ་སྟག་ཟིལ་པ། ······ 250
རྒྱ་སྟག་ཟིལ་པ། ······ 250
རྒྱ་སྐྱེའུ། ······ 152
རྒྱ་པ་རུ། ······ 125
རྒྱ་བྱ་ཛ་མ། ······ 21
རྒྱ་བྱ་ཛ་མ། ······ 21
རྒྱ་བྱ་ཛ་མ། ······ 22
རྒྱ་བྱ་ཛ་མ། ······ 23
རྒྱ་མེན། ······ 261
རྒྱ་མེན། ······ 261
རྒྱ་རྩེ། ······ 182
རྒྱ་རྩེ་དུག་ཡོ། ······ 183
རྒྱ་རྩེ་དུག་ཡོ། ······ 183
རྒྱ་རྩེ་དུག་ཡོ། ······ 187
རྒྱ་རྩེ་དུག་ཡོ། ······ 187
རྒྱ་ཤུག ······ 42
རྒྱ་ཤུག ······ 42
རྒྱ་ཤུག ······ 42
རྒྱ་ཤུག ······ 43
རྒྱ་ཤུག ······ 43
རྒྱ་ཤུག ······ 44
རྒྱ་ཤུག ······ 44
རྒྱ་ཤུག ······ 45
རྒྱ་ཧོ ······ 150
རྒྱ་ཧོ ······ 150
རྒྱ་སེའི་མེ་ཏོག ······ 312
རྒྱ་སེའི་མེ་ཏོག ······ 314
རྒྱ་ཧུ་ཤིང་། ······ 46
རྒྱ་ཧུ་ཤིང་། ······ 46
རྒྱལ་པོ་རེ་རལ། ······ 27
རྒྱལ་པོ་རེ་རལ། ······ 27
རྒྱལ་པོ་རེ་རལ། ······ 28
རྒྱུ་མཁྲིས། ······ 305
རྒྱུ་མཁྲིས། ······ 305
རྒྱུ་མཁྲིས། ······ 306
རྒྱུ་མཁྲིས། ······ 308
རྒྱུ་མཁྲིས། ······ 311
རྒྱུ་མཁྲིས་ཀྱི་རིགས། ······ 308
རྒྱུ་མཁྲིས་མཆོག ······ 308
སྒ་སྐྱི། ······ 104
སྒ་དམར། ······ 100

སྒ་དམར།……100
སྒ་དམར་ཚབ།……103
སྒོག་པ།།……74
སྒོག་འཛིམ།……72
སྒོག་འཛིམ།……75
སྒོག་འཛིམ་དམན་པ།……73
སྒོང་ཐོག་པ།……266
སྒོང་ཐོག་པ།……266
སྒོང་ཐོག་པ།……266
སྒོང་ཐོག་པ་རིགས།……265
སྒོང་ཐོག་པ་རིགས།……266
སྒོང་ཐོག་ཚབ།……269
སྒྲོན་ཤིང།……39
སྒྲོན་ཤིང་།……39
སྒྲོན་ཤིང་།……39
སྒྲོན་ཤིང་།……40
སྒྲོན་ཤིང་།……40
སྒྲོན་ཤིང་རིགས།……39
སྒྲོན་ཤིང་རིགས།……39
སྒྲོན་ཤིང་རིགས།……40

ང་།

ངོ་ཁྲག་གཅོད།……294
ངོ་ཁྲོ་སེར་པོ།……131
ངོ་ཁྲོ་སེར་པོ།……132
ངོ་ཁྲོ་སེར་པོ།……132
ངོ་ཁྲོ་སེར་པོ།……132
ངོ་རྒྱ་མཚོ་ལྦུ་བ་ཚབ།……139
ངོ་ལྕགས་ཀྱུ།……211
ངོ་ལྕགས་ཀྱུ།……212
ངོ་ལྕགས་ཀྱུ།……213
ངོ་ལྕགས་ཀྱུ།……213
ངོ་ལྕགས་ཀྱུ།……214
ངོ་ཚུ་སྲིན་སྔེར་མོ།……18
ངོ་ཚུ་སྲིན་སྔེར་མོ།……19
ངོ་ཚུ་སྲིན་སྔེར་མོ།……19
ངོ་ཚུ་སྲིན་སྔེར་མོ།……19
ངོ་དེ་བའི་རིགས།……235
ངོ་དེ་བའི་རིགས།……241
ངོ་ཀླིན།……211
ངོ་ཀླིན།……211
ངོ་ཀླིན།……211
ངོ་ཀླིན།……212
ངོ་ཀླིན།……212
ངོ་ཀླིན།……212
ངོ་ཀླིན།……212
ངོ་ཀླིན།……213
ངོ་ཀླིན།……213
ངོ་ཀླིན།……213
ངོ་ཀླིན།……214
ངོ་ཀླིན།……214
ངོ་ཀླིན།……214
ངོ་ཀླིན།……215
ངོ་ཀླིན།……215
ངོ་ཀླིན་ལོ་མ་ཆེ་བ།……211

སྤོ་དབང་རིལ།……113
སྤོ་ཟ་བྱ།……25
སྤོ་ཟ་བྱ།……25
དངུལ་སྐུད།……14
དངུལ་སྐུད།……14
དངུལ་ཏིག་ཚབ།……161
དངུལ་ཤ……7
མངར་ཁམ།……295

ཅ།

ཅིའུ་ཚལ་འབྲུ་གྲུ།……75
ལྕང་མ།……120
ལྕང་མ།……120
ལྕུམ་དཀར།……146
ལྕུམ་ཆུང་།……148
ལྕུམ་རྩ།……147
ལྕུམ་རྩ།……147
ལྕུམ་རྩ།……148
ལྕེ་ཚ།……207
ལྕེ་ཚ།……210
ལྕེ་ཚ་དམན་པ།……209
ལྕེ་ཚ་དམན་པ།……208
ལྕེ་ཚ་རིགས།……208
ལྕེ་ཚ་རིགས།……208
ལྕེ་ཚ་རིགས།……208
ལྕེ་ཚ་རིགས།……209
ལྕེ་ཚ་རིགས།……209
ལྕེ་ཚ་རིགས།……209
ལྕེ་ཚ་རིགས།……210

ཆ།

ཆུ་ལྕུམ་མ།……144
ཆུ་ཆུང་།……148
ཆུ་ལྕུམ་ཤོག་དཀར།……236
ཆུ་ལྕུམ་ཤོག་དཀར།……237
ཆུ་ལྕུམ་ཤོག་དཀར།……244
ཆུ་ལྕུམ་ཤོག་དཀར།……246
ཆུ་ལྕུམ་ཤོག་དཀར་དམན་པ།……239
ཆུ་མ་རྩི།……140
ཆུ་མ་རྩི་དཀར་པོའི་རིགས།……160
ཆུ་མ་རྩི་ནག་པོ།……139
ཆུ་མ་རྩི་ནག་པོ།……141
ཆུ་མ་རྩི་ནག་པོ།……141
ཆུ་མ་རྩི་རིགས།……140
ཆུ་རྩ།……144
ཆུ་རྩ།……144
ཆུ་རྩ།……149
ཆུ་རྩ།……149
ཆུ་རྩ་པོ།……145
ཆུ་རྩ་པོ།……145
ཆུ་རྩ་པོ།……146
ཆུ་རྩ་མོ།……146
ཆུ་རྩ་མོ།……147
ཆུ་རྩ་མོ།……148

ཆུ་རྩ་མོ། ·····148
ཆུ་རྩ་མོ་ཟུར་ལུགས། ·····147
ཆུ་རྩེ་ཏྲ་ཀ ·····140
ཆུ་རྩྭ། ·····68
ཆུ་མཚོ། ·····20
ཆུ་མཚོ། ·····20
ཆུ་མཚོ། ·····20
ཆུ་གཡེང་རྩྭ། ·····67
ཆུ་རུག ·····203
ཆུ་རུག་མཆོག ·····203
ཆུ་རུག་པ། ·····263
ཆུ་རུག་པ། ·····263
ཆུ་ཤོ།། ·····149
ཆུ་ཤོ།། ·····149

ཇ།

ཇ་ཤང་དབང་ཕྱུག ·····273
ཇ་ཤང་དབང་ཕྱུག ·····274
ཇ་ཤང་དབང་ཕྱུག ·····274
ཇ་ཤིང་། ·····273
ཇ་ཤིང་། ·····273
ཇ་ཤིང་དབང་ཕྱུག ·····274

ཉ།

ཉ་ལྕིབས། ·····1
ཉ་ལྕིབས། ·····1
ཉ་ལྕིབས། ·····1
ཉ་དྲི་དྲོ་བའི་རྫོ། ·····114
ཉ་ཁྲིད་ཤིང་། ·····321
ཉུངས་མ། ·····262
ཉེ་ཤིང་། ·····76
ཉེ་ཤིང་། ·····76
ཉེ་ཤིང་། ·····76
ཉེ་ཤིང་། ·····77
ཉེ་ཤིང་། ·····77
ཉེ་ཤིང་། ·····77
ཉེ་ཤིང་། ·····77
ཉེ་ཤིང་། ·····77
ཉེ་ཤིང་། ·····78
སྙ་ལོ། ·····143
སྙ་ལོ་ཚབ། ·····137
སྙ་ལོ་ཚབ། ·····142
སྙ་ལོ་རིགས། ·····139
སྙ་ལོ་རིགས། ·····143

ཏ།

ཏི་ཀུ་ས། ·····173
ཏི་ཀུ་ས། ·····177
ཏི་ཀུ་ས། ·····180

ཏི་ཀྲུ་ས་ཚབ།……193
ཏུ་ཀྲུ་ས།……172
ཏུའུ་ཏིང་རྫི།……163
རྟ་མིག་པོ།……226
རྟ་རྨིག་ཚབ།……135
རྟ་རྨིག་ཚབ།……187
རྟ་རྨིག་ཚབ།……187
རྟ་རྨིག་ཚབ།……284
རྟ་རྨིག་ཚབ།……284
རྟ་རྨིག་རིགས།……285
རྟག་ཏུ་དཀར་པོ།……287
རྟག་ཏུ་རིགས།……284
རྟག་ཏུ་རིགས།……287
རྟག་ཏུ་རིགས།……289
སྟག་ཆུང་།……229
སྟག་ཚེར།……153
སྟག་ཚེར།……154
སྟག་ཚེར།……154
སྟག་གཟིག་མེ་ཏོག……80
སྟག་གཟིག་མེ་ཏོག……80
སྟག་གཟིག་མེ་ཏོག……81
སྟག་གཟིག་མེ་ཏོག……81
སྟག་གཟིག་མེ་ཏོག……81
སྟག་གཟིག་མེ་ཏོག……81
སྟག་གཟིག་མེ་ཏོག……81
སྟག་གཟིག་མེ་ཏོག……82
སྟག་གཟིག་མེ་ཏོག……82
སྟག་གཟིག་མེ་ཏོག……82
སྟག་གཟིག་མེ་ཏོག་ཞན་པ།……78
སྟག་གཟིག་མེ་ཏོག་ཞན་པ།……84
སྟག་གཟིག་མེ་ཏོག་ཞན་པ།……85
སྟར་ག……120
སྟོང་རི།……252
སྟོང་རི་ཟིལ་པ།……237
སྟོང་རི་ཟིལ་པ།……239
སྟོང་རི་ཟིལ་པ།……240
སྟོང་རི་ཟིལ་པ།……246
སྟོང་རི་ཟིལ་པ།……246
སྟོང་རི་ཟིལ་པ།……249
སྟོང་རི་ཟིལ་པ།……251
སྟོང་རི་ཟིལ་པ།……251
སྟོང་རི་ཟིལ་པའི་རིགས།……241

ཐ།

ཐང་ཤིང་གཞན་རྟེན།……132
ཐུ་ཐུ་ལིང་།……91
ཐུལ་པ།……89
ཐུལ་པ།……90
ཐུལ་པ།……90
ཐུལ་པ་ཆུང་བ།……90
ཐུལ་པ་ཆུང་བ།……90
ཐུལ་པ་ཆེ་བ།……90
ཐེའུ་རང་ལག་པ།……113
མཐོ་ཟལ་ཟྲ།……137

ད།

ད་ཧྲིག་ཚབ།……229
ད་ཧྲིག་ཚབ།……229
ད་ཧྲིག་ཚབ།……229
ད་ཧྲིག་ཚབ།……229
ད་ཧྲིག་ཚབ།……230
ད་ཧྲིག་ཚབ།……230
ད་ཧྲིག་ཚབ།……230
དར་ཡ་ཀན་དམན་པ།……247
དར་ཡ་ཀན་ཚབ།……240
དར་ཡ་ཀན་རིགས།……249
དར་ཤིང་།……125
དར་ཤིང་།……125
དར་ཤིང་།……125
དར་ཤིང་།……126
དར་ཤིང་།……126
དར་ཤིང་།……126
དུག་ཞུང་ཆུང་བ་ཚབ།……274
དུར་བ།……56
དེ་བ་ད་རུ་ཚབ།……37
དོམ་ནག་ཟིལ་བ།……249
དྲ་ཀན།……52
དྲ་ཀན།……52
དྲ་བ།……62
དྲ་བ།……63
དྲ་བ།……64
དྲ་བ།……64
དྲ་བ།……64
དྲ་བ།……64
དྲ་བ།……65
དྲ་བ།……65
དྲ་བ།……65
དྲ་བ་ཚབ།……66
དྲ་བ་ཚབ།……66
དྲ་བ་ཚབ།……66
དྲ་བ་ཚབ།……66
དྲ་བ་ཚབ།……66
དྲ་བ་རིགས།……62
དྲ་བ་རིགས།……63
དྲ་བ་རིགས།……63
དྲ་བ་རིགས།……63
དྲ་བ་རིགས།……64
དྲ་བ་རིགས།……65
དྲ་བ་རིགས།……65
དྲ་ཚ།……231
དྲ་ཚ།……231
དྲ་ཚ།……232
དྲ་ཚ།……232
དྲ་ཚ།……232
དྲ་ཚ།……233
དྲ་ཚ།……233
དྲ་ཚ།……233
དྲི་ཟའི་ལག་པ།……113
དྲིས་མ།……95
དྲིས་མ།……95

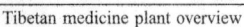

དྲེས་མ། ······ 95
དྲེས་མ། ······ 95
དྲེས་མ། ······ 96
དྲེས་མ། ······ 96
དྲེས་མ། ······ 96
དྲེས་མ། ······ 97
དྲེས་མ། ······ 98
དྲེས་མ། ······ 98
དྲེས་མ། ······ 98
དྲེས་མ། ······ 99
དྲེས་མ། ······ 99
དྲེས་མ། ······ 99
དྲེས་མ། ······ 99
དྲེས་མའི་གེ་སར། ······ 97
རྡོ་དྲེག ······ 11
རྡོ་དྲེག ······ 13
ལྡིང་ཟ། ······ 22
ལྡིང་ཟ། ······ 22
ལྡིང་ཟ། ······ 22
ལྡིང་ཟ། ······ 23
ལྡུམ་བུ་རི་རལ། ······ 26
ལྡུམ་བུ་རི་རལ། ······ 26
ལྡུམ་བུ་རི་རལ། ······ 27
ལྡུམ་བུ་རི་རལ། ······ 27
ལྡུམ་བུ་རི་རལ། ······ 28
ལྡུམ་བུ་རི་རལ། ······ 28
ལྡུམ་བུ་རི་རལ། ······ 28
ལྡུམ་བུ་རི་རལ། ······ 28
ལྡུམ་བུ་རི་རལ། ······ 29
ལྡེར་སྲིན། ······ 18
ལྡེར་སྲིན། ······ 19
ལྡོང་ཕུང་། ······ 110
བདུད་རྩི་གངས་ཤམ་ཚབ། ······ 159
བདུད་རྩི་གངས་ཤམ་ཚབ། ······ 161
བདུད་རྩི་ལོ་མ། ······ 176
བདུད་རྩི་ལོ་མ། ······ 176
འདམ་སྐྱེས་པད་མ། ······ 169
འདམ་བུ་ཀ་ར་བྱུང་ལུགས། ······ 53
འདམ་བུ་ཀ་ར་ཞན་པ། ······ 50

ན།

ན་རམ། ······ 51
ནས། ······ 55
ནས། ······ 55
ནིམ་པ་ཚབ། ······ 227
སྣེ་ཀོད། ······ 152
སྣེ་ཀོད། ······ 152
སྣེ་ཀོད། ······ 153
སྣེ་ཀོད། ······ 153
སྣེའུ་ཀོད། ······ 153
སྣེའུ་དམར། ······ 152
སྣེའུ་དམར། ······ 152

པ།

པ་ཏོ་ལ། ……94
པ་ཡག་ཚབ། ……103
པ་ཏོ་ལ་ཚབ། ……104
པ་ཏོ་ལ་ཚབ། ……104
པད་མ། ……170
པད་རྩ། ……261
པན་ཡེ་ལན། ……110
པའི་ཉའུ་ཞི། ……162
པར་པ་ཏ། ……256
པར་པ་ཏ་རིགས། ……256
པི་པི་ལིང་། ……115
པུ་ཤེལ། ……108
པུ་ཤེལ། ……108
པུ་ཤེལ། ……108
པུ་ཤེལ། ……108
པུ་ཤེལ། ……108
པུ་ཤེལ། ……109
པུ་ཤེལ། ……109
པུ་ཤེལ་ཙེ། ……107
པུ་ཤེལ་རྩེ། ……53
པུ་ཤེལ་རྩེ། ……107
སྤ་འབྲུམ། ……41
སྤ་མ་ཚེར་ཅན། ……44
སྤང་རམ། ……139
སྤང་རམ། ……140
སྤང་རམ། ……141
སྤང་རམ། ……141
སྤང་རམ་ཚབ། ……142
སྤང་རམ་ལོ་མ་ཆུང་བ། ……139
སྤེན་དཀར། ……307
སྤེན་དཀར། ……307
སྤེན་ནག ……306
སྤེན་ནག ……306
སྤེན་ནག ……307
སྤེན་ནག ……307
སྤེན་ནག ……309
སྤེན་ནག ……310
སྤོང་སྤོས། ……69
སྤོར། ……320
སྤྱང་དུག ……175
སྤྱན་གཟིགས་རྟག་ངུ། ……284
སྤྱུ་ནག་ཚབ། ……210
སྤྱེལ་སྨྱུག ……91
སྤྱེལ་སྨྱུག ……91
སྤྱེལ་སྨྱུག ……91
སྤྱེལ་སྨྱུག ……91
སྤྱེལ་སྨྱུག ……92
སྤྱེལ་སྨྱུག ……92
དཔའ་རྒོད། ……155
དཔའ་རྒོད་རིགས། ……156
དཔྱད་ག་ཉེ། ……295
དཔྱད་གའ་ཆུ་རྩ། ……162

ཕ།

ཕ་བ་ཚོ་ཚོ། ········ 8
ཕ་བ་ཚོ་ཚོ། ········ 9
ཕ་བ་ཚོ་ཚོ། ········ 9
ཕ་བ་དགོ་དགོ ········ 9
ཕུ་ཧའང་། ········ 50
ཕུར་མོང་དཀར་པོ། ········ 207
ཕུར་མོང་དཀར་པོ། ········ 207
ཕོ་ཐོ་ལ་ཁ་མི་ཏོག་ཆེ་བ། ········ 156
ཕོ་སྟེ། ········ 151
ཕོ་སྟེའུ་ཚབ། ········ 151
ཕོ་བ་རིས། ········ 115
ཕྱུ་ལིན། ········ 6

བ།

བ་སྤྲུ། ········ 155
བ་སྤྲུ་དམན་པ། ········ 155
བ་ལེ་ཀ ········ 134
བ་ལེ་ཀ ········ 135
བ་ལེ་ཀ་ཚབ། ········ 134
བ་ལེ་ཀ་ཚབ། ········ 134
བ་ལེ་ཀ་ཚབ། ········ 135
བ་ལེ་ཀ་རིགས། ········ 135
བུར་ཤིང་། ········ 57
བུར་ཤིང་། ········ 57
བེ་ལྗང་ར་རེ་རལ། ········ 34
བེ་ལྗང་ར་རེ་རལ། ········ 34
བེ་ལྗང་རེ་རལ། ········ 34
བེ་ལྗང་རེ་རལ། ········ 35
བེ་ཏ། ········ 61
བེ་འབྲས། ········ 122
བེ་ཤིང་། ········ 122
བེ་ཤིང་། ········ 122
བེ་ཤིང་། ········ 123
བེ་ཤིང་། ········ 123
བེ་ཤིང་། ········ 123
བེ་ཤིང་། ········ 123
བིཧྲུ་འདྲ་ཚབ། ········ 52
བོང་དཀར། ········ 177
བོང་དཀར། ········ 181
བོང་དཀར། ········ 181
བོང་དཀར་ཚབ། ········ 173
བོང་དཀར་ཚབ། ········ 173
བོང་དཀར་རིགས། ········ 171
བོང་དཀར་རིགས། ········ 179
བོང་དམར་ཚབ། ········ 172
བོང་ང་དམར་པོ། ········ 173
བོང་ང་ནག་པོ། ········ 171
བོང་ང་ནག་པོ། ········ 175
བོང་ང་ནག་པོ། ········ 177
བོང་ང་སེར་པོ། ········ 176
བོང་ནག ········ 171
བོང་ནག ········ 172
བོང་ནག ········ 173

བོང་ནག ······174
བོང་ནག ······174
བོང་ནག ······175
བོང་ནག ······175
བོང་ནག ······176
བོང་ནག ······177
བོང་ནག ······177
བོང་ནག ······178
བོང་ནག ······178
བོང་ནག ······179
བོང་ནག ······179
བོང་ནག ······179
བོང་ནག ······180
བོང་ནག ······180
བོང་ནག ······180
བོང་ནག ······181
བོང་ནག་རིགས། ······171
བོང་ནག་རིགས། ······172
བོང་ནག་རིགས། ······174
བོང་ནག་རིགས། ······180
བོང་ནག་རིགས། ······182
བོང་ནག་རིགས། ······182
བོད་སྐྱེས་ཟི་ར་ནག་པོ། ······174
བོད་སྙེའུ། ······153
བྱ་ཀྲང་། ······192
བྱ་ཀྲང་། ······193
བྱ་ཀྲང་། ······194
བྱ་ཀྲང་། ······197
བྱ་ཀྲང་། ······197
བྱ་ཀྲང་། ······198
བྱ་ཀྲང་། ······198
བྱ་ཀྲང་། ······202
བྱ་ཀྲང་། ······203
བྱ་ཀྲང་ཚབ། ······194
བྱ་ཀྲང་ཚབ། ······198
བྱ་ཀྲང་ཚབ། ······200
བྱ་ཀྲང་གཡུང་བ། ······198
བྱ་ཀྲང་རིགས། ······197
བྱ་ཀྲང་རིགས། ······199
བྱ་ཀྲང་རིགས། ······199
བྱ་ཀྲང་རིགས། ······200
བྱ་ཀྲང་རིགས། ······201
བྱ་རྒོད་སྤོས། ······193
བྱ་རྒོད་སྤོས། ······194
བྱ་རྒོད་སྤོས། ······200
བྱ་རྒོད་སྤོས་ཚབ། ······193
བྱ་རྒོད་སྤོས་ཚབ། ······195
བྱ་རྒོད་སྤོས་ཚབ། ······195
བྱ་རྒོད་སྤོས་ཚབ། ······268
བྱ་རྒོད་སྤོས་རིགས། ······193
བྱ་རྒོད་སྤོས་རིགས། ······195
བྱ་རྒོད་སྤོས་རིགས། ······196
བྱ་པོ་ཙི་ཙིའི་ཚབ། ······166
བྱ་ཕོ་ཙི་ཙི། ······238
བྱ་ཕོ་ཙི་ཙི། ······240
བྱ་ཕོ་ཙི་ཙི། ······252

བྱ་ཕོ་ཙི་ཙི་མཚོག ······ 238
བྱ་ཕོ་ཙི་ཙི་མཚོག ······ 243
བྱ་ཕོ་ཙི་ཙི་མཚོག ······ 247
བྱ་ཕོ་ཙི་ཙི་རིགས། ······ 254
བྱ་ཕོ་ཙི་ཙི་སེར་པོ། ······ 253
བྱ་ཕོ་ཙི་ཙིའི་རིགས། ······ 251
བྱི་སྨོག ······ 74
བྱི་ན་ས། ······ 138
བྱི་ན་ས་ཆུང་བ། ······ 142
བྱི་ཚེར། ······ 151
བྱི་ཚེར། ······ 151
བྱི་ཤང་དཀར་མོ། ······ 168
བྱི་ཤང་དཀར་མོ། ······ 168
བྱི་ཤང་དཀར་མོ། ······ 168
བྱི་ཤང་དཀར་མོ། ······ 168
བྱི་ཤང་དཀར་མོ། ······ 168
བྱི་ཤང་དཀར་མོ། ······ 169
བྱི་ཤང་དཀར་མོ། ······ 169
བྱིའུ་སྨོག ······ 71
བྱིའུ་སྨོག ······ 76
བྱིའུ་སྨོག་རིགས། ······ 70
བྱིའུ་ལ་ཕུག ······ 264
བྱིའུ་ལ་ཕུག ······ 272
བྱིའུ་ལ་ཕུག་དམན་པ། ······ 263
བྱིའུ་ལ་ཕུག་ཚབ། ······ 159
བྱིའུ་ལ་ཕུག་ཚབ། ······ 160
བྱིའུ་ལ་ཕུག་ཚབ། ······ 160
བྱིའུ་ལ་ཕུག་ཚབ། ······ 161
བྱིའུ་ལ་ཕུག་རིགས། ······ 262
བྱིའུ་ལ་ཕུག་རིགས། ······ 264
བྱིའུ་ལ་ཕུག་རིགས། ······ 264
བྱིའུ་ལ་ཕུག་རིགས། ······ 264
བྱིའུ་ལ་ཕུག་རིགས། ······ 264
བྱིའུ་ལ་ཕུག་རིགས། ······ 265
བྱིའུ་ལ་ཕུག་རིགས། ······ 265
བྱིའུ་ལ་ཕུག་རིགས། ······ 267
བྱིའུ་ལ་ཕུག་རིགས། ······ 267
བྱིའུ་ལ་ཕུག་རིགས། ······ 272
བྱིའུ་ཤིང་མངར། ······ 309
བྲ་རྣ་མ། ······ 109
བྲ་བོ། ······ 136
བྲ་བོ། ······ 136
བྲག་གི་མེ་ཏོག ······ 10
བྲག་སྨོག ······ 72
བྲག་སྨོག ······ 74
བྲག་ལྷམ་ཚབ། ······ 138
བྲག་སྤོས། ······ 29
བྲག་སྤོས། ······ 30
བྲག་སྤོས། ······ 30
བྲག་སྤོས། ······ 30
བྲག་སྤོས། ······ 30
བྲག་སྤོས། ······ 31
བྲག་སྤོས། ······ 31
བྲག་སྤོས། ······ 31
བྲག་སྤོས། ······ 31
བྲག་སྤོས། ······ 31

ཐྲག་སྦྲོས། ……32
ཐྲག་སྦྲོས་རིགས། ……32
ཐྲག་སྦྲོས་རིགས། ……33
ཐྲག་སྦྲོས་རིགས། ……33
ཐྲག་སྦྲོས་རིགས། ……33
ཐྲག་སྦྲོས་རིགས། ……33
ཐྲག་སྦྲོས་རིགས། ……33
ཐྲི་ག ……272
ཐྱོ་ཀྱི་ཙེ། ……53
ཐལ་པ་ལག་པ། ……24
ཐལ་བ། ……11
དབང་པོ་ལག་པ། ……105
དབང་པོ་ལག་པ། ……105
དབང་ཕྱུགས་པི་ལིང་། ……114
དབང་ལག་མཆོག ……110
དབང་ལག་མཆོག ……110
དབང་ལག་མཆོག ……110
དབང་ལག་མཆོག ……111
དབང་ལག་དམན་པ། ……111
དབང་ལག་དམན་པ། ……111
དབང་ལག་དམན་པ། ……111
དབང་ལག་དམན་པ། ……111
དབང་ལག་དམན་པ། ……112
དབང་ལག་དམན་པ། ……112
དབང་ལག་དམན་པ། ……112
དབང་ལག་དམན་པ། ……112
དབང་ལག་དམན་པ་དཀར་པོ། ……113
དབང་ལག་ཞན་པ། ……105
དབྱར་པ། ……116
དབྱར་པ། ……117
དབྱར་རྩྭ་དགུན་འབུ། ……2
དབྱར་རྩྭ་དགུན་འབུ། ……2
དབྱི་མོང་དཀར་པོ། ……187
དབྱི་མོང་དཀར་པོ། ……188
དབྱི་མོང་དཀར་པོ། ……188
དབྱི་མོང་དཀར་པོ། ……188
དབྱི་མོང་དཀར་པོ། ……188
དབྱི་མོང་དཀར་པོ། ……189
དབྱི་མོང་དཀར་པོ། ……189
དབྱི་མོང་དཀར་པོ། ……189
དབྱི་མོང་དཀར་པོ། ……190
དབྱི་མོང་དཀར་པོ། ……190
དབྱི་མོང་དཀར་པོ། ……190
དབྱི་མོང་དཀར་པོ། ……191
དབྱི་མོང་དཀར་པོ་ཚབ། ……189
དབྱི་མོང་ནག་པོ། ……188
དབྱི་མོང་ནག་པོ། ……190
དབྱི་མོང་ནག་པོ། ……191
དབྱི་མོང་ཁྲ་བོ། ……189
དབྱི་མོང་ཁྲ་བོ། ……190
དབྱི་མོང་ཁྲ་བོ། ……191
འབི་ཙུ་ཤིང་། ……311
འབྲ་གོ ……61
འབྲས། ……55
འབྲི་ཏ་ས་འཛིན། ……302
འབྲི་ཏ་ས་འཛིན་འབྲིང་བ། ……302

འབྲི་ཏ་ས་འཛིན་འབྲིང་བ།……302
འབྲི་ཏ་ས་འཛིན་འབྲིང་བ།……303
འབྲི་ཏ་ས་འཛིན་འབྲིང་བ།……303
འབྲི་ཏ་ས་འཛིན་འབྲིང་བ།……303
འབྲི་ཏ་ས་འཛིན་དམན་པ།……289
འབྲི་ཏ་ས་འཛིན་ཚབ།……286

མ།

མ་གལ།……116
མ་གལ།……116
མ་གལ་ཚབ།……127
མ་ཏའུ་ལེན།……135
མ་བཏབ་བྲ་བོ།……142
མ་ཉིང་ཀོ་ཁྲ།……80
མ་ཉིང་ཆུ་རྩ།……145
མ་ཉིང་ཆུ་རྩ།……146
མ་ཉིང་ཆུ་རྩ།……146
མ་ཉིང་དྲེས་མ།……96
མ་ཉིང་དྲེས་མ།……96
མ་ཉིང་དྲེས་མ།……98
མ་མ་རྒྱས་རྒྱས་ཚབ།……60
མ་མ་རྒྱས་རྒྱས་རིགས།……56
མ་མ་སྒོ་ལྷགས།……58
མ་མ་སྒོ་ལྷགས་ཚབ།……58
མ་རྫོས་ལོ་ཏོག……59
མ་ཚོམ།……93
མ་ཡ་ཚི།……105
སྨ་ཁྲེ་ཞན……156
མང་ག་བུར།……231
མང་ག་བུར།……232
མའོ་ལན།……109
མེ་ཏོག་ཚབ།……210
མེ་ཏོག་སེར་ཆེན།……255
མེ་ཏོག་སེར་ཆེན།……255
མེ་ཏོག་སེར་ཆེན།……255
མེ་ཏོག་སེར་ཆེན།……261
མོག་རོ་དཀར་པོ།……4
མོག་རོ་ནག་པོ།……4
མོག་རོ་སེར་པོ།……4
མོན་ཀ་ཀོ་ལ་སྨུག་པོ།……101
མོན་ཆ་ར།……49
མོན་ཆ་ར།……49
མོན་སུག།……103
མོའུ་དུའུ།……109
སྨྱུང་རྩེ་ཕྲུས།……191
སྨྱུང་རྩེ་ཕྲུས།……191
སྨྱུང་རྩེ་ཕྲུས།……192
སྨྱུང་རྩེ་ཕྲུས།……192
སྨྱུང་རྩེ་ཕྲུས།……192
སྨྱུང་རྩེ་ཕྲུས་ཚབ།……234
རྨ་མདོངས།……24
སྨུག……61
སྨུག་རིགས།……60
སྨུག་རིགས།……61
སྨུག་རིགས།……61

སྨག་ཤད།······323
སྨག་ཤད།······323
སྨག་ཤད།······323
སྨག་ཤད།······323
སྨག་ཤད།······323
སྨག་ཤད།······324
སྨག་ཤད།······324
སྨག་ཤད།······324
སྨག་ཤད།······324
སྨག་ཤད།······324
སྨན་སྣ།······103
སྨན་ཆེན།······172
སྨྱུག་སྔོན་ཆེ་བ།······59
སྨྱུག་སྔོན་ཆེ་བ།······57
སྨྱུག་ཅུ་གང་།······53
སྨྱུག་ཅུ་གང་།······53
སྨྱུག་ཅུ་གང་།······57
སྨྱུག་ཚུང་མདན་ཡོན།······257
སྨྱུག་ཚུང་མདན་ཡོན།······260
སྨྱུག་ཚུང་མདན་ཡོན།······260
སྨྱུག་ཚུང་ཟིལ་པ།······236
སྨྱུག་ཚུང་ཟིལ་པ།······241
སྨྱུག་ཚུང་ཟིལ་པ།······245
སྨྱུག་ཚུང་ཟིལ་པ།······245
སྨྱུག་ཚུང་ཟིལ་པ།······253
སྨྱུག་འབྲ།······92
སྨྱུག་མ་གཞོན་ནུ།······55
སྨྱུག་མ་གཞོན་ནུ་ཚབ།······52
སྨྱུག་མའི་ཤ་མོ།······5

ཙ།

ཙན་དན་དཀར་པོ།······131
ཙི་ཙི།······56
ཙི་ཙི་ས་འཛིན།······143
ཙི་ཙི་ས་འཛིན་འབྲིང་བ་རིགས།······301
ཙ་ཧ།······305
ཙ་འགྲུ།······82
ཙ་འགྲུ།······82
ཙ་འགྲུ།······85
ཙ་འགྲུ།······85
ཙ་འགྲུ།······85
ཙྪ་ཁུ་ཏུག······105
ཙྪ་ཁུ་ཏུག······106
ཙྪ་ཁུ་ཏུག······106
ཙྪ་ཁུ་ཏུག······106
ཙྪ་ཁུ་ཏུག······106
ཙྪ་ཁུ་ཏུག······106
ཙྪ་ཁུ་ཏུག······107
ཙྪ་ཁུ་ཏུག······107
ཙྪ་ཁུ་ཏུག······107
ཙྪ་ཧ།······322
ཙྪ་འདག་རྒྱུད།······69
ཙྪ་འདག་རྒྱུས།······68
ཙྪ་བ་ལ།······54
ཙྪ་བ་ལ།······54

རྩྭ་བ་ལ། ……54
རྩྭ་རྒྱ་མདོངས། ……24
རྩྭ་རྒྱ་མདོངས། ……24
རྩྭ་ར་དུག ……206
རྩྭ་ར་དུག ……206
རྩྭ་རམ་པ། ……56
རྩྭ་རམ་པ་ཚབ། ……54
རྩྭ་རམ་པ་རིགས། ……55
རྩྭ་ཨ་ཀྲོང། ……214
རྩྭ་ཨ་ཀྲོང། ……215
རྩྭ་ཨ་ཀྲོང་དཀར་པོ། ……157
རྩྭ་ཨ་ཀྲོང་དཀར་པོ། ……157
རྩྭ་ཨ་ཀྲོང་དཀར་པོ། ……158
རྩྭ་ཨ་ཀྲོང་དཀར་པོ། ……158
རྩྭ་ཨ་ཀྲོང་དཀར་པོ། ……158
རྩྭ་ཨ་ཀྲོང་དཀར་པོ། ……161
རྩྭ་ཨ་ཀྲོང་ནག་པོའི་རིགས། ……158
བཙན་དུག ……181
བཙུན་མོ་རེ་རལ། ……26
བཙུན་མོ་རེ་རལ། ……32
བཙུན་མོ་རེ་རལ། ……32
བཙོང་། ……70
བཙོང་། ……71
བཙོང་། ……75

ཚ།

ཚན་དཀར། ……278
ཚན་དཀར། ……278
ཚན་དཀར། ……278
ཚན་དཀར། ……279
ཚན་དཀར། ……279
ཚན་དཀར། ……279
ཚན་གྱི་རིགས། ……156
ཚན་དམར། ……278
ཚན་ཨའུ་རྩེ། ……279
ཚན་ཨའུ་རྩེ། ……280
ཚན་ཨའུ་རྩེ། ……280
ཚར་དཀར། ……297
ཚར་དཀར། ……298
ཚར་དཀར། ……298
ཚར་དཀར། ……298
ཚར་དཀར། ……298
ཚར་དཀར། ……298
ཚར་དཀར། ……299
ཚར་དཀར། ……300
ཚར་ནག ……297
ཚར་ནག ……297
ཚར་ནག ……299
ཚར་ནག ……299
ཚར་ནག ……300
ཚར་ནག ……300
ཚར་ཏུ། ……285

ཚར་ལེབ།······297
ཚར་ལེབ།······299
ཚར་ལེབ།······299
ཚུའན་ཤོང་ཧྲུའུ་ཡུས།······94
ཚེང་ཞོ།······125
ཚེར་སྔོན།······257
ཚེར་སྔོན།······258
ཚེར་སྔོན།······259
ཚེར་སྔོན།······259
ཚེར་སྔོན།······260
མཚེ་ལྡུམ།······46
མཚེ་ལྡུམ།······47
མཚེ་ལྡུམ།······47
མཚེ་ལྡུམ།······47
མཚེ་ལྡུམ།······47
མཚེ་ལྡུམ།······48
མཚེ་ལྡུམ།······48
མཚེ་ལྡུམ།······48
མཚེ་ལྡུམ།······48
མཚེ་ལྡུམ།······48
མཚོན་གྱི་འཁོར་ལོ།······228

ཛ།

ཛཱ་ཏི།······170
ཛ་ཡུལ་བ་ལེ་ཀ······228
ཛ་ཧི།······230
འཛིན་པ།······176
འཛིན་པ།······178
འཛིན་པ།······178
འཛིན་ནག······174
འཛིམ་ནག······72
འཛིམ་ནག······72
འཛིམ་ནག······73
འཛིམ་ནག······74
འཛིམ་ནག།······76

ཟ།

ཟྭ་སྐྱོད།······129
ཟྭ་འབྲུམ།······129
ཟྭ་འབྲུམ།······129
ཟྭ་འབྲུམ།······129
ཟྭ་འབྲུམ།······129
ཟྭ་འབྲུམ།······130
ཟྭ་འབྲུམ།······130
ཟྭ་འབྲུམ།······130
ཟྭ་འབྲུམ།······130
ཟྭ་འབྲུམ།······131
ཟྭ་འབྲུམ།······131
ཟྭ་གཡུང་།······130
ཟྭ་ཡོ།······128
ཟྭའི་ཕྱི་མ།······128
ཟྭའི་ཕྱི་མོ་རིགས།······127
ཟྭའི་ཕྱི་མོ་རིགས།······128
ཟི་དུག······182

ཟི་ར་ནག་པོ།……204
ཟི་ར་ནག་པོ།……204
ཟི་ར་ནག་པོ།……204
ཟི་ར་དམར་པོ།……205
ཟུར་ལུགས་རྒྱ་མ་རྩི།……145
ཟུར་ལུགས་རྒྱ་མ་རྩི།……145
ཟུར་ལུགས་རྒྱ་མ་རྩི།……147
ཟུར་ལུགས་རྒྱ་རྩི།……154
ཟུར་ལུགས་པོང་སེར།……215
ཟུར་ལུགས་པོང་སེར།……215
ཟུར་ལུགས་པོང་སེར།……216
ཟུར་ལུགས་པོང་སེར།……216
ཟུར་ལུགས་པོང་སེར།……216
ཟུར་ལུགས་པོང་སེར།……216
ཟུར་ལུགས་པོང་སེར།……216
ཟེ་ལུ་ཀའ།……93
གཟེར་འཇོམས་སེར་པོ།……204
གཟེར་འཇོམས་སེར་པོ།……205

འ།

འུར་པའི་ཤ་མོ།……3
འོ་སེ།……322
འོ་སེ།……322
འོ་སེ་རིགས།……300
འོ་སེའི་ཚབ།……304
འོ་སེའི་ཚབ།……321
འོ་སེའི་ཚབ།……321
འོ་སེའི་རིགས།……304
འོ་སེའི་རིགས།……321
འོ་སེའི་རིགས།……322
འོ་སེའི་རིགས།……322
འོད་ལྡན།……275
འོལ་མོ་སེ།……225
འོལ་མོ་སེ།……227

ཡ།

ཡང་ཤིར་སོན།……112
ཡན་ལིང་ཚའོ།……92
ཡུ་མོ་མདེའུ་འབྲིན།……206
ཡུ་མོ་མདེའུ་འབྲིན།……207
ཡུ་མོ་མདེའུ་འབྲིན་ཚབ།……204
ཡུང་བ།……102
ཡུང་བ།……102
ཡུངས་ཀར།……269
ཡུངས་ནག……262
ཡོ་འཐོག……124
ཡོ་འཐོག……124
ཡོ་འཐོག……124
གཡའ་ཀྱི་མ།……281
གཡའ་ཀྱི་མ།……281
གཡའ་ཀྱི་མ།……282
གཡའ་ཀྱི་མ།……282
གཡའ་ཀྱི་མ།……282
གཡའ་ཀྱི་མ།……282

གཡའ་ཀྱི་མ།……282
གཡའ་ཀྱི་མ།……283
གཡའ་ཀྱི་མ།……283
གཡའ་ཀྱི་མ།……283
གཡའ་ཀྱི་མ།……283
གཡའ་ཀྱི་མ།……283
གཡི་རྩུང་མ།……217
གཡུ་ལྷུམ་གསེར་མགོ……244
གཡུ་ལྷུམ་གསེར་མགོ……235
གཡུ་ལྷུམ་གསེར་མགོ……237
གཡུ་ལྷུམ་གསེར་མགོ……237
གཡུ་ལྷུམ་གསེར་མགོ……237
གཡུ་ལྷུམ་གསེར་མགོ……238
གཡུ་ལྷུམ་གསེར་མགོ……239
གཡུ་ལྷུམ་གསེར་མགོ……241
གཡུ་ལྷུམ་གསེར་མགོ……248
གཡུ་ལྷུམ་གསེར་མགོ……249
གཡུ་ལྷུམ་གསེར་མགོ……251
གཡུ་ལྷུམ་གསེར་མགོ……251
གཡུ་ལྷུམ་གསེར་མགོ……252
གཡུ་ལྷུམ་གསེར་མགོ……253
གཡུ་ལྷུམ་གསེར་མགོ……255
གཡུ་ལྷུམ་སེར་མགོ……243
གཡུ་འབྲུག་འཁྱིལ་བ།……34
གཡུ་འབྲུག་ཐྲིལ་པ།……234
གཡུ་འབྲུག་ཐྲིལ་པ།……246
གཡུ་འབྲུག་ཐྲིལ་བ།……240
གཡུ་ལུང་པ།……195
གཡུ་ལུང་པ།……196
གཡུ་ལུང་པ།……199
གཡུ་ལུང་པ།……200
གཡུ་ལུང་པ།……200
གཡུ་ལུང་པ།……201
གཡུ་ལུང་པ་ཚབ།……201
གཡེར་ཤིང་།……269

ར།

ར་མཉེ།……86
ར་མཉེ།……87
ར་མཉེ།……87
ར་མཉེ།……87
ར་མཉེ།……87
ར་མཉེ།……88
ར་མཉེ།……88
ར་མཉེ།……89
ར་མཉེ།……89
ར་དུག……206
ར་དུག་དམར་པོ།……206
ར་དུག་རིགས།……205
ར་དུག་སེར་པོ།……205
ར་ཤུག……43
ར་སུག……166
ར་སུག……167
ར་སུག……185
ར་སུག་རིགས།……162

རམ་བུ། ······144
རམ་བུ། ······144
རམ་བུ་ག་དུར། ······138
རམ་བུ་གཡུང་བ། ······143
རམ་བུ་རིགས། ······138
རམ་བུ་རིགས། ······141
རམ་བུ་རིགས། ······142
རམ་གཡུང་ཧ་མོན། ······143
རི་སྐྱེས་དྲེས་མ། ······98
རི་སྐྱེས་བྲ་བོ། ······136
རི་སྐྱེས་སེའུ་དམར་ཆུང་། ······295
རི་སྒོག ······70
རི་སྒོག ······73
རི་སྒོག ······69
རི་སྒོག ······71
རི་སྒོག ······71
རི་སྒོག ······72
རི་ལྷུང་འབྲུར་པ། ······117
རིན་ཆེན་སྤྲུག་ཚལ། ······234
རུག་སྒོག ······73
རུག་སྒོག ······73
རུག་སྒོག། ······74
རེ་ཀོན་ཚལ། ······297
རེ་སྐོན་མཆོག ······242
རེ་སྐོན་པ། ······248
རེ་སྐོན་དམན་པ། ······236
རེ་སྐོན་རྩེ་དམར། ······242
རེ་རལ་ཆུང་བ། ······25
རེ་རལ་དམན་པ ······25
རེ་རལ་དམན་པ། ······25
རོག་པོ་འཇོམས་སྐྱེས། ······186
རོག་པོ་འཇོམས་སྐྱེས། ······247
རོག་པོ་འཇོམས་སྐྱེས་ཚབ། ······186
རོག་པོ་འཇོམས་སྐྱེས་ཚབ། ······305
རོག་པོ་འཇོམས་སྐྱེས་ཚབ། ······320
རོག་པོ་འཇོམས་སྐྱེས་ཚབ། ······321

ལ།

ལ་ཕུག ······268
ལུག་ངལ། ······243
ལུག་ངལ། ······254
ལུག་མཇེ། ······88
ལུག་མཇེ། ······88
ལུག་མཇེ། ······89
ལུག་ཐིག ······185
ལུག་ཟོ། ······137
ལུག་ཕུག་འབྲིང་བ། ······42
ལུག་ཕུག་ཆུང་བ། ······43
ལུག་ཕུག་ཆུང་བ། ······44
ལུག་ཕུག་ཆུང་བ། ······45
ལུག་ཤུག ······163
ལུག་ཤུག ······164
ལུག་ཤུག ······164
ལུག་ཤུག ······164
ལུག་ཤུག ······164

ལུག་སུག ……165
ལུག་སུག ……165
ལུག་སུག ……165
ལུག་སུག ……165
ལུག་སུག ……166
ལུག་སུག ……166
ལུག་སུག ……167
ལུག་སུག ……167
ལུག་སུག ……167
ལུག་སུག ……169
ལུག་གསོད་མེ་ཏོག ……225
སོ་བཙན། ……194
སོ་བཙན། ……194
སོ་བཙན། ……195
སོ་བཙན། ……199
སོ་བཙན། ……202
སོ་བཙན་པ། ……196
སོ་བཙན་པ། ……197

ཤ

ཤ་སྦོག ……70
ཤ་སྦོག ……75
ཤ་སྦོག ……75
ཤ་མང་སྨུག་པོ། ……6
ཤ་མོང་ནག་པོ། ……8
ཤ་མོང་པ། ……8
ཤ་རྣ། ……12
ཤང་དྲིལ་དཀར་པོ། ……163
ཤང་ཚེ་ནག་པོ། ……263
ཤང་ཡྷ་སན། ……103
ཤིང་ག་བུར། ……234
ཤིང་གི་ཤ་མང་། ……9
ཤིང་གི་ཤ་མང་། ……5
ཤིང་དེ་བ་ཚབ། ……115
ཤིང་འདལ་པ། ……116
ཤིང་ཙི་ཏྲ་ཀ ……115
ཤིང་ཚ། ……231
ཤིང་ཚ། ……233
ཤིང་གསོམ། ……36
ཤིང་གསོམ། ……36
ཤིང་གསོམ། ……36
ཤིང་གསོམ། ……37
ཤིང་གསོམ། ……37
ཤིང་གསོམ། ……37
ཤིང་གསོམ། ……37
ཤིང་གསོམ། ……38
ཤིང་གསོམ། ……38
ཤིང་གསོམ། ……38
ཤིང་གསོམ། ……38
ཤུ་དག་དཀར་པོ། ……62
ཤུ་དག་ནག་པོ། ……62
ཤུ་དག་དམན་པ། ……99
ཤུ་དག་དམན་པ་སོ་སོ་ལྡང་པ། ……97
ཤུག་པ་ཚེར་ཅན། ……41
ཤུག་པ་ཚེར་ཅན། ……41

ཤུག་ལེབ།······41
ཤེལ་ཕྲེང་ཀྱུ་དྲུས་དམན་པ།······238
ཤེལ་ཕྲེང་སྔོང་ཐོག་པ།······269
ཤེལ་ཕྲེང་སྤོ་དེ་བ།······239
ཤེལ་ཕྲེང་སྤོ་དེ་བ།······248
ཤེལ་ཕྲེང་སྤོ་དེ་ཕ།······236
ཤེལ་ཕྲེང་ཚུ་མ་རྩེ།······149
ཤེལ་ཕྲེང་སྤྲོ་ལོ་དཀར་པོ།······268

ས།

ས་རྫི་ཀ······2
ས་རྫི་ཀ······3
ས་རྫི་ཀ······3
ས་རྫི་ཀ······4
སན་ཙི་ཏྲེན།······133
སན་ཙི་ཏྲེན།······133
སན་ཙི་ཏྲེན།······133
སན་ཙི་ཏྲེན།······133
སན་ཙི་ཏྲེན།······134
སུ་མི།······244
སུ་མི་སེར་པོ།······253
སུ་མི་སེར་པོའི་རིགས།······250
སུ་མི་སེར་པོའི་རིགས།······255
སུག་པ།······128
སུག་པ།······163
སུག་པ་རིགས།······162
སུག་པ་རིགས།······162
སུག་སྨེལ།······102
སུག་སྨེལ་དཀར་པོ།······101
སུག་སྨེལ་དཀར་པོ།······101
སུག་སྨེལ་ནག་པོ།······100
སུག་སྨེལ་ནག་པོ།······101
སུག་སྨེལ་ནག་པོ།······102
སུམ་ཙུ་ཏིག······292
སུམ་ཙུ་ཏིག······292
སུམ་ཙུ་ཏིག་རིགས།······286
སུམ་ཙུ་ཏིག་རིགས།······288
སུམ་ཙུ་ཏིག་རིགས།······290
སུམ་ཙུ་ཏིག་རིགས།······290
སུམ་ཙུ་ཏིག་རིགས།······291
སུམ་ཙུ་ཏིག་རིགས།······291
སུམ་ཙུ་ཏིག་རིགས།······292
སུམ་ཏིག······286
སུམ་ཏིག······287
སུམ་ཏིག······287
སུམ་ཏིག······291
སུའོ་ཧྲན་ཧྲུའ།······78
སེ་རྒོད།······311
སེ་རྒོད།······312
སེ་རྒོད།······312
སེ་རྒོད།······313
སེ་རྒོད།······313
སེ་རྒོད།······315
སེ་རྒོད།······315
སེ་རྒོད།······316

སེ་རྒོད། ······ 317
སེ་རྒོད་མདན་པ། ······ 285
སེ་རྒོད་མདན་པ། ······ 285
སེ་རྒོད་མདན་པ། ······ 285
སེ་རྒོད་མདན་པ། ······ 286
སེ་རྒོད་འབྲས་བུ། ······ 312
སེ་རྒོད་འབྲས་བུའི་རིགས། ······ 313
སེ་རྒོད་རིགས། ······ 312
སེ་རྒོད་རིགས། ······ 314
སེ་རྒོད་རིགས། ······ 316
སེ་བའི་མེ་ཏོག ······ 313
སེ་བའི་མེ་ཏོག ······ 314
སེ་བའི་མེ་ཏོག ······ 315
སེ་བའི་མེ་ཏོག ······ 315
སེ་བའི་མེ་ཏོག ······ 315
སེ་བའི་མེ་ཏོག ······ 316
སེ་བའི་མེ་ཏོག ······ 316
སེ་བའི་མེ་ཏོག ······ 316
སེ་བའི་མེ་ཏོག་རིགས། ······ 313
སེ་བའི་མེ་ཏོག་རིགས། ······ 314
སེ་བའི་མེ་ཏོག་རིགས། ······ 314
སེང་གེ་འབར་མ། ······ 305
སེང་གེ་འབར་མོ། ······ 308
སེང་གེ་འབར་མོ། ······ 309
སེང་གེ་འབར་མོ། ······ 309
སེང་གེ་འབར་མོ། ······ 310
སེང་གེ་འབར་མོ། ······ 310
སེང་གེ་འབར་མོ། ······ 310
སེང་གེ་འབར་མོ། ······ 311
སེང་གེ་ཟིལ་པ། ······ 246
སེང་གེ་ཟིལ་པ། ······ 247
སེང་གེ་ཟིལ་པ། ······ 254
སེང་ལྡེང་ཚབ། ······ 301
སེང་ཕྲོམ་ལོ་མ། ······ 302
སེང་ཕྲོམ་ལོ་མ། ······ 302
སོ་བ། ······ 2
སོ་བ། ······ 54
སོ་བ། ······ 57
སོ་མ་ནག་པོ། ······ 124
སླ་ལུ་ལྷང་པ་ཚབ། ······ 80
སོག་ཀ་པ། ······ 263
སླ་ལུ་ལྷང་པ་ཚབ། ······ 80
སྲ་བ་རྩ། ······ 127
སྲུབ་ཀ ······ 184
སྲུབ་ཀ ······ 184
སྲུབ་ཀ་དམན་པ། ······ 184
སྲུབ་ཀ་དམན་པ། ······ 185
སྲུབ་ཀ་ཚབ། ······ 186
སྲུབ་ཀ་ཚབ། ······ 186
སྲུབ་ཀ་སྔོན་པོ། ······ 183
སྲུབ་ཀ་རིགས། ······ 183
སྲུབ་ཀ་རིགས། ······ 183
སྲུབ་ཀ་རིགས། ······ 184
སྲུབ་ཀ་རིགས། ······ 184
སྲུབ་ཀ་རིགས། ······ 185
སྲུབ་ཀ་རིགས། ······ 185

སྲོ་ལོ་དཀར་པོ། ······ 270
སྲོ་ལོ་དཀར་པོ། ······ 271
སྲོ་ལོ་དམར་པོ། ······ 276
སྲོ་ལོ་དམར་པོ། ······ 276
སྲོ་ལོ་དམར་པོ། ······ 276
སྲོ་ལོ་དམར་པོ། ······ 276
སྲོ་ལོ་དམར་པོ། ······ 277
སྲོ་ལོ་དམར་པོ། ······ 277
སྲོ་ལོ་དམར་པོ། ······ 277
སྲོ་ལོ་དམར་པོ། ······ 277
སྲོ་ལོ་དམར་པོ། ······ 277
སྲོ་ལོ་དམར་པོ། ······ 278
སྲོ་ལོ་དམར་པོ། ······ 279
སྲོ་ལོ་སྨུག་པོ། ······ 270
སྲོ་ལོ་སྨུག་པོ། ······ 270
སྲོ་ལོ་སྨུག་པོ། ······ 270
སྲོ་ལོ་སྨུག་པོ། ······ 270
སྲོ་ལོ་སྨུག་པོ། ······ 271
སྲོ་ལོ་སྨུག་པོ། ······ 271
སྲོ་ལོ་སྨུག་པོ། ······ 271
སྲོ་ལོ་སྨུག་པོའི་ཚབ། ······ 268
སྤྲི་ཏྲེས། ······ 228
སྤྲི་ཏྲེས། ······ 228
སྤྲི་ཏྲེས་ཚབ། ······ 137
སྤྲི་ཏྲེས་ཚབ། ······ 217
གསེར་སྐྱུད། ······ 12
གསེར་སྐྱུད། ······ 12
གསེར་སྐྱུད། ······ 13
གསེར་སྐྱུད། ······ 13
གསེར་སྐྱུད། ······ 13
གསེར་སྐྱུད། ······ 13
གསེར་སྐྱུད། ······ 14
གསེར་སྐྱུད། ······ 14
གསེར་སྐྱུད། ······ 14
གསེར་སྐྱུད་མཆོག ······ 15
གསེར་སྐྱུད་དམར་པོ། ······ 15
གསེར་གྱི་བྱེ་མ། ······ 23
གསེར་ཏིག ······ 291
གསེར་ཏིག ······ 292
གསེར་ཏིག་ཚབ། ······ 284
གསེར་ཏིག་རིགས། ······ 288
གསེར་ཏིག་རིགས། ······ 288
གསེར་ཏིག་རིགས། ······ 288
གསེར་ཏིག་རིགས། ······ 289
གསེར་ཏིག་རིགས། ······ 290
གསེར་ཏིག་རིགས། ······ 290
གསེར་ཏིག་རིགས། ······ 290
གསེར་ཏིག་རིགས། ······ 292
གསེར་ཏིག་རིགས། ······ 293
གསེར་ཏིག་རིགས། ······ 293
གསེར་མའི་རིགས། ······ 293
གསེར་མའི་རིགས། ······ 293
གསེར་ཤ ······ 7
གསོམ་སེང་ལྡེང་། ······ 45
གསོར་ལྡེམ། ······ 51
གསོར་ལྡེམ། ······ 51

གསོར་ལྡེམ། ······ 51
གསོར་ལྡེམ་པ། ······ 203
བསེ་ཡབ། ······ 296
བསེ་ཡབ། ······ 296
བསེ་ཡབ། ······ 296
བསེ་ཡབ། ······ 296

ཏ།

ཏ་འབྲི་འགྲོ་ཏོར། ······ 67
ཏེ་ལག་པ། ······ 5
ཏན་ཚེ་ཀུཙ། ······ 113
ཏན་ཕ་སུང་། ······ 280
ཏིན་ཅིན་ཚའོ། ······ 17
ཏུཙ་ཡུས། ······ 94
ཏུཙ་ཡུས་ལོ་མ་ཟུར་གསུམ། ······ 94
ཏྲ་ཤུག། ······ 40
ཏྲ་ཤུག། ······ 41

ཨ།

ཨ་གྲོང་དཀར་པོ། ······ 157
ཨ་གྲོང་དཀར་པོ། ······ 159
ཨ་གྲོང་དཀར་པོ། ······ 159
ཨ་གྲོང་དཀར་པོ། ······ 160
ཨ་གྲོང་དཀར་པོ། ······ 160
ཨ་གྲོང་དཀར་པོའི་རིགས། ······ 159
ཨ་གྲོང་ཁྲ་བོ། ······ 286
ཨ་གྲོང་ཁྲ་བོ། ······ 287
ཨ་གར་གོ་སྙོད། ······ 232
ཨ་གར་གོ་སྙོད། ······ 233
ཨ་ཉག ······ 300
ཨ་འདག་རྒྱུད་ཁབ། ······ 67
ཨ་འདྲ། ······ 68
ཨ་འདྲ། ······ 68
ཨ་འདྲ། ······ 68
ཨ་འདྲ། ······ 69
ཨ་པི་ཁ། ······ 78
ཨ་སྦི་ཁ། ······ 78
ཨ་སྦི་ཁ། ······ 79
ཨ་སྦི་ཁ། ······ 79
ཨ་སྦི་ཁ། ······ 79
ཨ་སྦི་ཁ། ······ 79
ཨ་སྦི་ཁ། ······ 80
ཨ་སྦི་ཁ་དམན་པ། ······ 79
ཨ་ཛྷ་མགོ་རི་ལ། ······ 303
ཨ་ཛྷ་མགོ་རི་ལ། ······ 303
ཨ་ཛྷ་མགོ་རི་ལ། ······ 304
ཨ་ཤྭ། ······ 20
ཨ་ཤྭ། ······ 21
ཨ་ཤྭ། ······ 21
ཨ་ཤྭ་མོ། ······ 83
ཨ་ཤྭ་མོ། ······ 83
ཨ་ཤྭ་མོ། ······ 83
ཨ་ཤྭ་མོ། ······ 83
ཨ་ཤྭ་མོ། ······ 83

ཨ་ལྷ་མོ། ··84
ཨ་ལྷ་མོ། ··84
ཨ་ལྷ་མོ། ··84
ཨ་ཡག་རག་ཤ ·······························306
ཨ་ཡག་རག་ཤ ·······························306
ཨ་ཡག་རག་ཤ ·······························309
ཨ་ལོ་རྒྱུ་ལོ། ·································138
ཨུཏྤལ། ···258
ཨུཏྤལ་དཀར་པོ། ·····························256
ཨུཏྤལ་དཀར་པོ། ·····························260
ཨུཏྤལ་སྔོན་པོ། ·····························256
ཨུཏྤལ་སྔོན་པོ། ·····························256
ཨུཏྤལ་སྔོན་པོ། ·····························257
ཨུཏྤལ་སྔོན་པོ། ·····························257
ཨུཏྤལ་སྔོན་པོ། ·····························258
ཨུཏྤལ་སྔོན་པོ། ·····························259
ཨུཏྤལ་དམར་པོ། ·····························259
ཨུཏྤལ་དམར་པོ། ·····························260
ཨུཏྤལ་སེར་པོ། ·····························257
ཨུཏྤལ་སེར་པོ། ·····························258
ཨུཏྤལ་སེར་པོ། ·····························258

“十三五”国家重点出版物规划项目
民族文字出版专项资金资助项目

许建初 白央 格桑索朗 主编

བོད་སྨན་གྱི་སྐྱེས་དངོས་ཐ་སྙད་ཀུན་གསལ།

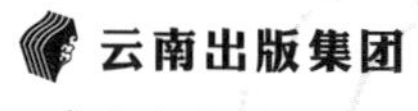

云南科技出版社
·昆明·

图书在版编目（CIP）数据

藏药植物名总览. 下卷：藏、汉、英 / 许建初, 白央, 格桑索朗主编. -- 昆明：云南科技出版社, 2019.7
ISBN 978-7-5587-2284-4

Ⅰ. ①藏… Ⅱ. ①许… ②白… ③格… Ⅲ. ①藏医－药用植物－中国－名录－藏、汉、英 Ⅳ. ①R291.408-61

中国版本图书馆CIP数据核字（2019）第144210号

藏药植物名总览·下卷

主　编　许建初　白　央　格桑索朗

出 品 人：杨旭恒
责任编辑：李永丽　苏丽月
装帧设计：云南枊颐文化传播有限公司
责任校对：张舒园
责任印制：蒋丽芬

书　号：ISBN 978-7-5587-2284-4
印　刷：云南金伦云印实业股份有限公司
开　本：787mm × 1092mm　1/16
印　张：23.5
字　数：537千
版　次：2019年7月第1版　2019年7月第1次印刷
定　价：248.00元（上、下卷）

出版发行：云南出版集团公司　云南科技出版社
地址：昆明市环城西路609号
网址：http://www.ynkjph.com/
电话：0871-64190889

前　言

藏医药是我国传统医药学的璀璨明珠，在世界传统医学中引人瞩目。藏医药有着千余年的文字传承、文献记载，但又鲜为外界所知。丰富的藏医药文化宝藏有待继承与发扬。藏药材是藏医药学中的重要载体，藏药材的正确鉴别、认知是藏药材发挥最大效用的前提和关键。因此，藏药植物的名实考证、对比、鉴别就显得至关重要。

藏医有其独立的医疗体系和独特的作用，在中华民族医药体系中有着非常重要的地位。藏药植物是藏药的物质基础，在藏医学医疗体系中发挥着不可或缺的作用。青藏高原地理环境独特，世代居住于高原环境的藏民族在广泛吸收了中医药学、印度医药学和大食医药学等理论的基础上，通过长期实践融合形成了独特的藏族医药体系。青藏高原从喜马拉雅山麓到喀喇昆仑山，气候类型覆盖了热带、亚热带、高山温带、高山高原寒带等立体气候与高原气候。复杂多样的地理环境与气候条件孕育了丰富的药用植物资源，同时，广袤的青藏高原也为认知和鉴别藏药植物带来了极大的挑战。

我国是世界上应用和消耗药用植物资源最多的国家之一。如何充分地保护和开发利用我国藏药传统知识与药用植物资源，同时还能取得最大的社会效益和经济效益，便成为一项重要而紧迫的任务。我国传统利用的民族民间药用植物约有 1.2 万余种，藏药植物约有 3000 余种，占我国药用植物总数的四分之一。但是许多藏药植物都是青藏高原特有植物，资源十分有限。天然药用植物资源的不合理开发利用可能会导致资源的枯竭，甚至导致许多珍稀药用植物面临濒危。因此，精准识别与合理利用成为藏药植物资源开发不可回避的课题。

藏药植物的名称，不论拉丁学名、藏文名，还是中文名称，同物异名和同名异物的现象较多，因此导致不同藏区交流十分困难。近十多年来，我国对藏药植物的研究与开发速度在不断加快，发表和出版的文献资料越来越多，但是还缺乏兼具藏文名、拉丁学名与中文名高度统一的藏药植物工具书。基于这样一个迫切的需求与责任，我们特编写这本概览类书籍，以便查阅到准确的藏药植物，并能精准使用。本书集藏族药用植物之大成，并对每种药用植物一一核校，按一物一名的原则，依托杨竞生教授主编的《中国藏药植物资源考订》，参考了现有的藏医藏药植物文献，系统收集整理了藏药植物 3100 多种，编写了这本兼具藏药植物的藏文名、中文名与拉丁学名的工具书。索引中中文名以笔画、藏文名与拉丁学名以字母顺序排列，方便读者快速查阅。本书可供民族医药工作者、植物资源保护工作者及有关方面人员参考。

本书被列入“十三五”国家重点出版物规划项目的同时还获得了民族文字出版专项基金资助，特此深表感谢。本书的出版希望能对开发民族药物宝库有现实意义，同时对发展植物考据学具有激励作用。编写过程中，得到中国科学院昆明植物研究所李嵘研究员等同志的指导和帮助，特此感谢。

许建和

目录

被子植物　Angiospermae

双子叶植物纲　Dicotyledoneae …… 1

酢酱草科　Oxalidaceae …… 1

牻牛儿苗科　Geraniaceae …… 1

蒺藜科　Zygophyllaceae …… 4

亚麻科　Linaceae …… 5

大戟科　Euphorbiaceae …… 6

芸香科　Rutaceae …… 10

苦木科　Simaroubaceae …… 13

橄榄科　Burseraceae …… 14

楝科　Meliaceae …… 15

远志科　Polygalaceae …… 16

漆树科　Anacardiaceae …… 17

无患子科　Sapindaceae …… 18

凤仙花科　Balsaminaceae …… 19

卫矛科　Celastraceae …… 20

鼠李科　Rhamnaceae ……………………………………………21
葡萄科　Vitaceae…………………………………………………22
锦葵科　Malvaceae ………………………………………………23
瑞香科　Thymelaeaceae …………………………………………26
胡颓子科　Elaeagnaceae …………………………………………27
堇菜科　Violaceae…………………………………………………29
柽柳科　Tamaricaceae……………………………………………31
葫芦科　Cucurbitaceae……………………………………………33
菱科　Trapaceae …………………………………………………36
桃金娘科　Myrtaceae……………………………………………37
石榴科　Punicaceae………………………………………………38
使君子科　Combretaceae …………………………………………38
柳叶菜科　Onagraceae……………………………………………39
杉叶藻科　Hippuridaceae…………………………………………40
锁阳科　Cynomoriaceae……………………………………………41
山茱萸科　Cornaceae ……………………………………………41
五加科　Araliaceae………………………………………………42
伞形科　Umbelliferae……………………………………………46
鹿蹄草科　Pyrolaceae ……………………………………………64
杜鹃花科　Ericaceae ……………………………………………65
紫金牛科　Myrsinaceae……………………………………………73

报春花科 Primulaceae ······75
白花丹科 Plumbaginaceae ······89
柿树科 Ebenaceae ······90
安息香科 Styracaceae ······91
山矾科 Symplocaceae ······92
木犀科 Oleaceae ······93
马钱科 Loganiaceae ······97
龙胆科 Gentianaceae ······99
夹竹桃科 Apocynaceae ······121
萝藦科 Asclepiadaceae ······122
茜草科 Rubiaceae ······124
旋花科 Convolvulaceae ······129
紫草科 Boraginaceae ······132
马鞭草科 Verbenaceae ······137
唇形科 Lamiaceae ······138
茄科 Solanaceae ······160
玄参科 Scrophulariaceae ······165

紫葳科 Bignoniaceae ······ 186
爵床科 Acanthaceae ······ 189
胡麻科 Pedaliaceae ······ 189
苦苣苔科 Gesneriaceae ······ 190
列当科 Orobanchaceae ······ 191
车前科 Plantaginaceae ······ 193
忍冬科 Caprifoliaceae ······ 194
败酱科 Valerianaceae ······ 200
川续断科 Dipsacaceae ······ 201
桔梗科 Campanulaceae ······ 204
菊科 Asteraceae ······ 213

索引

拉丁文名索引 ······ 288
中文名索引 ······ 318
藏文名索引 ······ 338

被子植物 Angiospermae

双子叶植物纲 Dicotyledoneae

酢酱草科 Oxalidaceae

སོ་ནོ་སེར།

0001 酢浆草

Oxalis corniculata L.

牻牛儿苗科 Geraniaceae

མིང་ཅན་སེར་པོ་ཚབ།

0002 熏倒牛

Biebersteinia heterostemon Maxim.

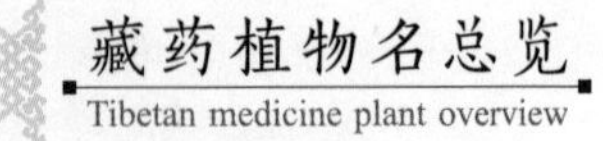

བུ་ཤུད་མིག་སྨན།

0003 牻牛儿苗

Erodium stephanianum Willd.

ལ་སྒང་།

0004 粗根老鹳草

Geranium dahuricum DC.

ག་དུར་དམན་པ།

0005 长根老鹳草

Geranium donianum Sweet

[*G. stenorrhirum* Stapf; *G. farreri* Stapf]

ལ་སྒང་།

0006 萝卜根老鹳草

Geranium napuligerum Franch.

ཟེར།

0007 尼泊尔老鹳草（五叶草）

Geranium nepalense Sweet

ལྒཱ་སྒོང་།

0008 甘青老鹳草

Geranium pylzowianum Maxim.

ལྒཱ་སྒོང་།

0009 毛蕊老鹳草

Geranium platyanthum Duthie

[*G. eriostemon* Fisch.]

ག་དུར་དམན་པ།

0010 草地老鹳草

Geranium pratense L.

ག་དུར་དམན་པ།

0011 反瓣老鹳草

Geranium refractum Edgew. et Hook. f.

སྲོར་ཆེན།

0012 鼠掌老鹳草

Geranium sibiricum L.

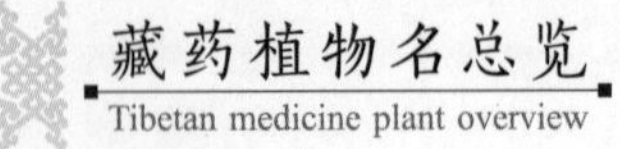

ཀ་དུར་དམན་པ།

0013 宽托叶老鹳草

Geranium wallichianum D. Don ex Sweet

蒺藜科 Zygophyllaceae

འཕང་མ་དཀར་པོ།

0014 小果白刺

Nitraria sibirica Pall.

ཨ་གླུ་ཧུག་ལེ།

0015 骆驼蓬

Peganum harmala L.

ཟེ་མ།

0016 蒺藜

Tribulus terrester Linn.

亚麻科 Linaceae

རི་སྐྱེས་ཟར་མ།

0017 垂果亚麻

Linum nutans Maxim.

རི་སྐྱེས་ཟར་མ།

0018 短柱亚麻

Linum pallescens Bunge.

རི་སྐྱེས་ཟར་མ།

0019 宿根亚麻

Linum perenne L.

[*L. sibiricum* DC.]

རི་སྐྱེས་ཟར་མ།

0020 野亚麻

Linum stelleroides Planch.

ཟེར་མ།

0021 亚麻

Linum usitatissimum L.

大戟科 Euphorbiaceae

རྒྱ་ནོ་ཚབ།

0022 铁苋菜

Acalypha australis L.

དན་རོག་ཚབ།

0023 巴豆

Croton tiglium L.

ཐར་ནུ།

0024 青藏大戟

Euphorbia altotibetica O. Pauls.

ཐར་ནུ།

0025 甘肃大戟

Euphorbia kansuensis Prokh.

ཐར་ཆུང་བ།

0026 泽漆

Euphorbia helioscopia L.

ཁྲོན་བུ།

0027 高山大戟（藏西大戟）

Euphorbia stracheyi Boiss.

[*Euphorbia himalayansis* (Klotzsch) Boiss.]

ཚོ་དུར་བྱིད།

0028 地锦（地锦草）

Euphorbia humifusa Willd.

ཐར་ཆེན།

0029 沙生大戟（青海大戟）

Euphorbia kozlovii Prokh.

འབྲི་སྨན།

0030 续随子（千金子）
Euphorbia lathylris L.

ཐར་ནུ།

0031 甘青大戟（疣果大戟）
Euphorbia micractina Boiss.

ཐར་ཆེན།

0032 黄苞大戟
Euphorbia sikkimensis Boiss. Chin
[*Euphorbia pseudosikkimensis* (Hurusawa et Y. Tanaka) Chin]

ཐར་ནུ།

0033 大狼毒
Euphorbia jolkinii Boiss.
[*E. nematocypha* Hand.-Mazz.]

ཐྲིན་ཐུ།

0034 钩腺大戟

Euphorbia sieboldiana Morr. et Decne.

ཐར་ནུ།

0035 大果大戟

Euphorbia wallichii Hook. f.

སོ་མ།

0036 云南土沉香（刮筋板）

Excoecaria acerifolia Didr.

སོ་མ།

0037 绿背桂花

E. cochinchinensis Lour. var. *viridis* (Pax et Hoffm.) Merr.

[*Excoecaria formosana* (Hayata) Hayata]

སྐྱུ་རུ་ར།

0038 余甘子

Phyllanthus emblica L.

དན་རོག

0039 蓖麻

Ricinus communis L.

芸香科 Rutaceae

བིལ་བ།

0040 木橘

Aegle marmelos (L.) Correa

ཚ་ལུ་མ་ཞན་པ།

0041 酸橙（枳壳、枳实）

Citrus aurantium L.

ཁྲིན་ཐིས།

0042 柑橘

Citrus reticulata Blanco

བིལ་བ།

0043 象橘

Feronia limonia（L.) Swingle

[*Feronia elephanatum* Correa]

ཡུན་ཤིང་།

0044 芸香

Ruta graveolens L.

ཞུ་མཁན་ཚབ།

0045 多脉茵芋

Skimmia multinervia Huang

གཡེར་མ།

0046 刺花椒

Zanthoxylum acanthopodium DC.

གཡེར་མ།

0047 竹叶花椒

Zanthoxylum armatum DC.

[*Z. planispinum* Sieb. et Zucc.]

གཡེར་མ།

0048 花椒

Zanthoxylum bungeanum Maxim.

བྱིས་གཡེར།

0049 贵州花椒（岩椒）

Zanthoxylum esquirolii Levl.

གཡེར་མ།

0050 尖叶花椒

Zanthoxylum oxyphyllum Edgew.

གཡེར་མ།

0051 川陕花椒

Zanthoxylum piasezkii Maxim.

བྱིས་གཡེར།

0052 青花椒（香椒子）

Zanthoxylum schinifolium Sieb. et Zucc.

བྱིས་གཡེར།

0053 野花椒

Zanthoxylum simulans Hance

གཡེར་མ།

0054 狭叶花椒

Zanthoxylum stenophyllum Hemsl.

苦木科 Simaroubaceae

སྒུ་སྒུལ་དཀར་པོ།

0055 大果臭椿

Ailanthus altissima (Mill.) Sw. var. *sutchuenensis* (Dode) Rehd. et Wils.

སྒུ་སྒུལ་དཀར་པོ།

0056 岭南臭椿（岭南樗树）

Ailanthus triphysa (Dennst.) Alston

[*Ailanthus malabarica* DC.]

གུ་གུལ་དཀར་པོ།

0057 刺臭椿

Ailanthus vilmoriniana Dode

橄榄科 Burseraceae

གུ་གུལ་དཀར་པོ།

0058 阿拉伯乳香（卡氏乳香树）

Boswellia sacra Flueck.

གུ་གུལ།

0059 锯叶乳香

Boswellia serrata Roxb. ex Colebr.

[*Boswellia thurifera* Coleb.]

གུ་གུལ་ནག་པོ།

0060 穆库没药

Commiphora mukul (Hook. ex Stocks) Engl.

[*Balsamodendron mukul* Hook.]

ཀུ་ཀུལ།

0061 没药

Commiphora myrrha (Nees) Engl.

ཀུལ་ནག

0062 乐斯没药

Commiphora wightii (Arn.) Bhandari

[*Balsamodendron roxburgii* Arn.]

楝科 Meliaceae

ཉིམ་པ་ཚབ།

0063 楝（苦楝、川楝、川楝子）

Melia azedarach L.

[*Melia toosendan* Sieb. et Zucc.]

སྨ་སྒོད།

0064 香椿

Toona sinensis (A. Juss.) Roem.

远志科 Polygalaceae

ཡིའན་ཀྱི།

0065 单瓣远志
Polygala monopetala Camb.

ཡིའན་ཀྱི།

0066 西伯利亚远志
Polygala sibirica L.

ཀྲིཙ་སྲིད་མ།

0067 远志
Polygala tenuifolia Willd.

漆树科 Anacardiaceae

སྙིང་ཚོ་ཞ

0068 南酸枣（广酸枣、广枣、建酸枣）

Choerospondias axillaris (Roxb.) Burtt et Hill

ཨ་འབྲས།

0069 杧果

Mangifera indica L.

སོས་དཀར

0070 熏陆香树（黏胶乳香树）

Pistacia lentiscus L.

ད་ཇིག་དམན་པ།

0071 盐肤木

Rhus chinensis Mill.

[*Rhus javanica* Thunb.; *Rhus semialata* Murr.]

གོ་བྱེ།

0072 肉托果（印度肉托果）

Semecarpus anacardium L. f.

རྩི།

0073 野漆

Toxicodendron succedaneum (L.) O. Kuntze

རྩི།

0074 漆（漆树）

Toxicodendron vernicifluum (Stokes) F. A. Barkl.

[*Rhus verniciflua* Stokes]

无患子科 Sapindaceae

ལུང་ཏོང་།

0075 川滇无患子（皮哨子）

Sapindus delavayi (Franch.) Radlk.

ལུང་ཏོང་།

0076 无患子

Sapindus saponaris L.

སེང་ལྡེང་ཚབ།

0077 文冠果（文官木）

Xanthoceras sorbifolia Bunge

凤仙花科 Balsaminaceae

བྱེའུ་སྣར་ཀ

0078 锐齿凤仙花

Impatiens arguta Hook. f. et Thoms.

卫矛科 Celastraceae

འབྲུག་ཤིང་འབྲས་བུ།

0079 卫矛

Euonymus alatus (Thunb.) Sieb.

སྲེ་མཚོ།

0080 冷地卫矛

Euonymus frigidus Wall.

ཡོ་འཛོག

0081 栓翅卫矛

Euonymus phellomanus Loes.

鼠李科 Rhamnaceae

སྲ་འབྲས་ཚབ།

0082 黄背勾儿茶

Berchemia flavescens (Wall.) Brongn.

སྲ་འབྲས་ཚབ།

0083 多花勾儿茶（金刚藤）

Berchemia floribunda (Wall.) Brongn.

[*Berchemia giraldiana* Schneid.]

སྲ་འབྲས་ཚབ།

0084 云南勾儿茶

Berchemia yunnanensis Franch.

སེང་ལྡེང་།

0085 西藏猫乳

Rhamnella gilgitica Mansf. et Melch.

ཆེ་བི་ཁ།

0086 枣（大枣）

Ziziphus jujuba Mill.

བཙོ་རིན།

0087 酸枣

Ziziphus jujuba Mill. var. *spinosa* (Bunge) Hu ex H. F. Chow

[*Ziziphus spinosa* (Bunge) Hu]

ལྷགས་ར།

0088 山枣

Ziziphus montana W. W. Smith

葡萄科 Vitaceae

རྒུན་འབྲུམ།

0089 桦叶葡萄

Vitis betulifolia Diels et Gilg

རྒུན་འབྲུམ།

0090 绵毛葡萄

Vitis retordii Roman.

[*Vitis lanata* Roxb.]

རྒུན་འབྲུམ།

0091 葡萄

Vitis vinifera L.

锦葵科 **Malvaceae**

སོ་མ་ར་ཛ།

0092 黄蜀葵

Abelmoschus manihot (L.) Medicus

སོ་མ་ར་ཛ།

0093 黄葵（麝香秋葵）

Abelmoschus moschatus Medicus

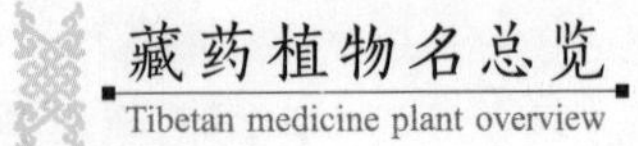

ཙོ་ལྷམ།

0094 蜀葵

Alcea rosea L.

[*Althaea rosea* (L.) Cavan.]

རས་འབྲས།

0095 树棉

Gossypium arboreum L.

རས་འབྲས།

0096 草棉

Gossypium herbaceum L.

རས་འབྲས།

0097 陆地棉

Gossypium hirsutum L.

མེ་ཏོག་ཉིན་གཅིག་མའི་ཤུན་པགས།

0098 木槿

Hibiscus syriacus L.

མ་ནིང་ལྕམ་པ།

0099 圆叶锦葵（毛冬苋菜）

Malva pusilla Sm.

[*M. neglecta* Wall.]

སོ་ལྕམ།

0100 锦葵

Malva cathayensis M. G. Gilbert, Y. Tang et Dorr

[*M. sylvestris* auct. non L.]

མ་ནིང་ལྕམ་པ།

0101 野葵

Malva verticillata L.

མ་ནིང་ལྕམ་པ།

0102 中华野葵

Malva verticillata L. var. *rafiqii* Abedin

瑞香科 Thymelaeaceae

ཨ་ག་རུ།

0103 沉香

Aquilaria agallocha Roxb.

ཨ་ག་རུ།

0104 土沉香（白木香）

Aquilaria sinensis (Lour.) Spreng.

ཨ་ག་རུ།

0105 橙黄瑞香（橙花瑞香）

Daphne aurantiaca Diels

ཞིམ་ཕྲེང་སྲིན་ཤིང་སྣ་མ།

0106 唐古特瑞香（陕甘瑞香）

Daphne tangutica Maxim.

རེ་ལྕག་པ།

0107 狼毒（瑞香狼毒）

Stellera chamaejasme L.

胡颓子科 Elaeagnaceae

སྙིང་ཚོ་ཚབ།

0108 长柄胡颓子

Elaeagnus delavayi Lecomte

མ་ཉིང་སྟར་བུ།

0109 肋果沙棘

Hippophaë neurocarpa S. W. Liu et T. N. He

སྟར་བུ།

0110 沙棘

Hippophaë rhamnoides L.

སྟར་བུ།

0111 江孜沙棘
Hippophaë gyantsensis (Rousi) Y. S. Lian L. ssp. *gyantsensis* Rousi

སྟར་བུ།

0112 中国沙棘
Hippophaë rhamnoides L. ssp. *sinensis* Rousi.

སྟར་བུ།

0113 中亚沙棘（扎达沙棘）
Hippophaë rhamnoides L. ssp. *turkestanica* Rousi

སྟར་བུ།

0114 云南沙棘
Hippophaë rhamnoides L. ssp. *yunnanensis* Rousi.

སྟར་བུ།

0115 柳叶沙棘
Hippophaë salicifolia D. Don

སྟར་བུ་ཆུང་བ།

0116 西藏沙棘

Hippophaë tibetana Schlechtend.

堇菜科 Violaceae

ཏ་སྨུག་གཡུང་ལྷུམ།

0117 双花堇菜

Viola biflora L.

ཏ་སྨིག

0118 鳞茎堇菜

Viola bulbosa Maxim.

ཏ་སྨུག་གཡུང་ལྷུམ།

0119 灰叶堇菜

Viola delavayi Franch.

ཏ་སྨུག་གཡུང་།

0120 白花地丁（白花堇菜）

Viola patrinii DC.

ཏ་སྨུག་གཡུང་ལྷུམ།

0121 圆叶小堇菜

Viola biflora L. var rockiana (W. Becker) Y. S. Chen

ཏ་སྨུག་གཡུང་ལྷུམ།

0122 深山堇菜

Viola selkirkii Pursh ex Gold

རྟག་མོ་གཡུ་གཏུམ།

0123 紫花地丁

Viola philippica Cav.

[*V. edoensis* Makino;

V. philippica Cav. ssp. *munda* W. Beck.]

柽柳科 Tamaricaceae

འོམ་བུ།

0124 宽苞水柏枝（河柏）

Myricaria bracteata Royle

[*Myricaria germanica* (L.) Desv. var. *bracteata* (Royle) Franch.]

འོམ་བུ།

0125 秀丽水柏枝

Myricaria elegans Royle

[*Tamaricaria elegans* (Royle) Qaiser et Ali]

འོམ་བུ།

0126 泽当水柏枝

Myricaria elegans Royle var. *tsetangensis* P. Y. Zhang et Y. J. Zhang

འོམ་བུ།

0127 球花水柏枝
Myricaria laxa W. W. Smith

འོམ་བུ།

0128 三春水柏枝
Myricaria paniculata P. Y. Zhang et Y. J. Zhang
[*M. germanica* auct. non (L.) Desv.]

འོམ་བུ།

0129 匍匐水柏枝
Myricaria prostrata Hook. f. et Thoms. ex Benth. et Hook. f.

འོམ་བུ།

0130 卧生水柏枝
Myricaria rosea W. W. Smith

འོམ་བུ།

0131 具鳞水柏枝（三春柳）
Myricaria squamosa Desv.

འོམ་བུ།

0132 小花水柏枝
Myricaria wardii Marquand

葫芦科 Cucurbitaceae

འབུང་ཤ

0133 南瓜
Cucurbita moschata (Duch. ex Lam.) Duch. ex Poiret

གསེར་གྱི་མེ་ཏོག

0134 波棱瓜
Herpetospermum pedunculosum (Ser.) C. B. Clarke

[*H. caudigerum* Wall.]

ཀ་བེད།

0135 葫芦（匏瓜）
Lagenaria siceraria (Molina) Standl.
[*Lagenaria siceraria* (Molina) Standl. var. *depressa* (Ser.) Hara]

ཀ་བེད།

0136 小葫芦
Lagenaria siceraria (Molina) Standl. var. *microcarpa* (Naud.) Hara

གསེར་གྱི་ཕུད་བུ།

0137 棱角丝瓜（广东丝瓜）
Luffa acutangula (L.) Roxb.

གསེར་གྱི་ཕུད་བུ།

0138 丝瓜
Luffa cylindrica (L.) Roem.

ཐྭ་ཏ།

0139 茅瓜（异叶马瓟儿）

S. heterophylla Lour.

[*Melothria heterophylla* (Lour.) Cogn.;

Solena amplexicaulis (Lam.) Gandhi]

གསེར་མེ་ཆེ་བ།

0140 木鳖子

Momordica cochinchinensis (Lour.) Spreng.

གསེར་གྱི་མེ་ཏོག་ཚབ།

0141 刚毛赤瓟（西藏赤瓟、王瓜）

Thladiantha setispina A. M. Lu et Z. Y. Zhang

[*T. harmsii* auct. non Cogn.]

གསེར་གྱི་མེ་ཏོག

0142 马干铃栝楼

Trichosanthes lepiniana (Naud.) Cogn.

གསེར་གྱི་ཕུད་བུ་དམན་པ།

0143 全缘栝楼（喜马拉雅栝楼）

Trichosanthes pilosa Loureiro

[*T. himalensis* C. B. Clarke]

菱科 Trapaceae

གཟེ་མ་འཕང་ཆེན།

0144 欧菱

Trapa natans L.

གཟེ་མ་འཕང་ཆེན།

0145 四角刻叶菱

Trapa incisa Sieb. et Zucc.

桃金娘科 Myrtaceae

ལན་ཡན་རྡེཙུ།

0146 蓝桉

Eucalyptus globulus Labill.

ལི་ཤི

0147 丁香蒲桃

Syzygium aromaticum (L.) Merr. et Perry

[*Eugenia caryophyllata* Thunb.;

Caryophyllus aromaticus L.]

སྲ་འབྲས།

0148 乌墨（海南蒲桃）

Syzygium cumini (L.) Skeels

[*S. jambolanum* DC.]

石榴科 Punicaceae

ལི་ཤི

0149 石榴

Punica granatum L.

使君子科 Combretaceae

ཧྲི་ཅུན་ཙི།

0150 使君子

Quisqualis indica L.

ཨ་རུ་ར།

0151 微毛诃子

Terminalia chebula Retz. var. *tomentella* (Kurt) C. B. Clarke

བ་རུ་ར།

0152 毗梨勒（毛诃子）

Terminalia bellirica (Gaertn.) Roxb.

ཨ་རུ་ར།

0153 诃子

Terminalia chebula Retz.

柳叶菜科 **Onagraceae**

ཀོང་པོའི་བྱ་པ་ཏ་ཚུ་རྩེ།

0154 柳兰

Chamerion angustifolium (L.) Holub

[*Chamaenerion angustifolium* (L.) Scop.]

བྱར་པ་ཏ་ཚུ་རྩེ།

0155 光滑柳叶菜

Epilobium amurense Hausskn. ssp. *cephalostigma* (Hausskn.) C. J. Chen

[*E. cephalostigma* Hausskn.]

བྱར་པ་ཊ་ཚུ་རྩི།

0156 沼生柳叶菜（水湿柳叶菜）
Epilobium palustre L.

བྱར་པ་ཊ་ཚུ་རྩི།

0157 短梗柳叶菜（喜山柳叶菜）
Epilobium royleanum Hausskn.
[*E. himalayene* Hausskn.]

བྱར་པ་ཊ་ཚུ་རྩི།

0158 鳞片柳叶菜（锡金柳叶菜）
Epilobium sikkimense Hausskn.

杉叶藻科 Hippuridaceae

འདམ་བུ་ཀ་ར།

0159 杉叶藻
Hippuris vulgaris L.

锁阳科 Cynomoriaceae

སླག་ཚབ།

0160 锁阳

Cynomorium songaricum Rupr.

山茱萸科 Cornaceae

ཤིང་ཐ་མ།

0161 青荚叶

Helwingia japonica (Thunb.) Dietr.

ལའི་མཁྲེ།

0162 梾木

Cornus macrophylla Wall.

五加科 Araliaceae

སྐྱ་མ་ཤིང་།

0163 茛叶五加

Gamblea ciliata C. B. Clarke

བརྫེད་རྒྱན་ཤིང་།

0164 红毛五加

Eleutherococcus giraldii (Harms) Nakai

རྒྱ་སྲིད་རིགས།

0165 康定五加

Eleutherococcus lasiogyne (Harms) S. Y. Hu

ཕའུ་ཙ་ཤིང་ཐུན་པགས།

0166 轮伞五加

Acanthopanax verticillatus Hoo

སྤྲུ་ནག

0167 芹叶龙眼独活

Aralia apioides Hand.-Mazz.

སྤྲུ་ནག

0168 浓紫龙眼独活

Aralia atropurpurea Franch.

ཚུའུ་དམ་ཤིང་།

0169 黄毛楤木

Aralia chinensis L.

[*Aralia elata* (Miq.) Seem.]

ཚུའུ་དམ་ཤིང་།

0170 白背叶楤木

Aralia elata (Miq.) Seem.

སྤྲུ་ནག

0171 云南龙眼独活

Aralia yunnanensis Franch.

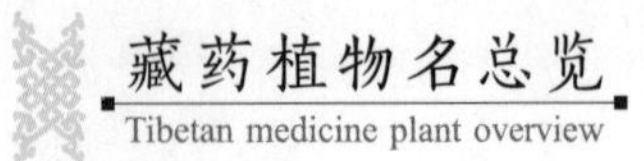

ཉིང་ད་བྱིད།

0172 尼泊尔常春藤

Hedera nepalensis K. Koch.

ཉིང་ད་བྱིད།

0173 常春藤

Hedera sinensis (Tobler) Hand.-Mazz.

ཉིང་ད་བྱིད།

0174 人参

Panax ginseng C. A. Mey.

རིན་ཧྲིན་སན་ཆི།

0175 假人参

Panax pseudoginseng Wall.

དམར་རིལ་མགོ་ནག

0176 疙瘩七（羽叶三七）

P. japonicus C. A. Mey. var. *bipinnatifidus* (Seem.) C. Y. Wu et Feng

[*Panax pseudo-ginseng* Wall. var. *bipinnatifidus* Seem.]

ཙ་དྲིས།

0177 竹节参

P. japonicus C. A. Mey.

[*Panax pseudo-ginseng* Wall. var. *elegantior* (Burk.) Hoo et Tseng]

དམར་རིལ་མགོ་ནག

0178 珠子参

Panax japonicus (T. Nees) C. A. Meyer var. major (Burkill) C. Y. Wu et K. M. Feng

[*P. japonicus* C. A. Mey. var. *major* (Burk.) C. Y. Wu et K. M. Feng; *P. transitorius* Hoo; *P. pseudo-ginseng*. Wall. var. *wangianus* (Sum) Hoo et Tseng; *P. pseudo-ginseng*. var. *japonicus* (C. A. Mey.) Hara]

སན་ཚི།

0179 三七

Panax notoginseng (Burkill) F. H. Chen ex C. Chow & W. G. Houang

[*P. notoginseng* (Burk.) F. H. Chen]

伞形科 Umbelliferae

ལྕ་བ་ཆུང་བ།

0180 羽轴丝瓣芹
Acronema nervosum Wolff

ཟི་ར་སེར་པོ།

0181 莳萝
Anethum graveolens L.

སྤྲུ་དཀར།

0182 白芷
Angelica dahurica (Fisch. ex Hoffm.) Benth et Hook. f. ex Franch. et Sav.

སྤྲུ་དཀར།

0183 杭白芷
Angelica dahurica (Fisch. ex Hoffm.) Benth et Hook. f. ex Franch. cv. Hangbaizhi Shan et Yuan

ལྡུ་བ།

0184 牡丹叶当归

Angelica paeoniifolia Shan et Yuan

ལྡུ་བ།

0185 当归

Angelica sinensis (Oliv.) Diels

ལྡུ་བ་ཚབ།

0186 刺果峨参

Anthriscus nemorosa (M. Bieb.) Spreng.

བ་ལང་ལྡུ་བ།

0187 峨参

Anthriscus sylvestris (L.) Hoffm.

ཐུ་དི་ཚབ།།

0188 旱芹（芹菜）

Apium graveolens L.

ཟྀ་ར་སེར་པོ།

0189 川滇柴胡
Bupleurum candollei Wall. ex DC.

ཟྀ་ར་སེར་པོ་ཆབ།

0190 北柴胡
Bupleurum chinense DC.

ཟྀ་ར་སེར་པོ་ཆབ།

0191 黄花鸭跖柴胡
Bupleurum commelynoideum de Boiss. var. *flaviflorum* Shan et Y. Li

ཟྀ་ར་སེར་པོ་ཆབ།

0192 簇生柴胡
Bupleurum condensatum Shan et Y. Li

ཟྀ་ར་སེར་པོ་ཆབ།

0193 匍枝柴胡
Bupleurum dalhousieanum (Clarke) K.-Pol.

ཟྀ་ར་སེར་པོ་ཚབ།

0194 小柴胡

Bupleurum hamiltonii Balakr

ཟྀ་ར་སེར་པོ་ཚབ།

0195 抱茎柴胡

Bupleurum longicaule Wall. ex DC. var. *amplexicaule* C. Y. Wu

ཟྀ་ར་སེར་པོ་ཚབ།

0196 空心柴胡

Bupleurum longicaule Wall. ex DC. var. *franchetii* de Boiss.

ཟྀ་ར་སེར་པོ།

0197 秦岭柴胡

Bupleurum longicaule Wall. ex DC. var. *giraldii* Wolff

ཟྲི་ར་སེར་པོ།

0198 竹叶柴胡

Bupleurum marginatum Wall. ex DC.

ཟྲི་ར་སེར་པོ་ཚབ

0199 窄竹叶柴胡

Bupleurum marginatum Wall. ex DC. var. *stenophyllum* (Wolff) Shan et Y. Li

ཟྲི་ར་སེར་པོ་ཚབ།

0200 马尾柴胡

Bupleurum microcephalum Diels

ཟྲི་ར་སེར་པོ་རིགས།

0201 细茎有柄柴胡

Bupleurum petiolulatum Franch. var. *tenerum* Shan et Y. Li

ཟྀ་ར་སེར་པོ་ཚབ།

0202 丽江柴胡

Bupleurum rockii Wolff

ཟྀ་ར་སེར་པོ།

0203 红柴胡

Bupleurum scorzonerifolium Willd.

ཟྀ་ར་སེར་པོ་ཚབ།

0204 黑柴胡

Bupleurum smithii Wolff

ཟྀ་ར་སེར་པོ་ཚབ།

0205 小叶黑柴胡

Bupleurum smithii Wolff var. *parvifolium* Shan et Y. Li

ཟྀ་ར་སེར་པོ།

0206 云南柴胡

Bupleurum yunnanense Franch.

ཟི་ར་སེར་པོ་ཚབ།

0207 山茴香

Carlesia sinensis Dunn

གོ་སྙོད།

0208 田葛缕子

Carum buriaticum Turcz.

གོ་སྙོད།

0209 葛缕

Carum carvi L.

འབམ་པོ་མོ།

0210 矮泽芹

Chamaesium paradoxum Wolff

འབམ་པོ།

0211 粗棱矮泽芹

Chamaesium novemjugum (C. B. Clarke) C. Norman [*Chamaesium spatuliferum* (W. W. Smith) Norman var. *minor* Shan et S. L. Liou]

འབམ་པོ།

0212 松潘矮泽芹

Chamaesium thalictrifolium Wolff

ལ་ལ་ཕུད།

0213 蛇床

Cnidium monnieri (L.) Cuss.

ཨུ་སུ།

0214 芫荽

Coriandrum sativum L.

ཟི་ར་དཀར་པོ།

0215 孜然芹

Cuminum cyminum L.

ཏང་ཀུན།

0216 南竹叶环根芹

Cyclorhiza peucedanifolia (Franch.) Constance

[*C. waltonii* (Wolff) Sheh et Shan var. *major* Sheh et Shan]

ཏང་ཀུན།

0217 环根芹

Cyclorhiza waltonii (Wolff) Sheh et Shan

སྒོང་ལ་ཕུག་འབྲུ་གྱུ།

0218 野胡萝卜

Daucus carota L.

ཤིང་ཀུན།

0219 阿魏

Ferula assa-foetida L.

སྐྱུ་དཀར་རིགས།

0220 硬阿魏

Ferula bungeana Kitag.

[*F. borealis* Kuan]

ཤིང་ཀུན།

0221 圆锥茎阿魏

Ferula conocaula Korov.

ཤིང་ཀུན།

0222 阜康阿魏

Ferula fukanensis K. M. Shen

ཤིང་ཀུན།

0223 托里阿魏

Ferula krylovii Korov.

ཤིང་ཀུན།

0224 大茴香阿魏

Ferula narthex Boiss.

ཤིང་ཀུན།

0225 新疆阿魏

Ferula sinkiangensis K. M. Shen

ཟ་རྟི།

0226 茴香（小茴香）

Foeniculum vulgare Mill.

དང་ཀུན་ནག་པོ།

0227 阿坝当归

Angelica apaensis Shan et C. Q. Yuan

[*Angelica apaensis* Shan et Yuan]

སྤྲུ་དཀར།

0228 白亮独活

Heracleum candicans Wall. ex DC.

སྤྲུ་དཀར་མཆོག

0229 裂叶独活（多裂独活）

Heracleum millefolium Diels

སྤྲུ་དཀར།

0230 短毛独活

Heracleum moellendorffii Hance

སྤྲུ་དཀར།

0231 钝叶独活

Heracleum candicans Wall. ex DC. var. *obtusifolium* (Wall. ex DC.) F. T. Pu et M. F. Waston

སྤྲུ་དཀར།

0232 糙独活

Heracleum scabridum Franch.

ཕ་མན་ཀེ

0233 红马蹄草

Hydrocotyle nepalensis Hook.

ཁྲན་ཞུང་།

0234 条纹藁本

Ligusticum striatum DC.

[*L. wallichii* auct. non Franch.]

འབམ་པོ་ཚབ།

0235 蕨叶藁本

Ligusticum pteridophyllum Franch.

རྩད་རིགས།

0236 长茎藁本

Ligusticum thomsonii C. B. Clarke

ཟྭ་བ།

0237 西藏白苞芹

Nothosmyrnium xizangense Shan et T. S. Wang

སྙི་ནག

0238 宽叶羌活

Notopterygium Franchetii H. Boiss.

[*N. franchetii* Boiss.]

སྙི་ནག

0239 澜沧羌活

Notopterygium forrestii Wolff

སྙི་ནག

0240 羌活

Notopterygium incisum Ting ex H. T. Chang

ཆུ་སྐྱེས་ཐྲིན་ཚལ།

0241 水芹

Oenanthe javanica (Bl.) DC.

[*O. stolonifera* (Roxb.) Wall.]

བྱ་ལག་མ།

0242 疏叶香根芹

Osmorhiza aristata (Thunb.) Makino et Yabe Bot. var. *laxa* (Royle) Constance et Shan

འབམ་པ་པོ།

0243 拉萨厚棱芹

Pachypleurum lhasanum H. T. Chang et Shan

ལྷ་བ་དམན་པ།

0244 前胡

Peucedanum praeruptorum Dunn

ཏང་ཀུན་ནག་པོ།

0245 紫茎前胡

Peucedanum violaceum Shan et Sheh

ཏང་ཀུན་ནག་པོ།

0246 紫脉滇芎

Physospermopsis rubrinervis (Franch.) Norman

ལ་ལ་ཕུད།

0247 直立茴芹

Pimpinella smithii Wolff

[*P. stricta* Wolff]

ཙད་མཆོག

0248 美丽棱子芹

Pleurospermum amabile Craib ex W. W. Smith

ཙད།

0249 粗茎棱子芹

Pleurospermum wilsonii H. Boiss.

[*P. cnidiifolium* Wolff]

ཙད།

0250 鸡冠棱子芹

Pleurospermum cristatum de Boiss.

ཙད།

0251 宝兴棱子芹

Pleurospermum benthamii (Wall-ex DC.) C. B. Clarke

ཙད།

0252 松潘棱子芹

Pleurospermum franchetianum Hemsl.

ཙད།

0253 西藏棱子芹

Pleurospermum hookeri C. B. Clarke var. *thomsonii* C. B. Clarke

[*P. tibetanicum* Wolff]

ཙད།

0254 疏毛棱子芹

Pleurospermum pilosum C. B. Clarke ex Wolff

ཙད།

0255 瘤果棱子芹

Pleurospermum wrightianum H. Boiss.

ཙད།

0256 心叶棱子芹
Pleurospermum rivulorum (Diels) K. T. Fu et Y. C. Ho.

ཙད།

0257 泽库棱子芹
Pleurospermum tsekuense Shan

ལྒ་བ་རིགས།

0258 细叶亮蛇床
Selinum wallichianum (DC.) Raizada et H. O. Saxena

[*S. tenuifolium* Wall.]

འབམ་བུ་མོ།

0259 无茎亮蛇床（栓果芹）
Cortiella cortioides (C. Norman) M. F. Watson

[*Cortia hookeri* C. B. Clarke]

ལྒ་བ་ཚབ།

0260 竹叶西风芹
Seseli mairei Wolff

རྩད་རིགས།

0261 舟瓣芹

Sinolimprichtia alpina Wolff

ལྷ་བ།

0262 迷果芹

Sphallerocarpus gracilis (Bess.) K. -Pol.

ཟེ་ར་དཀར་པོ་ཚབ།

0263 宜昌东俄芹

Tongoloa dunnii (de Boiss.) Wolff

ཆེ་དབྱི།

0264 小窃衣

Torilis japonica (Houtt.) DC.

ལྷ་སྒོད།

0265 瘤果芹

Trachydium roylei Lindl.

ཨ་སོད།

0266 密瘤瘤果芹
Trachydium subnudum C. B. Clarke ex H. Wolff

ལ་ལ་ཕུད་དཀར་པོ།

0267 阿米糙果芹
Trachyspermum ammi (L.) Sprag.

ཨ་བ།

0268 西藏凹乳芹
Vicatia thibetica de Boiss.

鹿蹄草科 Pyrolaceae

པག་རྩ།

0269 紫背鹿蹄草
Pyrola atropurpurea Franch.

ལུ་ཙུ་ཞན་ཚོད།

0270 普通鹿蹄草

Pyrola decorata H. Andr.

杜鹃花科 **Ericaceae**

སྟག་མ།

0271 雪山杜鹃

Rhododendron aganniphum Balf. f. et K. Ward

ད་ལི།

0272 髯花杜鹃

Rhododendron anthopogon D. Don

ད་ལི།

0273 烈香杜鹃

Rhododendron anthopogonoides Maxim.

སྟག་མ།

0274 树形杜鹃（红花杜鹃）
Rhododendron arboreum Smith

ད་ལིས་ནག་པོ

0275 散鳞杜鹃
Rhododendron bulu Hutch.

ད་ལིས་ནག་པོ།

0276 弯果杜鹃
Rhododendron campylocarpum Hook. f.

ད་ལིས་ནག་པོ།

0277 头花杜鹃
Rhododendron capitatum Maxim.

ད་ལི།

0278 毛喉杜鹃
Rhododendron cephalanthum Franch.

སྟག་མ།

0279 樱花杜鹃

Rhododendron cerasinum Tagg

སྟག་མ།

0280 光蕊杜鹃

Rhododendron coryanum Tagg et Forrest

སྟག་མ།

0281 大白杜鹃

Rhododendron decorum Franch.

ད་ལི།

0282 淡黄杜鹃

Rhododendron flavidum Franch.

ད་ལི།

0283 毛花杜鹃

Rhododendron hypenanthum Balf. f.

ད་ལི།

0284 隐蕊杜鹃

Rhododendron intricatum Franch.

ད་ལི།

0285 毛冠杜鹃

Rhododendron laudandum Cowan

ད་ལི།

0286 米林杜鹃

Rhododendron mainlingense S. H. Huang et R. C. Fang

ད་ལི།

0287 照山白

Rhododendron micranthum Turcz.

བ་ཤ་ཀ་ཚབ།

0288 羊踯躅（闹羊花）

Rhododendron molle (Blume) G. Don

ད་ལིས་ནག་པོ།

0289 雪层杜鹃

Rhododendron nivale Hook. f.

ད་ལིས་ནག་པོ།

0290 北方雪层杜鹃

Rhododendron nivale Hook. f. ssp. *boreale* Philipson et M. N. Philipson.

ད་ལི།

0291 林芝杜鹃

Rhododendron nyingchiense R. C. Fang et S. H. Huang.

སྣག་མ།

0292 凝毛杜鹃

Rhododendron phaeochrysum Balf f. et W. W. Smith var. *agglutinatum* (Balf. f. et Forrest) Chamb. ex Cullen et Chamb.

སྟག་མ།

0293 海绵杜鹃（粉背杜鹃）

Rhododendron pingianum Fang

སྟག་ཆེན།

0294 蜜腺杜鹃

Rhododendron populare Cowan

ད་ལི།

0295 樱草杜鹃

Rhododendron primuliflorum Bur. et Franch.

ད་ལི།

0296 微毛樱草杜鹃

Rhododendron primuliflorum Bur. et Franch. var. *cephalanthoides* (Balf. f. et W. W. Sm.) Cowan et Davidian

སྟག་མ།

0297 陇蜀杜鹃

Rhododendron przewalskii Maxim.

[*R. dabanshanense* Fang et S. X. Wang]

སྟག་མ།

0298 微笑杜鹃

Rhododendron hyperythrum Hayata

ད་ལི།

0299 红背杜鹃

Rhododendron rufescens Franch.

ད་ལི།

0300 水仙杜鹃

Rhododendron sargentianum Rehd. et Wils.

ད་ལིས་ནག་པོ།

0301 千里香杜鹃

Rhododendron thymifolium Maxim.

ད་ལི།

0302 毛嘴杜鹃

Rhododendron trichostomum Franch.

སྒྲག་མ།

0303 三花杜鹃

Rhododendron triflorum Hook. f.

ད་ལི།

0304 长管杜鹃

Rhododendron tubulosum Ching ex W. Y. Wang

སྒྲག་མ།

0305 白背紫斑杜鹃（白毛杜鹃）

Rhododendron vellereum Hutch. et Tagg

[*R. principis* Bur. et Franch. var. *vellereum* (Hutch.) T. L. Ming]

སྟག་མ།

0306 亮叶杜鹃

Rhododendron vernicosum Franch.

སྟག་མ།

0307 黄杯杜鹃

Rhododendron wardii W. W. Smith

སྟག་མ།

0308 褐毛杜鹃（异色杜鹃）

Rhododendron wasonii Hemsl. et Wils.

紫金牛科 **Myrsinaceae**

བྱི་ཏང་ཀ

0309 酸藤子

Embelia laeta (L.) Mez

བྱི་ཏང་ཀ

0310 平叶酸藤子

Embelia undulata (Wall.) Mez.

བྱི་ཏང་ཀ

0311 密齿酸藤子

Embelia vestita Roxb.

བྱི་ཏང་ཀ

0312 白花酸藤果

Embelia ribes Burm. f.

བྱི་ཏང་ཀ

0313 粗壮酸藤子

Embelia tsjeriamcottam (Roem. et Schult) A. DC.

བྱི་ཏང་ག

0314 铁仔

Myrsine africana L.

བྱི་ཏང་ག

0315 针齿铁仔

Myrsine semiserrata Wall.

报春花科 **Primulaceae**

སྣ་ཏིག་ནག་པོ།

0316 昌都点地梅

Androsace bisulca Bur. et Franch.

སྣ་ཏིག

0317 玉门点地梅

Androsace brachystegia Hand.-Mazz.

སྣ་ཏིག་སྨུག་པོ།

0318 景天点地梅

Androsace bulleyana G. Forr.

[*A. aizoon* Dulz. var. *coccinea* Franch.]

སྒ་ཏིག་རིགས།

0319 裂叶点地梅
Androsace dissecta (Franch.) Franch.

སྒ་ཏིག་རིགས།

0320 直立点地梅
Androsace erecta Maxim.

སྒ་ཏིག་རིགས།

0321 东北点地梅
Androsace filiformis Retz.

སྒ་ཏིག་ནག་པོ།

0322 滇藏点地梅
Androsace forrestiana Hand.-Mazz.

སྒ་ཏིག

0323 掌叶点地梅（具蔓点地梅）
Androsace geraniifolia Watt

སྣ་ཏིག་རིགས།

0324 石莲叶点地梅

Androsace integra (Maxim.) Hand.-Mazz.

སྣ་ཏིག་ནག་པོ།

0325 西藏点地梅

Androsace mariae Kanitz

[*A. mariae* Kanitz var. *tibetica* (Maxim.) Hand.-Mazz.;

A. mariae Kanitz var. *trachylma* Hand.-Mazz.]

སྣ་ཏིག་ནག་སྨུག་པོ།

0326 匐茎点地梅

Androsace sarmentosa Wall.

སྣ་ཏིག་ནག་པོ།

0327 刺叶点地梅

Androsace spinulifera (Franch.) Knuth.

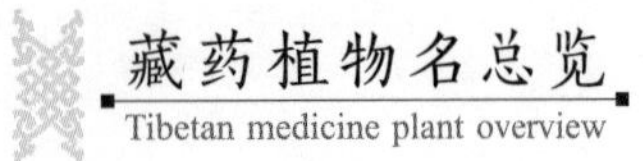

སྒ་ཏིག་ནག་པོ།

0328 狭叶点地梅
Androsace stenophylla (Petitm.) Hand.-Mazz.

སྒ་ཏིག་ནག་པོ།

0329 糙伏毛点地梅
Androsace strigillosa Franch.

སྒ་ཏིག་ནག་པོ།

0330 绵毛点地梅
Androsace sublanata Hand.-Mazz.

ཐོང་མེད།

0331 垫状点地梅
Androsace tapete Maxim.

སྒ་ཏིག་རིགས།

0332 点地梅
Androsace umbellata (Lour.) Merr.

བདུད་རྩི་གངས་ཤམ།

0333 雅江点地梅

Androsace yargongensis Petitm.

སྟོ་སྤྱང་མཇུག

0334 虎尾草

Lysimachia barystachys Bunge

སྟོ་སྒྲོ་འགོག

0335 小叶珍珠菜

Lysimachia parvifolia Franch.

རེ་སྐོན་ཙོར་བ།

0336 羽叶点地梅

Pomatosace filicula Maxim.

ཤང་དྲིལ་སྨུག་པོ།

0337 白心球花报春

Primula atrodentata W. W. Smith

བྲག་སྤྲུམ།

0338 圆叶报春

Primula baileyana Ward

བྲག་སྤྲུམ་ཚབ།

0339 巴塘报春

Primula bathangensis Petitm.

ཤིང་ཏྲིལ་དཀར་པོ།

0340 糙毛报春

Primula blinii Levl.

ཤིང་ཏྲིལ་སྨུག་པོ།

0341 木里报春

Primula boreiocalliantha Balf. f. et Forr.

[*P. muliensis* Hand.-Mazz.]

བྲག་སྤྲུམ།

0342 小苞报春（多色鈹叶报春）

Primula bracteata Franch.

[*Primula henrici* Bur. et Franch.]

ཤིང་དྲིལ་སྨུག་པོ།

0343 黛粉美花报春

Primula calliantha Franch. ssp. *bryophila* (Balf. f. et Farrer)

W. W. Smith et Forr..

[*P. bryophila* Balf. f. et Farrer]

ཐག་ལྷམ།

0344 大圆叶报春

Primula rotundifolia Wall.

ཤང་དྲིལ་སེར་པོ།

0345 鹅黄灯台报春

Primula cockburniana Hemsl.

ཤང་དྲིལ་དཀར་པོ།

0346 番红报春

Primula crocifolia Pax et Hoffm.

ཤང་དྲིལ་སྨུག་པོ།

0347 穗花报春

Primula deflexa Duthie

ཤང་དྲིལ་དམར་པོ།

0348 石岩报春

Primula dryadifolia Franch.

[*P. mystrophylla* Balf. f. et Forr.]

ཤང་རིགས།

0349 束花粉报春

Primula fasciculata Balf. f. et Ward

ཤང་དྲིལ་སྨུག་པོ།

0350 垂花报春

Primula flaccida Balakr.

ཤང་དྲིལ་དཀར་པོ།

0351 黄花粉叶报春

Primula flava Maxim.

གཡར་མོ་ཐང་།

0352 小报春

Primula forbesii Franch.

ཤང་དྲིལ་སེར་པོ།

0353 巨伞钟报春

Primula florindae Ward

ཤང་དྲིལ་སྨུག་པོ།

0354 苞芽粉报春

Primula gemmifera Batal.

གཡར་མོ་ཐང་།

0355 雅江报春

Primula involucrata Wall. ssp. *yargongensis* (Pilitm.) W. W. Smith et Forr.

ཤང་དྲིལ་དམར་པོ།

0356 缺叶钟报春

Primula ioessa W. W. Smith

ཞང་དྲིལ་དམར་པོ།

0357 藏南粉报春

Primula jaffreyana King.

[*P. lhasaensis* Balf. f. et W. W. Smith]

གཡར་མོ་ཐང་།

0358 等梗报春

Primula kialensis Franch.

ཞང་དྲིལ་དཀར་པོ།

0359 囊谦报春

Primula lactucoides Chen et C. M. Hu

ཟླག་ལྷམ།

0360 白粉圆叶报春

Primula littledalei Balf. f. et Watt.

ཞང་དྲིལ་ནག་པོ།

0361 中甸海水仙

Primula monticola (Hand-Mazz.) Chen et C. M. Hu

གཡར་མོ་ཐང་།

0362 天山报春

Primula nutans Georgi.

[*P. sibirca* Jacq.]

ཤང་དྲིལ་ནག་པོ།

0363 齿萼报春

Primula odontocalyx (Franch.) Pax

ཤང་དྲིལ་སེར་པོ།

0364 圆瓣黄花报春

Primula orbicularis Hemsl.

ཤང་དྲིལ་དམར་པོ།

0365 掌叶报春

Primula palmata Hand.-Mazz.

ཤང་དྲིལ་དམར་པོ།

0366 海仙花

Primula poissonii Franch.

ཤང་དྲིལ་དམར་པོ།

0367 多脉报春

Primula polyneura Franch.

ཤང་དྲིལ་སྨུག་པོ།

0368 丽花报春

Primula pulchella Franch.

གཡར་མོ་ཐང་།

0369 柔小粉报春

Primula pumilio Maxim.

ཤང་དྲིལ་དམར་པོ།

0370 黑萼报春（红花雪山报春）

Primula russeola Balf. f. et Forr.

ཤང་དྲིལ་དམར་པོ།

0371 偏花报春（带叶报春）

Primula secundiflora Franch.

[*P. vittata* Bur. et Franch.]

ཤང་དྲིལ་དམར་པོ།

0372 齿叶灯台报春

Primula serratifolia Franch.

ཤང་དྲིལ་སེར་པོ།

0373 钟花报春（锡金报春）

Primula sikkimensis Hook. f.

ཤང་དྲིལ་སྨུག་པོ།

0374 紫花雪山报春

Primula chionantha Balf. f. et forrest

ཤང་དྲིལ་སེར་པོ།

0375 滋圃报春

Primula soongii Chen et C. M. Hu

གཡར་མོ་ཐང་།

0376 狭萼报春

Primula stenocalyx Maxim.

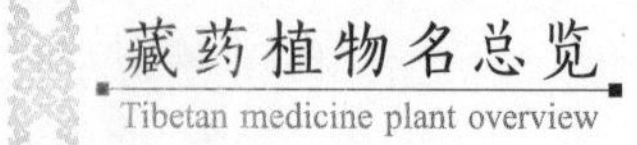

ཤང་དྲིལ་སེར་པོ།

0377 四川报春

Primula szechuanica Pax

ཤང་དྲིལ་དམར་པོ།

0378 甘青报春

Primula tangutica Duthie

ཤང་དྲིལ་སེར་པོ།

0379 黄甘青报春

Primula tangutica Duthie var. *flavescens* Chen et C. M. Hu

གཡར་མོ་ཐང་།

0380 西藏报春

Primula tibetica Watt

ཟག་ལྷུམ།

0381 丛毛岩报春

Primula tsongpenii Fletcher

ཤང་དྲིལ་སྨྱུག་པོ།

0382 高穗花报春

Primula vialii Delavay ex franch.

白花丹科 **Plumbaginaceae**

བྱང་ལུགས་བྱ་ཙོ་ཙི་ཙི།

0383 毛蓝雪花（星毛角柱花）

Ceratostigma griffithii Clarke

ཤིང་སྐྱུར་རུག་མ།

0384 小蓝雪花（小角柱花、拉萨小蓝雪花）

Ceratostigma minus Stapf ex Prain

[*Ceratostigma minus* Stapf f. *lasaense* Peng]

བྱང་ལུགས་བྱ་ཙོ་ཙི་ཙི།

0385 刺鳞蓝雪花（荆苞角柱花）

Ceratostigma ulicinum Prain

བྱང་ལུགས་བྱ་ཕོ་ཙི་ཙི།

0386 岷江蓝雪花（紫金莲）
Ceratostigma willmottianum Stapf

སྲེ་སིག་མོར།

0387 鸡娃草
Plumbagella micrantha (Ledeb.) Spach

柿树科 Ebenaceae

ཨ་མ།

0388 柿
Diospyros kaki Thunb.

ཙུན་ཆན་ཙི།

0389 君迁子
Diospyros lotus L.

安息香科 Styracaceae

གུ་ལ་ནག

0390 安息香

Styrax benzoin Dryand.

གུ་ལ་ནག

0391 滇南安息香

Styrax benzoides Craib

གུ་ལ་ནག

0392 越南安息香（白背安息香、青山安息香、粉背安息香）

Styrax tonkinensis (Pierre) Craib. ex Hartw.

[*S. macrothyrsus* Perk.; *S. hypoglaucus* Perk.; *S. subniveus* Merr. et Chun]

山矾科 Symplocaceae

ཞུ་མཁན།

0393 白檀（锥序山矾）

Symplocos paniculata (Thunb.) Miq.

[*S. crataegoides* Hamlt.]

ཞུ་མཁན།

0394 珠仔树（总序山矾）

Symplocos racemosa Roxb.

ཞུ་མཁན།

0395 山矾

Symplocos sumuntia Buch.-Ham. ex D. Don

木犀科 Oleaceae

སྟབ་སེང་།

0396 小叶梣（小叶白蜡树）

Fraxinus bungeana DC.

སྟབ་སེང་།

0397 白蜡树

Fraxinus chinensis Roxb.

སྟབ་སེང་།

0398 秦岭梣

Fraxinus paxiana Lingelsh.

སྟབ་སེང་།

0399 花曲柳（大叶白蜡树）

Fraxinus chinensis Roxb. ssp. rhynchophylla (Hance) E. Murray

སྟབ་སེང་།

0400 锡金梣（香白蜡树）

Fraxinus sikkimensis (Lingelsh.) Hand.-Mazz.

[*F. suaveolens* W. W. Sm.]

སྟབ་སེང་།

0401 宿柱梣（宿柱白蜡树）

Fraxinus stylosa Lingelsh.

[*F. fallax* Lingelsh. var. *stylosa* (Lingelsh.) Chu et J. L. Wu.]

སྲིན་ཤིང་སྣ་མ།

0402 矮探春（矮素馨）

Jasminum humile L.

སྲིན་ཤིང་སྣ་མ།

0403 素方花

Jasminum officinale L.

སྤྲིན་ཤིང་སྣ་མ།

0404 西藏素方花

Jasminum officinale L. var. t*ibeticum* C. Y. Wu ex P. Y. Bai

སྤྲིན་ཤིང་སྣ་མ།

0405 淡红素馨

Jasminum Stephanense Lemoine

ཛ་ཤིང་ཚ་བ།

0406 散生女贞

Ligustrum confusum Decne.

སྣབ་པ་ཅན་དན།

0407 紫丁香

Syringa oblata Lindl.

ཨ་ག་རུ་ཚབ།

0408 羽叶丁香

Syringa pinnatifolia Hemsl.

ཨར་སྐྱི་ཚལ།

0409 巧玲花

Syringa pubescens Turcz. ssp. *microphylla* (Diels) M. C. Chang et X. L. Chen

[*S. microphylla* Diels]

ཙན་དན་དཀར་པོ་ཚལ།

0410 暴马丁香（暴马子）

Syringa reticulata (Bl.) Hara var. *amurensis* (Rupr.) Pringe

[*S. reticulata* var. *mandshurica* (Maxim.) Hara]

ལི་ཁྲི

0411 四川丁香

Syringa sweginzowii Koehne et Lingelsh.

ཨར་སྐྱི་ཚལ།

0412 欧丁香

Syringa vulgaris L.

ལི་བ་ཀ

0413 云南丁香

Syringa yunnanensis Franch.

马钱科 Loganiaceae

སྒྲོ་སྦྲུག

0414 互叶醉鱼草（白积梢）

Buddleja alternifolia Maxim.

སྒྲོ་དཀར།

0415 皱叶醉鱼草

Buddleja crispa Benth.

དབྱར་གཞི

0416 大叶醉鱼草

Buddleja davidii Franch.

ཙོ་སྨུག

0417 互对醉鱼草（泽当醉鱼草）

Buddleja wardii Marq.

[*B. tsetangensis* Marq.]

ལྡུམ་རྡག

0418 牛眼马钱

Strychnos angustiflora Benth.

ལྡུམ་རྡག

0419 吕宋果（海南马钱、云海马钱、吕金长子）

Strychnos ignatii Berg.

[*S. hainanensis* Merr. et Chun]

ལྡུམ་རྡག

0420 马钱子（番木鳖）

Strychnos nux-vomica L.

ལྕུམ་རྩྭག

0421 长籽马钱（皮氏马钱、云南马钱、尾叶马钱）

Strychnos wallichiana Steud.

[*S. pierriana* Hill.]

龙胆科 Gentianaceae

དེ་བ་མཆོག

0422 镰萼喉毛花

Comastoma falcatum (Turcz. ex Kar. et Kir.) Toyokuni

བལ་ཏིག

0423 长梗喉毛花

Comastoma pedunculatum (Royle ex D. Don) Holub

ལྕགས་ཏིག་རིགས།

0424 皱边喉毛花

Comastoma polycladum (Diels et Gilg) T. N. Ho

ལྕགས་ཏིག་རིགས།

0425 喉毛花（假龙胆）

Comastoma pulmonarium (Turcz.) Toyok.

[*Gentiana pulmonaria* (Turcz.) H. Sm.]

ལྕགས་ཏིག་རིགས།

0426 高杯喉毛花（中甸喉毛花）

Comastoma traillianum (Forrest) Holub

སྤང་རྒྱན་དཀར་པོ།

0427 高山龙胆

Gentiana algida Pall.

སྤང་རྒྱན་སྔོན་པོ།

0428 道孚龙胆（哈巴龙胆）

Gentiana altorum H. Smith

[*G. veitchiorum* Hemsl. var. *altorum* (H. Sm.) Marq.]

སྤང་རྒྱན་དཀར་པོ།

0429 硕花龙胆

Gentiana amplicrater Burk.

སྤང་རྒྱན་སྔོན་པོ།

0430 七叶龙胆

Gentiana arethusae Burk. var. *delicatula* Marq.

[*G. heptaphylla* Balf. f. et Forr.]

སྔོན་བུ་ཚབ།

0431 刺芒龙胆

Gentiana aristata Maxim.

སྤང་རྒྱན་སྔོན་པོ།

0432 天蓝龙胆

Gentiana caelestis (Marq.) H. Smith

ཀྱི་ལྕེ་ནག་པོ་ཚབ།

0433 头花龙胆

Gentiana cephalantha Franch.

ཀྱི་ལྕེ་དཀར་པོ།

0434 粗茎秦艽

Gentiana crassicaulis Duthie ex Burk.

སྤོན་བུ་ཡོལ་ཡོལ།

0435 肾叶龙胆

Gentiana crassuloides Bureau et Franch.

ཀྱི་ལྕེ་ནག་པོ།

0436 达乌里秦艽

Gentiana dahurica Fisch.

ཀྱི་ལྕེ་དཀར་པོ།

0437 川西秦艽

Gentiana dendrologi Marq.

སྤང་རྒྱན་དཀར་པོ།

0438 平龙胆

Gentiana depressa D. Don

སྤང་རྒྱན་སྔོན་པོ།

0439 线叶龙胆

Gentiana lawrencei Burkill var. *farreri* (Balf. f.) T. N. Ho

སྔོ་ལྷ་མོ།

0440 毛喉龙胆

Gentiana faucipilosa H. Smith

སྤང་རྒྱན་སྔོན་པོ།

0441 丝柱龙胆

Gentiana filistyla Balf. f. et Forrest ex Marq.

སྤང་རྒྱན་ཁྲ་བོ།

0442 青藏龙胆

Gentiana futtereri Diels et Gilg

སྤང་རྒྱན་ཁྲ་བོ་ཚབ།

0443 钻叶龙胆

Gentiana haynaldii Kanitz

སྤང་རྒྱན་ཁྲ་བོ་ཚབ།

0444 六叶龙胆

Gentiana hexaphylla Maxim.

སྔོ་ལྷ་མོ།

0445 蓝白龙胆

Gentiana leucomelaena Maxim.

ཀྱི་ལྕེ་ནག་པོ།

0446 全萼秦艽

Gentiana lhassica Burk.

ཀྱི་ལྕེ་དཀར་པོ།

0447 大花秦艽

Gentiana macrophylla Pall. var. *fetissowii* (Regel et Winkl.) Ma et K. C. Hsia

གང་ག་ཆུང་ཚབ།

0448 小齿龙胆

Gentiana microdonta Franch.

སྤང་རྒྱན་སྔོན་པོ།

0449 墨脱龙胆

Gentiana namlaensis Marq.

སྤང་རྒྱན་ནག་པོ།

0450 云雾龙胆

Gentiana nubigena Edgew.

[*G. przewalskii* Maxim.;

G. algida var. *przewalskii* (Maxim.) Kusnez.]

སྤང་རྒྱན་སྔོན་པོ།

0451 倒锥花龙胆

Gentiana obconica T. N. Ho

ཀྱི་ལྕེ་དཀར་པོ།

0452 黄管秦艽

Gentiana officinalis H. Smith

སྤང་རྒྱན་སྔོན་པོ།

0453 山景龙胆

Gentiana oreodoxa H. Smith

ལྕགས་ཏིག་ལྕགས་སྡིག་དམན་པ།

0454 流苏龙胆

Gentiana panthaica Prain et Burk.

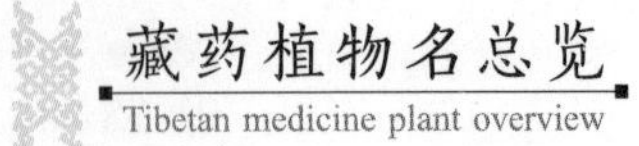

གང་ག་ཆུང་ཚབ།

0455 叶萼龙胆

Gentiana phyllocalyx C. B. Clarke

སྤང་རྒྱན་སྔོན་པོ་ཆུང་བ།

0456 偏翅龙胆

Gentiana pudica Maxim.

སྤང་རྒྱན་དཀར་པོ་དམན་པ།

0457 岷县龙胆

Gentiana purdomii Marq.

[*G. algida* auct. non Pall.; *G. algida* Pall var. *przewalskii* auct. non (Maxim.) Kusnez.; *G. algida* Pall var. *parviflora* auct. non Kusnez.]

ཟངས་ཏིག་དམར་པོ།

0458 红花龙胆

Gentiana rhodantha Franch.

ཨ་ཉོག་ཏིག་ཏ།

0459 滇龙胆草

Gentiana rigescens Franch.

ཀྱི་ལྕེ་དཀར་པོ།

0460 粗壮秦艽

Gentiana robusta King ex Hook. f.

རེ་སྐོན་ཚབ།

0461 厚边龙胆

Gentiana simulatrix Marq.

སྤང་རྒྱན་ཁྲ་པོ།

0462 类华丽龙胆

Gentiana sinoornata Balf. f.

སྤང་རྒྱན་དཀར་པོ།

0463 瘦华丽龙胆

Gentiana sinoornata Balf. f. var. *gloriosa* Marq.

ཀྱི་ལྕེ་ནག་པོ།

0464 管花秦艽

Gentiana siphonantha Maxim. ex Kusnez.

ཛོ་ལྷ་མོ།

0465 匙叶龙胆

Gentiana spathulifolia Maxim.

ཛོ་ལྷ་མོ།

0466 鳞叶龙胆

Gentiana squarrosa Ledeb.

སྤང་རྒྱན་དཀར་པོ།

0467 短柄龙胆

Gentiana stipitata Edgew.

[*G. tizuensis* Franch.]

ཀྱི་ལྕེ་ནག་པོ།

0468 麻花艽

Gentiana straminea Maxim.

སྤང་རྒྱན་ཁྲ་བོ།

0469 条纹龙胆

Gentiana striata Maxim.

སྤང་རྒྱན་དཀར་པོ།

0470 大花龙胆

Gentiana szechenyii Kanitz

ཀྱི་ལྕེ་དཀར་པོ

0471 西藏秦艽

Gentiana tibetica King. ex Hook. f.

སྤང་རྒྱན་ཁྲ་བོ།

0472 提宗龙胆

Gentiana stipitata ssp. tizuensis (Frandh.) T. N. Ho

སྤང་རྒྱན་ནག་པོ།

0473 三歧龙胆

Gentiana trichotoma Kusnez.

གང་གྲ་ཆུང་།

0474 乌奴龙胆

Gentiana urnula H. Smith

སྤང་རྒྱན་སྔོན་པོ།

0475 蓝玉簪龙胆

Gentiana veitchiorum Hemsl.

ཀྱི་ལྕེ་ནག་པོ།

0476 长梗秦艽

Gentiana waltonii Burk.

སྤང་རྒྱན་ནག་པོ་ཚབ།

0477 矮龙胆

Gentiana wardii W. W. Smith

སྤང་རྒྱན་ནག་པོ་ཚབ།

0478 云南龙胆

Gentiana yunnanensis Franch.

དངུལ་ཏིག

0479 窄花假龙胆

Gentianella angustiflora H. Smith

སྤོ་དེ་བ།

0480 黑边假龙胆

Gentianella azurea (Bunge) Holub

ལྕགས་ཏིག

0481 扁蕾

Gentianopsis barbata (Froel.) Ma

[*G. detonsa* (Rottb.) Ma]

ལྕགས་ཏིག

0482 黄白扁蕾

Gentianopsis barbata (Froel.) Ma var. *albiflavida* T. N. Ho

ལྕགས་ཏིག

0483 大花扁蕾

Gentianopsis grandis (H. Smith) Ma

ལྕགས་ཏིག

0484 湿生扁蕾

Gentianopsis paludosa (Hook. f.) Ma

ལྕགས་ཏིག་རྣ་མགོ་མ།

0485 椭圆叶花锚（卵萼花锚）

Halenia elliptica D. Don

ཟངས་ཏིག

0486 美丽肋柱花

Lomatogonium bellum (Hemsl.) H. Smith

ཟངས་ཏིག

0487 肋柱花

Lomatogonium carinthiacum (Wulf.) Reichb.

ཟངས་ཏིག

0488 亚东肋柱花

Lomatogonium chumbicum (Burk.) H. Smith

ཟངས་ཏིག

0489 云南肋柱花（高原侧蕊）

Lomatogonium forrestii (Balf. f.) Fern.

ཟངས་ཏིག

0490 云贵肋柱花（昆明侧蕊）

Lomatogonium forrestii (Balf. f.) Fern. var. *bonatianum*

(Burk.) T. N. Ho

[*Swertia bonatiana* Burk.]

ཟངས་ཏིག

0491 合萼肋柱花

Lomatogonium gamosepalum (Burk.) H. Smith

ཟངས་ཏིག

0492 大花肋柱花

Lomatogonium macranthum (Diels et Gilg) Fern.

ཟངས་ཏིག

0493 圆叶肋柱花（大花侧蕊、四契叶侧蕊）
Lomatogonium oreocharis (Diels) Marq.
[*L. cuneifolium* H. Smith]

ཟངས་ཏིག

0494 辐状肋柱花
Lomatogonium rotatum (L.) Fries ex Nym

ཀྱི་ལྕེ་དཀར་པོ་ཚབ།

0495 大钟花
Megacodon stylophorus (C. B. Clarke) H. Smith

ཆུ་དག་ཚབ།

0496 睡菜
Menyanthes trifoliata L.

ཏིག་ཏ།

0497 美丽獐牙菜
Swertia angustifolia Buch.-Ham. var. *pulchella*
(D.Don) Burk.

ལྕགས་ཏིག

0498 楔叶獐牙菜

Swertia cuneata Wall. ex D. Don

དེ་བ་རིགས།

0499 二叶獐牙菜

Swertia bifolia Batal.

བོད་ཏིག

0500 獐牙菜

Swertia bimaculata (Sieb. et Zucc.) Hook. f. et Thoms.

ཟངས་ཏིག་དམན་པ།

0501 叶萼獐牙菜

Swertia calycina Franch.

རྒྱ་ཏིག

0502 印度獐牙菜

Swertia chirayita Burkill

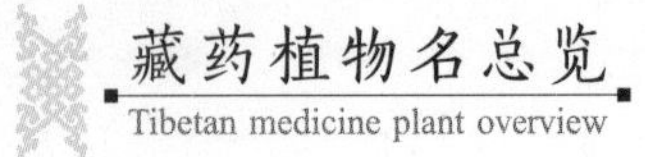

བལ་ཏིག

0503 普兰獐牙菜

Swertia ciliata (D. Don ex G. Don) B. L. Burtt

[*S. purpurascens* Wall.]

ཙོད་ཏིག

0504 西南獐牙菜

Swertia cincta Burk.

ཟངས་ཏིག

0505 歧伞獐牙菜（腺鳞草）

Swertia dichotoma L.

[*Anagallidium dichotomum* (L.) Griseb.]

ཟངས་ཏིག

0506 宽丝獐牙菜

Swertia paniculata Wall.

ལྕགས་ཏིག

0507 北方獐牙菜

Swertia diluta (Turcz.) Benth. et Hook. f.

[*S. chinensis* Franch.]

རྒྱ་དྲུས་མཆོག་རིགས།

0508 叉序獐牙菜

Swertia divaricata H. Smith

[*S. atroviolacea* auct. non H. Smtih]

སེར་པོ་རྒྱ་དྲུས་མཆོག་རིགས།

0509 高獐牙菜

Swertia elata H. Smith

ཟངས་ཏིག

0510 红直獐牙菜

Swertia erythrosticta Maxim.

ལྕགས་ཏིག

0511 抱茎獐牙菜

Swertia franchetiana H. Smith

ཀྲུ་ཏྲུས་མཆོག་རིགས།

0512 粗壮獐牙菜

Swertia hookeri C. B. Clarke

ཀྲུ་ཏྲུས་མཆོག

0513 黄花獐牙菜

Swertia kingii Hook. f.

ཏིག་ཏ་རིགས།

0514 青叶胆

Swertia leducii Franch.

བོད་ཏིག

0515 膜叶獐牙菜

Swertia membranifolia Franch.

ཀྲུ་ཏྲུས་མཆོག་རིགས།

0516 多茎獐牙菜

Swertia multicaulis D. Don

ཐོད་ཏིག

0517 川西獐牙菜

Swertia mussotii Franch.

ཐོད་ཏིག

0518 黄花川西獐牙菜

Swertia mussotii Franch. var. *flavescens* T. N. Ho et S. W. Liu

ཐོད་ཏིག

0519 显脉獐牙菜

Swertia nervosa (G. Don) Wall. ex C. B. Clarke

ལྕགས་ཏིག

0520 苇叶獐牙菜

Swertia wardii C. Marquand

ཟངས་ཏིག

0521 紫红獐牙菜

Swertia punicea Hemsl.

བལ་ཏིག

0522 藏獐牙菜

Swertia racemosa (Griseb.) Wall.

[*Ophelia racemosa* Griseb.]

ཐོད་ཏིག

0523 四数獐牙菜

Swertia tetraptera Maxim.

[*Anagalidium dimorpha* (Batal.) Ma]

མཆོག་རིགས།

0524 大药獐牙菜

Swertia tibetica Batal.

ཀུ་དྲུས་མཆོག་རིགས།

0525 华北獐牙菜

Swertia wolfgangiana Gruning

[*S. marginata* auct. non Schrenk]

ཏིག་ཏ།

0526 云南獐牙菜

Swertia yunnanensis Burk.

ལྕགས་ཏིག་དཀར་པོ།

0527 少花獐牙菜

Swertia younghusbandii Burk.

དཔལ་བོ་སེར་པོ་ཚབ།

0528 黄秦艽

Veratrilla baillonii Franch.

夹竹桃科 Apocynaceae

དུག་མོ་ཉུང་མཆོག

0529 止泻木

Holarrhena pubescens Wall. ex G. Don

[*H. pubescens* (Buch-Ham.) Wall.]

མོན་དུག་མོ་ཉུང་རིགས།

0530 羊角拗

Strophanthus divaricatus (Lour.) Hook. et Arn.

མོན་དུག་མོ་ཉུང་།

0531 云南羊角拗

Strophanthus wallichii A. DC.

དུག་མོ་ཉུང་ཚབ།

0532 络石

Trachelospermum jasminoides (Lindl.) Lem.

萝藦科 Asclepiadaceae

སྦ་དུག་མོ་ཉུང་།

0533 牛皮消（西藏牛皮消）

Cynanchum auriculatum Royle ex Wight

[*Cynanchum saccatum* W. T. Wang]

སྦ་དུག་མོ་ཞུང་།

0534 豹药藤

Cynanchum decipiens Schneid.

སྟོ་དུག་མོ་ཞུང་།

0535 大理白前（群虎草）

Cynanchum forrestii Schltr.

[*Vincetoxicum forretii* (Schllr.) C. Y. Wu et D. Z. Li]

སྟོ་དུག་མོ་ཞུང་།

0536 华北白前（老瓜头）

Cynanchum hancockianum (Maxim.) Al. Iljinski

[*Cynanchum komarovii* Al. Iljinski]

སྟོ་དུག་མོ་ཞུང་།

0537 竹灵消

Cynanchum inamoenum (Maxim.) Loes.

སྟོ་དུག་མོ་ཞུང་།

0538 卵叶白前

Cynanchum steppicolum Hand.-Mazz.

སྲོ་དུག་མོ་ཉུང་།

0539 地梢瓜（细叶白前）

Cynanchum thesioides (Freyn) K. Schum.

སྲོ་དུག་མོ་ཉུང་།

0540 催吐白前

Vincetoxicum hirundinaria Medic

[*Vincetoxicum officinale* Moench.]

茜草科 Rubiaceae

པོ་སོ་ཆ།

0541 山石榴（刺榴）

Catunaregam spinosa (Thunb.) Tirveng.

[*Randia dumetorum* (Retz.) Lam.]

ཟངས་རྩི་དཀར་པོ།

0542 猪殃殃

Galium spurium L.

[*G. aparine auct.* non L.]

ཟངས་རྩི་དཀར་པོ།

0543 车叶藤（六叶律）
Galium asperuloides Edgew. var. *hoffmeisteri* (Klotzsch) H. -M.

ཟངས་རྩི་དཀར་པོ་ཚབ།

0544 玉龙拉拉藤（红花拉拉藤）
Galium baldensiforme Hand.-Mazz.

ཟངས་རྩི་དཀར་པོ་རིགས།

0545 北方拉拉藤（砧草）
Galium boreale L.

ཟངས་རྩི་དཀར་པོ་རིགས།

0546 硬毛拉拉藤
Galium boreale L. var. *ciliatum* Nakai

ཟངས་རྩི་དཀར་པོ་རིགས།

0547 林猪殃殃（奇特猪殃殃）
Galium paradoxum Maxim.

ཟངས་རྩི་དཀར་པོ་ཆུང་བ།

0548 小叶猪秧秧

Galium trifidum L.

ཟངས་རྩི་དཀར་པོ།

0549 蓬子菜

Galium verum L.

ཁྲུང་སྐྱེར་དཀར་པོ།

0550 滇丁香

Luculia pinceana Hook

བཙོད།

0551 中国茜草

Rubia chinensis Regel et Maack

བཙོད།

0552 茜草（心叶茜草）

Rubia cordifolia L.

ཙོད།

0553 长叶茜草

Rubia dolichophylla Schrenk

བཙོད།

0554 梵茜草（茜草）

Rubia manjith Roxb. ex Flem

[*R. cordifolia* auct. non L.;

R. cordifolia L. var. *manjista* (Roxb.) Miq.]

བཙོད།

0555 金钱草

Rubia membranacea Diels

བཙོད།

0556 钩毛茜草

Rubia oncotricha Hand.-Mazz.

བཙོད།

0557 柄花茜草
Rubia podantha Diels

བཙོད།

0558 锡金茜草
Rubia sikkimensis Kurz

བཙོད།

0559 西藏茜草
Rubia tibetica Hook. f.

བཙོད།

0560 多花茜草（光茎茜草）
Rubia wallichiana Decne.

ཁྱུང་སྡེར།

0561 毛钩藤
Uncaria hirsuta Havil.

ཁྲུང་སྲེར།

0562 大叶钩藤

Uncaria macrophylla Wall.

ཁྲུང་སྲེར།

0563 钩藤

Uncaria rhynchophylla (Miq.) Miq. ex Havil

ཁྲུང་སྲེར་དཀར་པོ།

0564 攀茎钩藤

Uncaria scandens (Smith) Hutchins.

旋花科 Convolvulaceae

ཏ་ཞན་ཏ།

0565 打碗花

Calystegia hederacea Wall.

སྦྱོར་ཚབ།

0566 旋花

Calystegia sepium (L.) R. Br.

ཀླུ་བདུད་རྡོ་རྗེ་ཚབ།

0567 鼓子花

Calystegia silvatica (Kit.) Griseb. ssp. orientalis Brummitt

[*C. japonica* Choisy]

ད་ལྷན་ཏྲ།

0568 田旋花

Convolvulus arvensis L.

[*C. chinensis* Lam.]

སྦྱོར་ཆེན་ཚབ།

0569 银灰旋花

Convolvulus ammannii Desr.

སྦྲུལ་ཞགས།

0570 南方菟丝子

Cuscuta australis R. Br.

སྤྲུལ་ཞགས།

0571 菟丝子

Cuscuta chinensis Lam.

སྤྲུལ་ཞགས།

0572 杯花菟丝子

Cuscuta approximata Bab.

སྤྲུལ་ཞགས།

0573 欧洲菟丝子

Cuscuta europaea L.

[*C. major* Bauhin]

སྤྲུལ་ཞགས།

0574 金灯藤

Cuscuta japonica Choisy

སྤྲུལ་ཞགས།

0575 大花菟丝子

Cuscuta reflexa Roxb.

紫草科 Boraginaceae

ནད་མ་གཡུ་སོ།

0576 锚刺果

Actinocarya tibetica Benth.

འབྲི་མོག

0577 软紫草

Arnebia euchroma (Royle) Johnst.

ནད་མ་སྐྱིབ་མ།

0578 糙草

Asperugo procumbens L.

ནད་མ་འབྱར་མ།

0579 倒提壶

Cynoglossum amabile Stapf et Drumm.

ནདམ་འབྱར་མ།

0580 小花琉璃草

Cynoglossum lanceolatum Forsk.

ཐ་ནག་ལན་པོ།

0581 琉璃草

Cynoglossum furcatum Wall.

ནད་མ་ཀྱི་མ།

0582 唐古拉齿缘草

Eritrichium tangkulaense W. T. Wang

ནད་མ།

0583 卵果鹤虱

Lappula patula (Lehm.) Asch. ex Gürke

[*L. intermedia* (Ledeb.) M. Pop.]

ནད་མ་སྨུན་མ།

0584 长柱琉璃草

Lindelofia stylosa (Kar. et Kir.) Brand.

ནད་མ་ཀྱི་མ།

0585 狼紫草

Anchusa ovata Lehm.

ནད་མ་གཡུ་ལོ་རིགས།

0586 微孔草（锡金微孔草）

Microula sikkimensis (Clarke) Hemsl.

ནད་མ་གཡུ་ལོ་རིགས།

0587 西藏微孔草

Microula tibetica Benth.

ནད་མ་གཡུ་ལོ་རིགས།

0588 小花西藏微孔草

Microula tibetica Benth. var. *pratensis* (Maxim.) W. T. Wang

འབི་མོག

0589 密花滇紫草

Onosma confertum W. W. Smith

འབྲི་མོག

0590 团花滇紫草

Onosma glomeratum Y. L. Liu

འབྲི་མོག

0591 细花滇紫草

Onosma hookeri Clarke

འབྲི་མོག

0592 长花滇紫草

Onosma hookeri Clarke var. *longiflorum* Duthie. ex Stapf

འབྲི་མོག

0593 川西滇紫草

Onosma mertensioides Johnst.

འབྲི་མོག

0594 多枝滇紫草

Onosma multiramosum Hand.-Mazz.

འབྲི་མོག

0595 滇紫草

Onosma paniculatum Bur. et Franch.

འབྲི་མོག

0596 小叶滇紫草

Onosma sinicum Diels

འབྲི་མོག

0597 小花滇紫草

Onosma farreri I. M. Johnst.

འབྲི་མོག

0598 西藏滇紫草

Onosma waltonii Duthie

马鞭草科 Verbenaceae

ཨ་དཀར་ཚབ།

0599 小叶灰毛莸

Caryopteris forrestii Diels var. *minor* P'ei et S. L. Chen ex C. Y. Hu

ཕུར་སྔོན།

0600 蒙古莸

Caryopteris mongholica Bunge

ཕུར་སྔོན།

0601 光果莸（唐古特莸）

Caryopteris tangutica Maxim.

[*C. incana* Rehd.]

ཕུར་སྔོན།

0602 毛球莸

Caryopteris trichosphaera W. W. Smith

མ་བེན་ཚོའོ།

0603 马鞭草

Verbena officinalis L.

སྡོ་ག་བུར།

0604 小叶荆（黄荆）

Vitex negundo L. var. *microphylla* Hand.-Mazz.

[*V. microphylla* (Hand.-Mazz.) Pei]

ཧྲི་ཏང་ཀ་ནོར་བ།

0605 蔓荆

Vitex trifolia L.

唇形科 Lamiaceae

ཟིན་ཏིག་རིགས།

0606 筋骨草

Ajuga ciliata Bunge

ཟེན་ཏིག་རིགས།

0607 痢止蒿

Ajuga forrestii Diele.

ཟེན་ཏིག

0608 白苞筋骨草

Ajuga lupulina Maxim.

ཟེན་ཏིག

0609 短花白苞筋骨草

Ajuga lupulina Maxim. var. lupulina f. brevi-flora Sun

ཟེན་ཏིག

0610 矮小白苞筋骨草

Ajuga lupulina Maxim. var. lupulina f. humilis Sun

ཟེན་ཏིག

0611 齿苞白苞筋骨草

Ajuga lupulina Maxim. var. *major* Diels

ཏ་ལྡགས་ཚབ།

0612 圆叶筋骨草

Ajuga ovalifolia Bur. et Franch.

ཏ་ལྡགས་ཚབ།

0613 美花圆叶筋骨草

Ajuga ovalifolia Bur. et Franch. var. calantha (Diels) C. Y. Wu et C. Chen

ཞིམ་ཐིག་ལེ་དཀར་པོ།

0614 白花铃子香

Chelonopsis albiflora Pax et Hoffm.

[*C. souliei* auct. non (Bonati) Merr.]

ཟུར་ལུགས་སྦུ་ཡང་གུ།

0615 皱叶毛建草

Dracocephalum bullatum Forr. ex Diels

སྤྲུ་ཡང་ཀུ།

0616 美叶青兰

Dracocephalum calophyllum Hand.-Mazz.

འཇིབ་རྩི་ནག་པོ།

0617 蓝花荆芥

Nepeta coerulescens Maxim.

སྤྲུ་ཡང་ཀུ།

0618 松叶青兰

Dracocephalum forrestii W. W. Smith

འཇིབ་རྩི་དཀར་པོ།

0619 异叶青兰（白花枝子花）

Dracocephalum heterophyllum Benth.

སྤྲུ་ཡང་ཀུ།

0620 白萼青兰

Dracocephalum isabellae Forrest.

འཇིབ་རྩི་སྔོན་པོ།

0621 香青兰

Dracocephalum moldavica L.

འཇིབ་རྩི་སྔོན་པོ།

0622 毛建草

Dracocephalum rupestre Hance

བྲི་ཡང་ཀུ།

0623 甘青青兰

Dracocephalum tanguticum Maxim.

བྲི་ཡང་ཀུ།

0624 灰毛甘青青兰

Dracocephalum tanguticum Maxim. var. *cinereum* Hand.-Mazz.

བྱི་རུག་སྨུག་པོ།

0625 紫花香薷

Elsholtzia argyi Levl.

[*E. longidentata* Sun]

བྱི་རུག་སྨུག་པོ།

0626 香薷（短柄香薷）

Elsholtzia ciliata (Thunb.) Hyland.

[*E. patrini* (Lepech.) Garcke; *Elsholtzia ciliata* (Thunb.) Hyland. var. *brevipes* C. Y. Wu et S. C. Huang]

ཚངས་པ་དབྱུ་སེལ།

0627 野香草

Elsholtzia cyprianii (Pavol.) S. Chow

བྱི་རུག་སྔོ་པོ།

0628 密花香薷（矮株密花香薷、萼果香薷、细穗密花香薷）

Elsholtzia densa Benth.

[*Elsholtzia densa* Benth var. *calycocarpa* (Diels) C. Y. Wu et S. C. Huang.; *E. calycocarpa* Diels; *Elsholtzia densa* Benth. var. *ianthina* (Maxim.) C. Y. Wu et S. C. Huang]

བྱི་རུག་སེར་པོ།

0629 毛穗香薷（黄花香薷）

Elsholtzia eriostachya (Benth.) Benth.

བྱི་རུག་སྨུག་པོ།

0630 高原香薷（粗壮高原香薷）

Elsholtzia feddei Levl.

[*Elsholtzia feddei* Levl. f. *robusta* C. Y. Wu et S. C. Huang]

བྱི་རུག་སེར་པོ་རིགས།

0631 鸡骨柴

Elsholtzia fruticosa (D. Don) Rehd.

ཚང་པ་དབུ་སེལ།

0632 长毛香薷

Elsholtzia pilosa (Benth.) Benth.

ཚབ་པ་དབུ་སེལ།

0633 川滇香薷

Elsholtzia souliei Levl.

ཚང་པ་དབུ་སེལ།

0634 穗状香薷

Elsholtzia stachyodes (Link) C. Y. Wu

བྱི་རུག་དམན་པ།

0635 球穗香薷

Elsholtzia strobilifera (Benth.) Benth.

སྤང་ཚན་སྤྲུ་རུ།

0636 绵参

Eriophyton wallichii Benth.

བྱི་རུག་ཚབ།

0637 鼬瓣花

Galeopsis bifida Boenn.

[*G. tetrahit* auct. non L.]

ཞིམ་ཐིག་ལེ་ནག་པོ།

0638 胶黏香茶菜

Isodo glutinosus (C. Y. Wu & H. W. Li) H. Hara

[*Isodon glutinosus* (C. Y. Wu et H. W. Li) Hara]

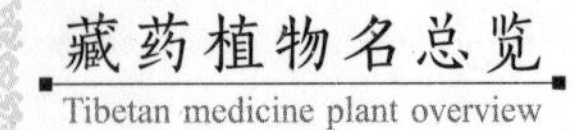

ཞིམ་ཐིག་ནག་པོ།

0639 露珠香茶菜

Isodon irroratus (Forrest ex Diels) Kudô

[*Isodon irrdratu* (Forr.) Kudô]

ཞིམ་ཐིག་དཀར་པོ།

0640 狭基线纹香茶菜

Isodon lophanthoides (Buch.-Ham.) Hara var. *gerarlianus* (Benth.) Hara

[*Plectranthus striatus* Benth. var. *gerardianus* (Benth.) Hand.-Mazz.]

ཞིམ་ཐིག་ལེ་ནག་པོ།

0641 山地香茶菜

Isodon oresbius (W. Smith) Kudô

[*Isodon oresbia* (W. W. Smith) Kudo]

ཞིམ་ཐིག་ལེ་ནག་པོ།

0642 小叶香茶菜

Isodon parvifolius (Batal.) Kudô

[*Rabdosia parvifolia* (Batal.) Hara]

ཞིམ་ཐིག་ལེ་ནག་པོ།

0643 川藏香茶菜

Isodon pharicus (Prain) Murata

[*Isodon pseudo-irroratus* (C. Y. Wu) H. W. Li]

ཞིམ་ཐིག་ལེ་ནག་པོ།

0644 马尔康香茶菜

Isodon smithianus (Hand.-Mazz.) H. Hara

[*Plectranthus smithianus* Hand.-Mazz.]

ཞིམ་ཐིག་ལེ་ནག་པོ།

0645 细叶香茶菜

Isodon tenuifolius (W. W. Smith) Kudô

[*Rabdosia tenuifolia* (W. W. Smith) Hara]

ཞིམ་ཐིག་ལེ་དཀར་པོ།

0646 夏至草

Lagopsis supina (Steph. ex Willd.) Ik-Gal. ex Knorr

[*Marrubium incisum* Benth.]

རྟ་ལྤགས།

0647 独一味

Lamiophlomis rotata (Benth. ex J. D. Hooker) Kudo

ཞིམ་ཐིག་དམར་ཆུང་།

0648 宝盖草

Lamium amplexicaule L.

ཞིམ་ཐིག་ལེ་ནག་པོ་ཚབ།

0649 益母草

Leonurus japonicus Houtt.

[*L. heterophyllus* Sweet; *L. artemis* (Lour) S. Y. Hu]

ཞིམ་ཐིག་ལེ་ནག་པོ་ཚབ།

0650 细叶益母草

Leonurus sibiricus L.

ཟླ་ཕྱི་ཨ་ཡ་ཚབ།

0651 硬毛地笋（地瓜儿苗、泽兰）

Lycopus lucidus Turcz. var. *hirtus* Regel

གཉན་འདུལ་བ།

0652 扭连钱

Marmorites complanatum (Dunn) A. L. Budantzer

[*Phyllophyton complanatum* (Dunn) Kudo]

གཉན་འདུལ་བ།

0653 褪色扭连钱

Marmorites decolorans (Hamsl.) H. W. Li

[*Phyllophyton decolorans* (Hamsl.) Kudo]

གཉན་འདུལ་བ།

0654 圆叶扭连钱

Marmoritis rotundifolia Benth.

[*Phyllophyton tibeticum* (Jacq.) C. Y. Wu]

དག་ཅི།

0655 薄荷（野薄荷）

Mentha canadensis L.

[*M. arvensis* auct. non L.]

གཡེར་རྩྭ།

0656 西藏姜味草
Micromeria wardii Marq. et A. Shaw

བྱུར་མོ་ཚབ།

0657 滇南冠唇花
Microtoena patchoulii (C. B. Clarke) C. Y. Wu et Hsuan
[*Microtoena barosma* acut. non (W. W. Smith) Hand.-Mazz.]

གཟའ་དུག་ནག་པོ།

0658 藏荆芥
Nepeta hemsleyana Oliv. ex Prain

གཟའ་དུག་ནག་པོ་རིགས།

0659 齿叶荆芥
Nepeta dentata C. Y. Wu et Hsuan

གཟའ་དུག་ནག་པོ་རིགས།

0660 异色荆芥

Nepeta discolor Benth.

གཟའ་དུག་ནག་པོ།

0661 穗花荆芥

Nepeta laevigata (D. Don) Hand.-Mazz.

གཟའ་དུག་ནག་པོ་རིགས།

0662 康藏荆芥

Nepeta prattii Levl.

གཟའ་དུག་ནག་པོ།

0663 大花荆芥

Nepeta sibirica L.

[*Dracocephalum sibiricum* L.]

གཟའ་དུག་ནག་པོ་རིགས།

0664 狭叶荆芥

Nepeta souliei Levl.

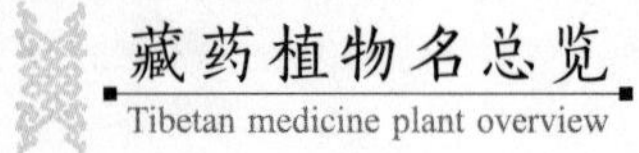

གཟའ་དུག་ནག་པོ།

0665 多花荆芥

Nepeta stewartiana Diels

འདེབ་རྩེ་ཆེན་པོ།

0666 细花荆芥

Nepeta tenuiflora Diels

འདེབ་རྩེ་ཆེན་པོ།

0667 川西荆芥

Nepeta veitchii Duthie

གཟའ་དུག་ནག་པོ།

0668 圆齿荆芥

Nepeta wilsonii Duthie

གཡེར་རྩ།

0669 牛至

Origanum vulgare L.

ཤིང་བ་ཤ་ཀ་རྫེ་བ།

0670 回回苏

Perilla frutescens (L.) Britt. var. *crispa* (Thunb.)

Hand.-Mazz.

ལུག་མུར།

0671 假秦艽（白元参、白花假秦艽、白花白元参）

Phlomis betonicoides Diels

[*Phlomis betonicoides* Diels f. *alba* C. Y. Wu]

ལུག་མུར།

0672 尖齿糙苏

Phlomis dentosa Franch.

ལུག་མུར།

0673 萝卜秦艽

Phlomis medicinalis Diels

ལུག་མུར།

0674 大花糙苏

Phlomis megalantha Diels

ལུག་མུར།

0675 黑花糙苏

Phlomis melanantha Diels

ལུག་མུར།

0676 米林糙苏

Phlomis milingensis C. Y. Wu et H. W. Li

ལུག་མུར།

0677 串铃草

Phlomis mongolica Turcz.

སྔེ་ལི་ཤི།

0678 毛萼康定糙苏

Phlomis tatsienensis Bur. et Franch.

ལུག་མུར།

0679 螃蟹甲

Phlomis younghusbandii Mukerj.

[*P. kawaguchii* Murata]

ཤ་ཁྲུ་ཚལ།

0680 硬毛夏枯草

Prunella hispida Benth.

འཇིབ་རྩེ་དཀར་པོ།

0681 开萼鼠尾草

Salvia bifidocalyx C. Y. Wu et Y. C. Huang

འཇིབ་རྩེ་སྔོ་པོ།

0682 短冠鼠尾草

Salvia brachyloma E. Peter

ཞིམ་ཐིག་ལེ།

0683 短唇鼠尾草

Salvia brevilabra Franch.

ཞིམ་ཐིག་ལེ།

0684 钟萼鼠尾草
Salvia campanulata Wall. ex Benth.

ཞིམ་ཐིག་ལེ།

0685 粟色鼠尾草
Salvia castanea Diels

འཛིབ་རྩི་དཀར་པོ།

0686 黄花鼠尾草
Salvia flava Forrest ex Diels

འཛིབ་རྩི་དཀར་པོ།

0687 胶质鼠尾草
Salvia glutinosa L.

འཛིབ་རྩི་ཆེན་མོ།

0688 柔毛荞麦地鼠尾草
Salvia kiaometiensis Lévl. f. *pubescens* Stib.

འཇིབ་རྩི་ཆེན་པོ།

0689 鄂西鼠尾草
Salvia maximowicziana Hemsl.

ཞིམ་ཐིག་ལེ།

0690 湄公鼠尾草
Salvia mekongensis E. Peter

འཇིབ་རྩི།

0691 毛唇鼠尾草
Salvia pogonochila Diels ex Limp.

འཇིབ་རྩི་སྔོ་པོ།

0692 康定鼠尾草
Salvia prattii Hemsl.

འཇིབ་རྩི་སྔོན་པོ།

0693 甘西鼠尾草（甘西丹参）
Salvia przewalskii Maxim.

འདེབ་རྩེ་དཀར་པོ།

0694 粘毛鼠尾草
Salvia roborowskii Maxim.

འདེབ་རྩེ་ཆེན་པོ།

0695 锡金鼠尾草
Salvia sikkimensis E. Peter

འདེབ་རྩེ་ཆེན་པོ།

0696 橙香鼠尾草
Salvia smithii E. Peter

འདེབ་རྩེ་སྔོན་པོ།

0697 三叶鼠尾草（三叶丹参）
Salvia trijuga Diels

འདེབ་རྩེ་སྔོན་པོ།

0698 西藏鼠尾草
Salvia wardii Stib.

ཧུའང་ཆེན།

0699 黄芩

Scutellaria baicalensis Georgi

འཇིབ་རྩི་ཚབ།

0700 连翘叶黄芩（川黄芩、草地黄芩）

Scutellaria hypericifolia Lévl.

ཞིམ་ཐིག་ལེ་ནག་པོ་རིགས།

0701 并头黄芩

Scutellaria scordifolia Fisch. ex Schrank

ཁྲི་ཧུག་ཚབ།

0702 毛水苏

Stachys baicalensis Fisch. ex Benth.

ཞིམ་ཐིག་ལེ་ཆབ།

0703 西南水苏

Stachys kouyangensis (Vaniot) Dunn

ལྕུམ་ནག་རྡོམ་མཁྲིས།

0704 甘露子

Stachys sieboldi Miq.

གཡེར་རྩ།

0705 百里香

Thymus mongolicus (Ronn.) Ronn.

茄科 Solanaceae

ཐང་ཕྲོམ་ནག་པོ།

0706 三分三

Anisodus acutangulus C. Y. Wu et C. Chen

ཐང་ཕྲོམ་ནག་པོ།

0707 铃铛子

Anisodus luridus Link

[*Scopolia lurida* Dunal]

ཐང་ཕྲོམ་ནག་པོ།

0708 山莨菪（唐古特莨菪、黄花山莨菪）

Anisodus tanguticus (Maxim.) Pascher

[*Scopolia tangutica* Maxim.; *Anisodus tanguticus* (Maxim.) Pasch. var. *viridulus* C. Y. Wu et C. Chen]

སི་པེན།

0709 辣椒（小米辣）

Capsicum annuum L.

[*Capsicum frutescens* L.]

དྷ་དུ་ར།

0710 毛曼陀罗

Datura innoxia Mill.

དྷ་དུ་ར།

0711 曼陀罗（紫花曼陀罗）

Datura stramonium L.

[*D. tatula* L.]

ལང་ཐང་རྩེ།

0712 天仙子（莨菪）
Hyoscyamus niger L.

འདྲེ་ཚེར་མ།

0713 宁夏枸杞
Lycium barbarum L.

[*L. halimifolium* Mill.]

འདྲེ་ཚེར་མ།

0714 枸杞
Lycium chinense Mill.

འདྲེ་ཚར་མ།

0715 北方枸杞
Lycium chinense Mill var. *potaninii* (Pojark.) A. M. Lu

འདྲེ་ཚེར་ནག་པོ།

0716 黑果枸杞
Lycium ruthenicum Murr.

ཐང་ཕྲོམ་དཀར་པོ་གཡུང་བ།

0717 茄参（青海茄参）
Mandragora caulescens C. B. Clarke
[*Mandragora chinghaiensis* Kuang et A. M. Lu]

ཞུ་ལུ།

0718 挂金灯
Physalis alkekengi L. var. *franchetii* (Mast.) Makino

ཞུ་ལུ།

0719 小酸浆
Physalis minima L.

ལང་ཐང་རྩེ་དམན་པ།

0720 西藏泡囊草（坛萼泡囊草）
Physochlaina praealta (Decne.) Miers
[*Physochlaina urceolata* Kuang et A. M. Lu]

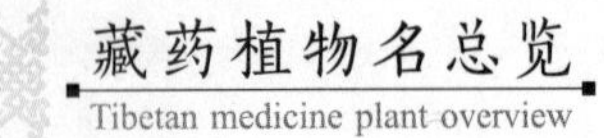

ཐང་ཕྲོམ་དཀར་པོ།

0721 马尿泡（矮莨菪）

Przewalskia tangutica Maxim.

[*P. shebbearei* (C. E. C. Fischer) Kuang]

ཐང་ཕྲོམ་ནག་པོ།

0722 赛莨菪

Anisodus carniolicoides (C. Y. Wu & C. Chen) D. Arcy & Z. Y. Zhang

པའི་ཡིན།

0723 白英

Solanum lyratum Thunb.

[*S. dulcamara* L. var. *pubescens* (Thunb.) Sieb.]

ཙུ་ལུ་རྫུས་མ།

0724 龙葵

Solanum nigrum L.

玄参科 Scrophulariaceae

ཞིམ་ཐུབ་ཚུ་འཛིབ།

0725 大花小米草

Euphrasia jaeschkei Wettst.

ཞིམ་ཐིབ་ཚུ་འཛིབ།

0726 四川小米草

Euphrasia pectinata Tenore ssp. *sichuanica* Hong

ཞིམ་ཐི་ཚུ་འཛིབ།

0727 短腺小米草

Euphrasia regelii Wettst.

ཞིམ་ཐིག་ཚུ་འཛིབ།

0728 川藏短腺小米草

Euphrasia regelii Wettst. ssp. *kangtienensis* Hong

ཟླ་དུའི་ཕྲེང་ལྷན།

0729 鞭打绣球

Hemiphragma heterophyllum Wall.

ཧོངལེན།

0730 革叶兔耳草

Lagotis alutacea W. W. Smith

ཧོང་ལེན།

0731 裂唇革叶兔耳草

Lagotis alutacea W. W. Smith var. *rockii* (Li) Tsoong

[*L. rockii* Li.]

ཧོང་ལེན།

0732 狭苞兔耳草

Lagotis angustibracteata Tsoong et H. B. Yang

འབྲི་ཏ་ས་འཛིན་མཆོག

0733 短穗兔耳草

Lagotis brachystachya Maxim.

རྟོང་ལེན།

0734 短筒兔耳草

Lagotis brevituba Maxim.

རྟོང་ལེན།

0735 大萼兔耳草

Lagotis clarkei Hook. f.

རྟོང་ལེན།

0736 厚叶兔耳草

Lagotis crassifolia Prain

རྟོང་ལེན།

0737 兔耳草

Lagotis minor (Willd.) Standl.

རྟོང་ལེན།

0738 全缘兔耳草

Lagotis integra W. W. Smith

ཧོང་ལེན།

0739 粗筒兔耳草
Lagotis kongboensis Yamazaki.

ཧོང་ལེན།

0740 古那兔耳草
Lagotis kunawurensis (Royle) Rupr.
[*L. glauca* auct. non Gaertn.]

ཧོང་ལེན།

0741 大筒兔耳草
Lagotis macrosiphon Tsoong et H. P. Yang

ཧོང་ལེན།

0742 紫叶兔耳草
Lagotis praecox W. W. Smith

ཧོང་ལེན།

0743 圆穗兔耳草
Lagotis ramalana Batal.

རྟོང་ལེན།

0744 箭药兔耳草
Lagotis wardii W. W. Smith

རྟོང་ལེན།

0745 云南兔耳草
Lagotis yunnanensis W. W. Smith

སྤྲ་ཡག་པ།

0746 粗毛肉果草
Lancea hirsuta Bonati

སྤྲ་ཡག་པ།

0747 肉果草
Lancea tibetica Hook. f. et Thoms.

ཧྲ་ཕྱུགས་དཀར་པོ།

0748 藏玄参
Oreosolen wattii Hook. f.

བྱ་ཕོ་ཙི་ཙི་ཚབ།

0749 阿拉善马先蒿

Pedicularis alaschanica Maxim.

བྱ་ཕོ་ཙི་ཙི་ཚབ།

0750 蒙藏马先蒿

Pedicularis alaschanica Maxim. ssp. *tibetica* (Maxim.) Tsoong

འདེ་སྣང་།

0751 西藏鸭首马先蒿

Pedicularis anas Maxim. var. *tibetica* Bonati

ལུག་རུ་སེར་པོ།

0752 刺齿马先蒿

Pedicularis armata Maxim.

བྱ་ཕོ་ཙི་ཙི་ཚབ།

0753 腋花马先蒿

Pedicularis axillaris Franch. ex Maxim.

ལུག་རུ་སྨུག་པོ་རིགས།

0754 美丽马先蒿

Pedicularis bella Hook. f.

མེ་ཏོག་གླང་སྣ།

0755 二色马先蒿

Pedicularis bicolor Diels

ལུག་རུ་དམར་པོ།

0756 头花马先蒿

Pedicularis cephalantha Franch. ex Maxim.

འདྲེ་གླང་།

0757 碎米蕨马先蒿

Pedicularis cheilanthifolia Schrenk

འདྲེ་གླང་།

0758 等唇碎米蕨叶马先蒿

Pedicularis cheilanthifolia Schrenk var. *isochila* Maxim.

མེ་ཏོག་གླང་སྣ་དམན་པ།

0759 鹅首马先蒿

Pedicularis chenocephala Diels

ལུག་རུ་སེར་པོ་རིགས།

0760 中国马先蒿

Pedicularis chinensis Maxim.

ལུག་རུ་སྨུག་པོ།

0761 聚花马先蒿

Pedicularis confertiflora Prain

ཀྲུང་ཐོག་པ།

0762 伞房马先蒿

Pedicularis corymbifera H. P. Yang

ལུག་རུ་དཀར་པོ།

0763 凸额马先蒿

Pedicularis cranolopha Maxim.

ལུག་རུ་དཀར་པོ།

0764 长角凸额马先蒿

Pedicularis cranolopha Maxim. var. *longicornuta* Prain

ལུག་རུ་དཀར་པོ།

0765 克洛氏马先蒿

Pedicularis croizatiana Li

འདྲེ་སླང་།

0766 弯管马先蒿

Pedicularis curvituba Maxim.

ལུག་རུ་དམར་པོ།

0767 极丽马先蒿

Pedicularis decorissima Diels

ལུག་རུ་དམར་པོ་རིགས།

0768 二歧马先蒿

Pedicularis dichotoma Bonati

ཆུ་འཛིན་པ།

0769 长舟马先蒿

Pedicularis dolichocymba Hand.-Mazz.

འདྲེ་སྒང་།

0770 邓氏马先蒿

Pedicularis dunniana Bonati

ཀང་ཧོག་པ།

0771 哀氏马先蒿

Pedicularis elwesii Hook. f.

བྱ་ཕོ་ཙེ་ཙེ་ཚབ།

0772 多花马先蒿

Pedicularis floribunda Franch.

འདྲེ་སྒང་།

0773 球花马先蒿

Pedicularis globifera Hook. f.

བ་སྤྲུ་ཚབ།

0774 硕大马先蒿

Pedicularis ingens Maxim.

མེ་ཏོག་གླང་སྣ།

0775 全叶马先蒿

Pedicularis integrifolia Hook. f.

མེ་ཏོག་གླང་སྣ།

0776 全缘马先蒿

Pedicularis integrifolia Hook. f. ssp. *integerrima* (Pennell et Li) Tsoong

འདྲེ་གླང་།

0777 甘肃马先蒿

Pedicularis kansuensis Maxim.

ལུག་རུ་སྨུག་པོ།

0778 拉氏马先蒿

Pedicularis labordei Vant. ex Bonati

འདེ་སྒང་།

0779 绒舌马先蒿

Pedicularis lachnoglossa Hook. f.

ལུག་རུ་དཀར་པོ།

0780 长萼马先蒿

Pedicularis longicalyx H. P. Yang

ལུག་རུ་སེར་པོ།

0781 长花马先蒿

Pedicularis longiflora Rudolph

ལུག་རུ་སེར་པོ།

0782 管状长花马先蒿

Pedicularis longiflora Rudolph var. *tubiformis* (Klotz.) Tsoong

ལུག་རུ་དམར་པོ།

0783 硕花马先蒿

Pedicularis megalantha D. Don

ལུག་རུ་དཀར་པོ།

0784 大唇马先蒿

Pedicularis megalochila Li

ལུག་རུ་སྨུག་པོ་རིགས།

0785 藓生马先蒿

Pedicularis muscicola Maxim.

འདྲི་སླང་།

0786 欧氏马先蒿

Pedicularis oederi Vahl

འདྲི་སླང་།

0787 中国欧氏马先蒿

Pedicularis oederi Valhl var. *sinensis* (Maxim.) Hurus.

ལུག་རུ་སྨུག་པོ།

0788 奥氏马先蒿（扭盔马先蒿）

Pedicularis oliveriana Prain

འདྲེ་སྣང་།

0789 绵穗马先蒿

Pedicularis pilostachya Maxim.

ལུག་རུ་དཀར་པོ།

0790 皱褶马先蒿

Pedicularis plicata Maxim.

བྱ་ཙོ་ཙི་ཙི་ཚབ།

0791 多齿马先蒿

Pedicularis polyodonta Li

མེ་ཏོག་སྣང་སྣ།

0792 普氏马先蒿

Pedicularis przewalskii Maxim.

ལུག་རུ་དམར་པོ།

0793 南方普氏马先蒿

Pedicularis przewalskii Maxim. ssp. *australis* (Li) Tsoong

ཉྭ་གླང་།

0794 矮小普氏马先蒿

Pedicularis przewalskii Maxim. ssp. *microphyton* (Bur. et Franch.) Tsoong

ཚུ་འཛིན་པ།

0795 假硕大马先蒿

Pedicularis pseudoingens Bonati

ལུག་རུ་སྨུག་པོ་རིགས།

0796 拟鼻花马先蒿

Pedicularis rhinanthoides Schrenk

ལུག་རུ་སྨུག་པོ།

0797 大拟鼻花马先蒿

Pedicularis rhinanthoides Schrenk ssp. *labellata* (Jacq.) Tsoong

མེ་ཏོག་གླང་སྣ།

0798 喙毛马先蒿

Pedicularis rhynchotricha Tsoong

པ་སྤྲུ་ཚབ།

0799 粗野马先蒿

Pedicularis rudis Maxim.

ལུག་རུ་དཀར་པོ།

0800 半扭卷马先蒿

Pedicularis semitorta Maxim.

ལུག་རུ་སྨུག་པོ།

0801 管花马先蒿

Pedicularis siphonantha D. Don

རྣ་ཁ་རྩེ།

0802 华丽马先蒿

Pedicularis superba Franch. ex Maxim.

འདྲི་གླང་།

0803 四川马先蒿

Pedicularis szetschuanica Maxim.

ཉ་གླང་།

0804 扭旋马先蒿

Pedicularis torta Maxim.

ལུག་རུ་སྨུག་པོ་རིགས།

0805 毛盔马先蒿

Pedicularis trichoglossa Hook. f.

བ་སྤྲུ་ཚབ།

0806 阴郁马先蒿

Pedicularis tristis L.

བྱ་ཕོ་ཅི་ཅི་ཚབ།

0807 轮叶马先蒿

Pedicularis verticillata L.

ཧོང་ལེན་མཆོག

0808 胡黄连
Picrorhiza kurroa Royle

ཧོང་ལེན་མཆོག

0809 西藏胡黄连
Neopicrorhiza scrophulariiflora (Pennell) D. Y. Hong

གཡེར་ཤིང་པ་ཚབ།

0810 野甘草
Scoparia dulcis L.

གཡེར་ཤིང་པ།

0811 北玄参
Scrophularia buergeriana Miq.

གཡེར་ཤིང་པ།

0812 齿叶玄参
Scrophularia dentata Royle ex Benth.

གཡེར་ཤིང་རིགས།

0813 砾玄参

Scrophularia incisa Wein.

གཡེར་ཤིང་རིགས།

0814 玄参

Scrophularia ningpoensis Hemsl.

གཡེར་ཤིང་རིགས།

0815 穗花玄参

Scrophularia spicata Franch.

གཡེར་ཤིང་པ།

0816 荨麻叶玄参

Scrophularia urticifolia Wall. ex Benth.

གཡེར་ཤིང་གསེར་བྲེ།

0817 毛蕊花

Verbascum thapsus L.

ཆུ་རྩེ་དཀར་པོ།

0818 北水苦荬

Veronica anagallis-aquatica L.

ལྕུམ་ནག་རྫོམ་མཁྲིས།

0819 直立婆婆纳

Veronica arvensis L.

བ་ཤ་ཀ་དམན་པ།

0820 两裂婆婆纳

Veronica biloba L.

བ་ཤ་ཀ་དམན་པ།

0821 长果婆婆纳

Veronica ciliata Fisch.

བ་ཤ་ཀ་དམན་པ།

0822 拉萨长果婆婆纳

Veronica ciliata Fisch. ssp. *cephaloides* (Pennell) Hong

ལྕུམ་ནག་དོམ་མཁྲིས།

0823 中甸长果婆婆纳

Veronica ciliata Fisch. ssp. *zhongdianensis* Hong

ལྕུམ་ནག་དོམ་མཁྲིས།

0824 毛果婆婆纳

Veronica eriogyne H. Winkl.

བ་ཤ་ཀ་དམན་པ།

0825 大花婆婆纳

Veronica himalensis D. Don

ཀོང་པོའི་ཆུ་ལྕུམ།

0826 多枝婆婆纳（小败火草）

Veronica javanica Bl.

བ་ཤ་ཀ་དམན་པ།

0827 绵毛婆婆纳

Veronica lanuginosa Benth.

ལྕུམ་ནག་དོམ་མཁྲིས།

0828 光果婆婆纳

Veronica rockii H. L. Li

བ་ཤ་ཀ་དམན་པ།

0829 小婆婆纳

Veronica serpyllifolia L.

紫葳科 Bignoniaceae

ཨུག་ཆོས་དམར་པོའི་རིགས།

0830 高波罗花

Incarvillea altissima Forrest

ཨུག་ཆོས་དཀར་པོ།

0831 两头毛

Incarvillea arguta (Royle) Royle

ཨུག་ཆོས་དམར་པོའི་རིགས།

0832 四川波罗花

Incarvillea berezovskii Batal.

ཨུག་ཆོས་དམར་པོའི་རིགས།

0833 密生波罗花

Incarvillea compacta Maxim.

ཨུག་ཆོས་དམར་པོ།

0834 红波罗花

Incarvillea delavayi Bur. et Franch.

ཨུག་ཆོས་དམར་པོའི་རིགས།

0835 单叶波罗花

Incarvillea forrestii Fletcher

ཨུག་ཆོས་སེར་པོ།

0836 黄波罗花

Incarvillea lutea Bur. et Franch.

ཨུག་ཆོས་དམར་པོའི་རིགས།

0837 鸡肉参

Incarvillea mairei (Lévl.) Grierson

ཨུག་ཆོས་དམར་རིགས།

0838 大花鸡肉参

Incarvillea mairei (Lévl.) Grierson var. *grandiflora* (Wehrhahn) Grierson

[*I. grandiflora* Wehrhahn]

ཨུག་ཆོས་དམར་རིགས།

0839 角蒿

Incarvillea sinensis Lam.

[*I. sinensis* Lam. ssp. *variabilis* (Batal.) Grierson]

ཨུག་ཆོས་དམར་པོ།

0840 藏波罗花

Incarvillea younghusbandii Sprague

ཙམ་པ་ཀ

0841 木蝴蝶（千张纸）
Oroxylum indicum (L.) Benth. ex Kurz

爵床科 **Acanthaceae**

བ་ཤ་ཀ

0842 鸭嘴花
Adhatoda vasica Nees

胡麻科 **Pedaliaceae**

ཏི་ལ།

0843 芝麻
Sesamum indicum L.

苦苣苔科 Gesneriaceae

བྲག་སྐྱ་ད་བོ།

0844 小石花

Corallodiscus conchifolius Batal.

བྲག་སྐྱ་ད་བོ།

0845 西藏珊瑚苣苔（石花、光萼石花、绢毛石花）

Corallodiscus lauginosus (Wallich ex R. Brown) B. L. Burtt [*Corallodiscus flabellatus* (Franch.) Burtt; *Corallodiscus flabellatus* (Franch.) Burtt var. *leiocalyx* W. T. Wang; *Corallodiscus flabellatus* (Franch.) Burtt var. *sericeus* K. Y. Pan; C. *sericeus* (Craib) Burtt]

བྲག་སྐྱ་ད་བོ།

0846 卷丝苣苔

Corallodiscus kingianus (Craib) Burtt [*C. grandis* (Craib) Burtt; *C. sericea* autc. non (Craib) Burtt]

བྲག་སྐྱ་ད་ཐོ་རིགས།

0847 羽裂金盏苣苔

Isometrum primuliflorum (Batalin) Burtt

བྲག་སྐྱ་ད་ཐོ།

0848 短檐金盏苣苔

Isometrum glandulosum (Batal.) Craib

བྲག་སྐྱ་ད་ཐོ་ཆབ།

0849 吊石苣苔

Lysionotus pauciflorus Maxim.

列当科 **Orobanchaceae**

ལྷམ་སོ་ཆ།

0850 丁座草（千斤坠）

Boschniakia himalaica Hook. f. et Thoms.

[*Xylanche himalaica* (Hk. f. et Th.) G. Beck; *Xylanche kawlakamii* (Hayata) G. Beck]

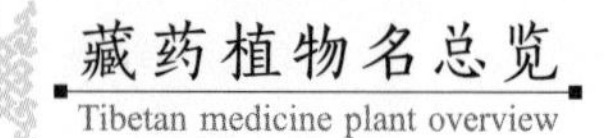

ཀྲོ་ཤང་རྩེ།

0851 列当

Orobanche coerulescens Steph.

རྩོ་ཀྲོ་ཤང་རྩེ།

0852 大花列当

Orobanche megalantha H. Smith

ཀྲོ་ཤང་རྩེ།

0853 四川列当

Orobanche sinensis H. Sm.

རྩོ་ཀྲོ་ཤང་རྩེ།

0854 蓝花列当

Orbanche sinensis H. Sm. var. *cyanescens* (H. Sm.) Z. Y. Zhang

རྩོ་ཀྲོ་ཤང་རྩེ།

0855 滇列当

Orobanche yunnanensis (G. Beck) Hand.-Mazz.

[*O. alsatica* Kirschl. var. *yunanensis* G. Beck]

车前科 Plantaginaceae

ཐ་རམ།

0856 车前

Plantago asiatica L.

ཐ་རམ།

0857 平车前

Plantago depressa Willd.

ཐ་རམ།

0858 疏花车前

Plantago asiatica L. ssp. erosa (Wall.) Z. Y. Li

ཐ་རམ།

0859 小车前

Plantago minuta Pall.

ཐ་རམ།

0860 大车前

Plantago major L.

忍冬科 Caprifoliaceae

ཁྲེ་ཤིང་རིགས།

0861 淡红忍冬

Lonicera acuminata Wall.

[*L. henryi* Hemsl]

ཁྲེ་ཤིང་རིགས།

0862 微毛忍冬

Lonicera cyanocarpa Franch.

ཁྲེ་ཤིང་།

0863 刚毛忍冬

Lonicera hispida Pall. ex Roem. et Schult.

[*L. hispida* var. *chaetocarpa* Batal.]

ཅིན་ཡིན་ཧྭ།

0864 忍冬（金银花）

Lonicera japonica Thunb.

ཁྲི་ཤིང་།

0865 黑果忍冬

Lonicera nigra L.

འཕང་མ།

0866 理塘忍冬

Lonicera litangensis Batal

ཁྲི་ཤིང་།

0867 金银忍冬

Lonicera maackii (Rupr.) Maxim.

འཕང་མ།

0868 小叶忍冬

Lonicera microphylla Willd. ex Roem. et Schult.

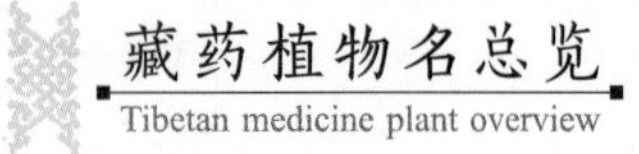

འཕང་མ་དཀར་པོ།

0869 越橘叶忍冬

Lonicera myrtillus Hook. f. et Thoms.

ཁྲི་ཤིང་རིགས།

0870 红脉忍冬

Lonicera nervosa Maxim.

ཁྲི་ཤིང་རིགས།

0871 蕊帽忍冬

Lonicera ligustrina Wall. var. pileata (Oliv.) Franch.

ཁྲི་ཤིང་།

0872 岩生忍冬（西藏忍冬）

Lonicera rupicola Hook. f. et Thoms.

[*L. thibetica* Bur. et Franch.]

བྲི་ཤིང་།

0873 红花岩生忍冬（红花忍冬）

Lonicera rupicola Hook. f. et Thoms. var. *syringantha*

(Maxim.) Zabel

[*L. syrigantha* Maxim.]

འཕང་མ།

0874 唐古特忍冬（陇塞忍冬、太白忍冬）

Lonicera tangutica Maxim.

[*Lonicera taipeiensis* Hsu et H. T. Wang]

བྲི་ཤིང་།

0875 齿叶忍冬

Lonicera setifera Franch.

འཕང་ཤིང་།

0876 棘枝忍冬

Lonicera spinosa Jacq. ex Walp.

ཁྲི་ཤིང་རིགས།

0877 冠果忍冬

Lonicera stephanocarpa Franch.

ཁྲི་ཤིང་།

0878 察瓦龙忍冬

Lonicera tomentella Hook. f. et Thoms. var. *tsarongensis* W. W. Smith

ཁྲི་ཤིང་།

0879 毛花忍冬

Lonicera trichosantha Bur. et Franch.

ཁྲི་ཤིང་།

0880 华西忍冬

Lonicera webbiana Wall. ex DC.

[*L. tatsiensis* Franch.]

ཡུ་གུ་ཤིང་ནག་པོ་ཚབ།

0881 血满草

Sambucus adnata Wall. ex DC.

ཡུ་གུ་ཤིང་ནག་པོ་ཚབ།

0882 接骨草（陆英、蒴翟、臭草、苛草）

Sambucus javanica Blume

[*S. javanica* auct. non Reinw.]

ཡུ་གུ་ཤིང་ནག་པོ་ཚབ།

0883 接骨木

Sambucus williamsii Hance

ལུག་ཐུག་དཀར་མོ།

0884 穿心莛子藨

Triosteum himalayanum Wall.

ལུག་ཐུག་དཀར་མོ།

0885 莛子藨

Triosteum pinnatifidum Maxim.

败酱科 Valerianaceae

སྤང་སྤོས།

0886 匙叶甘松

Nardostachys jatamansi (D. Don) DC.

[*N. grandiflora* DC.]

སྤང་སྤོས་རིགས།

0887 长序缬草

Valeriana hardwickii Wall.

སྤང་སྤོས་རིགས།

0888 毛果缬草

Valeriana hirticalyx L. C. Chiu

སྤང་སྤོས་རིགས།

0889 缬草（宽叶缬草）

Valeriana officinalis L.

[*V. stubendorfii* Kreyer;

Veleriana officinalis L. var. *latifolia* Miq.]

སྤྱང་སྤོས་རིགས།

0890 小缬草

Valeriana tangutica Batal.

川续断科 **Dipsacaceae**

སྤྱང་ཙེ་དོ་བོ།

0891 川续断

Dipsacus asper Wallich ex Candolle

[*D. asper* auct. non Wall.]

ལུག་ཙེ་དོ་བོ།

0892 大头续断（中华续断）

Dipsacus chinensis Batal.

ལུག་ཙེ་དོ་བོ།

0893 日本续断

Dipsacus japonicus Miq.

སྤྲུང་ཚེར་དཀར་པོ།

0894 圆萼刺参（摩苓草）
Morina chinensis (Batal.) Diels

སྤྲུང་ཚེར་དཀར་པོ།

0895 绿花刺参
Morina chlorantha Diels

སྤྲུང་ཚེར་དཀར་པོ།

0896 青海刺参
Morina kokonorica Hao
[*Acanthocalya kokonorica* (Hao) M. Cannon; *M. parviflora* auct. non Kar. et Kir.; *M. coulteriana* auct. non Royle]

སྤྲུང་ཚེར་དཀར་པོ།

0897 刺参（刺续参）
Oplopanax elatus Nakai
[*M. betonicoides* Benth.;
Acanthocalyx nepalensis (D. Don) M. Cannon]

སྤྱང་ཚེར་དཀར་པོ།

0898 白花刺续断

Acanthocalyx alba (Hand.-Mazz.) M. Connon

[*M. alba* Hand.-Mazz.]

སྤྱང་ཚེར་དཀར་པོ།

0899 大花刺参

Acanthocalyx nepalensis (D. Don) M. Cannon ssp.

delavayi (Franchet) D. Y. Hong

སྤང་རྩི་འབྲུར་བག་ཅན།

0900 裂叶翼首花

Pterocephalus bretschneideri (Batal.) Pritz.

སྤང་རྩི་དོ་བོ།

0901 匙叶翼首花（翼首花）

Pterocephalus hookeri (Clarke) E. Pritz.

桔梗科 Campanulaceae

ཀླུ་བདུད་རྡོ་རྗེ་ཞན་པ།

0902 天蓝沙参

Adenophora coelestis Diels

ཀླུ་བདུད་རྡོ་རྗེ་ཞན་པ།

0903 喜马拉雅沙参

Adenophora himalayana Feer

ཀླུ་བདུད་རྡོ་རྗེ་ཞན་པ།

0904 甘孜沙参

Adenophora jasionifolia Franch.

ཀླུ་བདུད་རྡོ་རྗེ་ཞན་པ།

0905 云南沙参

Adenophora khasiana (Hook. f. et Thoms.) Coll. et Hemsl.

[*A. bulleyana* Diels]

ཀླུབདུད་རྡོ་རྗེ་ཞན་པ།

0906 川藏沙参

Adenophora liliifolioides Pax et Hoffm.

ཀླུབདུད་རྡོ་རྗེ་ཞན་པ།

0907 泡沙参（波氏沙参）

Adenophora potaninii Korsh.

ཀླུ་བདུད་རྡོ་རྗེ་ཞན་པ།

0908 林沙参

Adenophora stenanthina (Ledeb.) Kitag. ssp. *sylvatica* Hong

རི་པ།

0909 钻裂风铃草

Campanula aristata Wall.

ཟུར་ལུགས་སྐྱི་བ།

0910 藏南金钱豹

Campanumoea inflata (Hook. f.) C. B. Clarke

ཟུར་ལུགས་སྨི་བ།

0911 金钱豹

Campanumoea javanica Bl.

ཟུར་ལུགས་སྨི་བ།

0912 大叶党参

Codonopsis affinis Hook. f. et Thoms.

ཀླུ་བདུད་རྡོ་རྗེ།

0913 管钟党参

Codonopsis bulleyana Forr. ex Diels

ཀླུ་བདུད་རྡོ་རྗེ་དཀར་པོ།

0914 灰毛党参

Codonopsis canescens Nannf.

ཀླུ་བདུད་རྡོ་རྗེ།

0915 绿钟党参

Codonopsis chlorocodon C. Y. Wu

གླུ་བདུད་རྡོ་རྗེ་རིགས།

0916 新疆党参

Codonopsis clematidea (Schrenlc.) C. B. Clarke

སྙི་བ།

0917 鸡蛋参

Codonopsis convolvulacea Kurz.

སྙི་བ།

0918 珠子鸡蛋参（珠子参）

Panax japonicus (T. Nees) C. A. Meyer var. major (Burkill) C. Y. Wu et K. M. Feng

སྙི་བ།

0919 松叶鸡蛋参

Codonopsis convolvulaceae Kurz. var. *pinifolia* (Hand.-Mazz.) Nannf.

ཀླི་བ།

0920 薄叶鸡蛋参（辐冠党参）

Codonopsis convolvulacea Kurz. ssp. *vinciflora* (Kom.) Hong

[*C. convulvulacea* var. *vinciflora* (Kom.) L. T. Shen]

ཀླུ་བདུད་རྡོ་རྗེ་རིགས།

0921 三角叶党参

Codonopsis deltoidea Chipp

ཀླུ་བདུད་རྡོ་རྗེ།

0922 臭党参

Codonopsis foetens Hook. f. et Thoms.

ཀླུ་བདུད་རྡོ་རྗེ་རིགས།

0923 光萼党参

Codonopsis levicalyx L. T. Shen

ཀླུ་བདུད་རྡོ་རྗེ།

0924 大萼党参

Codonopsis benthamii Hook. f. et Thoms.

ཀླུ་བདུད་རྡོ་རྗེ།

0925 脉花党参（高山党参、大花党参）

Codonopsis foetens Hook. f. et Thoms. ssp. nervosa

(Chipp) D. Y. Hong

[*Conopsis nervosa* (Chipp) Nannf. var. *macrantha*

(Nannf.) L. T. Shen; *C. macrantha* Nannf.]

ཀླུ་བདུད་རྡོ་རྗེ།

0926 党参（缠绕党参）

Codonopsis pilosula (Franch.) Nannf.

[*Codonopsis pilosula* (Franch.) Nannf. var. *volubilis*

(Nannf.) L. T. Shen]

ཀླུ་བདུད་རྡོ་རྗེ་རིགས།

0927 球花党参

Codonopsis subglobosa W. W. Smith

ཀླུ་བདུད་རྡོ་རྗེ་རིགས།

0928 抽葶党参

Codonopsis subscaposa Kom.

ཀླུ་བདུད་རྡོ་རྗེ།

0929 川党参

Codonopsis pilosula subsp. *tangshen* (Oliver) D. Y. Hong

ཀླུ་བདུད་རྡོ་རྗེ།

0930 唐松草党参（长花党参）

Codonopsis thalictrifolia Wall.

[*Codonopsis thalictrifolia* Wall. var. *mollis* (Chipp) L. T. Shen; *C. mollis* Chipp.]

ཀླུ་བདུད་རྡོ་རྗེ།

0931 绿花党参

Codonopsis viridiflora Maxim.

སྔོན་བུ།

0932 美丽蓝钟花

Cyananthus formosus Diels

སྔོན་བུ།

0933 灰毛蓝钟花
Cyananthus incanus Hook. f. et Thoms.

སྔོན་བུ།

0934 黄钟花
Cyananthus flavus Marq.

ཞེལ་ཕྲེང་སྔོན་བུ།

0935 蓝钟花
Cyananthus hookeri C. B. Clarke

སྔོན་བུ་ཚབ།

0936 丽江蓝钟花
Cyananthus lichiangensis W. W. Smith

སྔོན་བུ།

0937 大萼蓝钟花（光萼蓝钟花、脉萼蓝钟花）
Cyananthus macrocalyx Franch.

[*C. leiocalyx* (Franch.) Cowan; *C. neurocalyx* C. Y. Wu]

སྔོན་བུ།

0938 小叶蓝钟花

Cyananthus microphyllus Edgew.

སྔོན་བུ།

0939 杂毛蓝钟花

Cyananthus sherriffii Cowan

ཀླུ་བདུད་རྡོ་རྗེ་ཚབ།

0940 珊瑚菜（北沙参）

Glehnia littoralis Fr. Schmidt ex Miq.

སྔོན་བུ་ཚབ།

0941 蓝花参

Wahlenbergia marginata (Thunb.) A. DC.

菊科 Asteraceae

ཟེ་ར་དཀར་པོ་ཚབ།

0942 高山蓍

Achillea alpina L.

[*A. sibirica* Ledeb.]

ཏའོ་ཁྲ་སན།

0943 宽叶兔儿风

Ainsliaea latifolia (D. Don) Sch. -Bip.

གཛྙ་རྫ་ཏ།

0944 灌木亚菊

Ajania fruticulosa (Ledeb.) Poljak.

[*Tanacetum fruticulosum* Ledeb.]

མཁན་ཚུང་གསེར་མགོ

0945 铺散亚菊

Ajania khartensis (Dunn) Shih

མཁན་ཆུང་གསེར་མགོ

0946 多花亚菊

Ajania myriantha (Franch.) Ling et Shih

མཁན་ཆུང་གསེར་མགོ

0947 黄花亚菊

Ajania nubigena (Wall.) Shih

[*Tanacetum nubigenum* (Wall.) DC.]

མཁན་ཆུང་གསེར་མགོ

0948 川甘亚菊

Ajania potaninii (Krasch.) Poljak.

མཁན་ཆུང་གསེར་མགོ

0949 细裂亚菊

Ajania przewalskii Poljak.

མཁན་པ་ཨ་ཀྲོང་།

0950 紫花亚菊

Ajania purpurea Shih

མཁན་ཆུང་གསེར་མགོ

0951 柳叶亚菊

Ajania salicifolia (Mattf.) Poljak.

མཁན་ཆུང་གསེར་མགོ

0952 细叶亚菊

Ajania tenuifolia (Jacq.) Tzvel.

ཉིང་ཨ་ཀྲོང་།

0953 西藏亚菊（藏艾菊）

Ajania tibetica (Hook. f. et Thoms. ex C. B. Clarke) Tzvel.

[*Tanacetum tibeticum* Hook. f. et Thoms.]

སྤྲ་བ།

0954 黄腺香青

Anaphalis aureopunctata Lingelsh et Borza

སྤྲ་བ།

0955 二色香青

Anaphalis bicolor (Franch.) Diels

སྤྲ་བ།

0956 旋叶香青

Anaphalis contorta (D. Don) Hook. f.

སྤྲ་བ་རིགས།

0957 江孜香青

Anaphalis deserti J. R. Drumm.

སྤྲ་བ།

0958 淡黄香青

Anaphalis flavescens Hand.-Mazz.

སྤྲ་བ།

0959 铃铃香青

Anaphalis hancockii Maxim.

སྤྲ་བ།

0960 乳白香青

Anaphalis lactea Maxim.

སྤྲ་བ།

0961 宽翅香青

Anaphalis latialata Ling et Y. L. Chen

སྤྲ་བ།

0962 珠光香青

Anaphalis margaritacea (L.) Benth. et Hook. f.

སྤྲ་བ།

0963 尼泊尔香青

Anaphalis nepalensis (Spreng.) Hand.-Mazz.

སྤྲ་བ།

0964 伞房尼泊尔香青

Anaphalis nepalensis (Spreng.) Hand.-Mazz. var. *corymbosa* (Franch.) Hand.-Mazz.

སྤྲ་བ།

0965 单头尼泊尔香青

Anaphalis nepalensis (Spreng.) Hand.-Mazzz. var. *monocephala* (DC.) Hand.-Mazz.

[*A. monocephala* DC.]

སྤྲ་བ།

0966 灰叶香青

Anaphalis spondiophylla Ling et Y. L. Chen

སྤྲ་བ།

0967 四川香青

Anaphalis szechuanensis Ling et Y. L. Cheng

སྤྲ་བ།

0968 西藏香青

Anaphalis tibetica Kitam.

སྤྲ་བ།

0969 红花木根香青

Anaphalis xylorhiza Sch.-Bip. ex Hook. f. *rosea* Ling

བྱི་བཙྱུང་།

0970 牛蒡

Arctium lappa L.

མཁན་པ།

0971 黄花蒿（香蒿）

Artemisia annua L.

མཁན་དཀར།

0972 艾

Artemisia argyi Lévl. et Vant.

མཁན་དཀར།

0973 山蒿

Artemisia brachyloba Franch.

[*A. adamsii* auct. non Bess.]

མཁན་དཀར།

0974 绒毛蒿

Artemisia campbellii Hook. f. et Thoms.

མཁན་དཀར།

0975 青蒿

Artemisia caruifolia Buch.-Ham. ex Roxb.

[*A. apiacea* Hance]

མཁན་ཆུང་།

0976 高山矮蒿

Artemisia comaiensis Ling et Y. R. Ling

ཚར་བོང་།

0977 错那蒿

Artemisia conaensis Ling et Y. R. Ling

ཚར་བོང་རིགས།

0978 纤杆蒿

Artemisia demissa Krasch.

ཚར་བོང་།

0979 沙蒿

Artemisia desertorum Spreng.

ཚར་བོང་།

0980 东俄洛沙蒿

Artemisia desertorum Spreng. var. *tongolensis* Pamp.

ཕུར་མོང་དཀར་པོ།

0981 牛尾蒿

Artemisia dubia Wall. ex Bess.

[*A. subdigitata* Mattf. var. *thomsonii* (C. B. Clarke) S. Y. Hu]

ཕུར་མོང་ནག་པོ།

0982 无毛牛尾蒿

Artemisia dubia Wall. ex Bess. var. *subdigitata* (Mattf.)

Y. R. Ling

[*A. subdigitata* Mattf.]

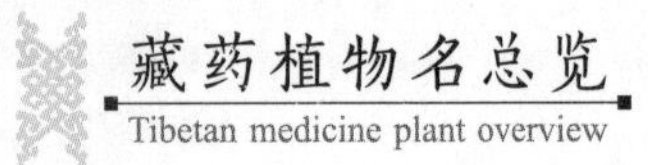

ཚར་བོང་དཀར་པོ།

0983 直茎蒿

Artemisia stricta Edgew.

[*A. stricta* auct. non Edgew.]

ཚར་བོང་ནག་པོ།

0984 甘肃南牡蒿

Artemisia eriopoda Bunge var. *gansuensis* Ling et Y. R. Ling

མཁན་སྐྱ།

0985 冷蒿

Artemisia frigida Willd.

མཁན་དམར།

0986 紫花冷蒿

Artemisia frigida Willd. var. *atropurpurea* Pamp.

མཁན་པ་ནག་པོ།

0987 细裂叶莲蒿

Artemisia gmelinii Web. ex Stechm

[*A. santolinifolia* Turcz.]

ཟངས་རྩེ་ནག་པོ།

0988 臭蒿

Artemisia hedinii Ostenf. et Pauls.

ཚར་བོང་།

0989 牡蒿

Artemisia japonica Thunb.

མཁན་དམར།

0990 狭裂白蒿

Artemisia kanashiroi Kitam.

ཕུར་མོང་ནག་པོ།

0991 野艾蒿

Artemisia lavandulifolia DC.

མཁན་སྐྱ།

0992 大花蒿

Artemisia macrocephala Jacq. ex Bess.

མཁན་དམར།

0993 粘毛蒿

Artemisia mattfeldii Pamp.

མཁན་ཨ་ཀྲོང་།

0994 垫型蒿

Artemisia minor Jacq. ex Bess.

ཚར་བོང་སྨུག་པོ།

0995 蒙古蒿

Artemisia mongolica (Fisch. ex Bess.) Nakai

མཁན་པ་དམར་པོ།

0996 小球花蒿

Artemisia moorcroftiana Wall. ex DC.

མཁན་ནག

0997 伊朗蒿

Artemisia persica Boiss.

ཚར་བོང་སྨུག་པོ་རིགས།

0998 纤梗蒿

Artemisia pewzowii C. Winkl.

མཁན་སྐྱ།

0999 褐苞蒿

Artemisia phaeolepis Krasch.

མཁན་དཀར།

1000 灰苞蒿

Artemisia roxburghiana Bess.

ཚར་བོང་དམན་པ།

1001 猪毛蒿

Artemisia scoparia Waldst. et Kit.

[*A. capillaris* Thunb. var. *scoparia* (Waldst. et Kit.) Pamp.]

མཁན་སྐྱ།

1002 大籽蒿

Artemisia sieversiana Ehrhart ex Willd.

མཁན་སྐྱ།

1003 球花蒿

Artemisia smithii Mattf.

ཕུར་མོང་ནག་པོ།

1004 冻原白蒿

Artemisia stracheyi Hook. f. et Thoms.

ཕུར་དམར།

1005 川藏蒿

Artemisia tainingensis Hand.-Mazz.

ཕུར་ནག

1006 毛莲蒿（结血蒿）

Artemisia vestita Wall. ex Bess.

ཚར་བོང་སྨུག་པོ།

1007 藏北艾

Artemisia vulgaris L. var. *xizangensis* Ling et Y. R. Ling

ཕུར་དཀར

1008 藏龙蒿

Artemisia waltonii J. R. Drumm. ex Pamp

ཕུར་སྨོང་།

1009 藏沙蒿

Artemisia wellbyi Hemsl. et Pears. ex Deasy

ཡག་སྨོ།

1010 日喀则蒿

Artemisia xigazeensis Ling et Y. R. Ling

མཁན་ཚུང་གསེར་མགོ

1011 藏白蒿

Artemisia younghusbandii J. R. Drumm. ex Pamp

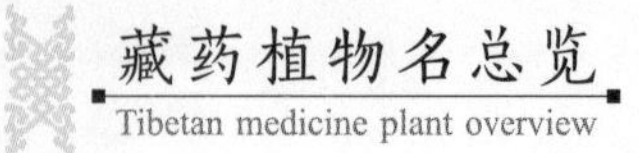

ལུག་མིག

1012 三脉紫菀

Aster trinervius D. Don ssp. ageratoides (Turczaninow) Grierson

ལུག་ཆུང་།

1013 小舌紫菀

Aster albescens (DC.) Hand.-Mazz.

ལུག་ཆུང་།

1014 腺点小舌紫菀

Aster albescens (DC.) Hand.-Mazz. var. *glandulosus* Hand.-Mazz.

ལུག་ཆུང་།

1015 柳叶小舌紫菀

Aster albescens (DC.) Hand.-Mazz. var. *salignus* Hand.-Mazz.

ལུག་མིག

1016 星舌紫菀（块根紫菀）

Aster asteroides (DC.) O. Ktze.

[*A. hedinii* Ostenf.]

ལུག་མིག

1017 髯毛紫菀

Aster barbellatus Griers.

ལུག་མིག

1018 巴塘紫菀

Aster batangensis Bur. et Franch.

ལུག་ཆེན།

1019 重冠紫菀

Aster diplostephioides (DC.) C. B. Clarke

ལུག་མིག

1020 狭苞紫菀（线叶紫菀）

Aster farreri W. W. Smith et J. F. Jeffr.

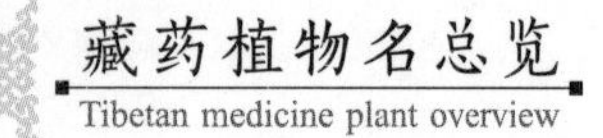

ལུག་མིག

1021 萎软紫菀（灰毛柔软紫菀）

Aster flaccidus Bung

[*Aster flaccidus* Bunge f. *griseobarbatus* Griers.]

ལུག་ཆུང་།

1022 辉叶紫菀

Aster fulgidulus Griers.

ཙོ་རོག་ཞུང་ང་རིགས།

1023 长圆叶褐毛紫菀

Aster fuscescens Burr. et Franch. var. *oblongifolius* Griers.

ལུག་མིག

1024 红冠紫菀

Aster handelii Onno

ལུག་མིག

1025 喜阳紫菀

Aster heliopis Griers.

ཚ་དེ་བ།

1026 须弥紫菀

Aster himalaicus C. B. Clarke

ལུག་ཚང་།

1027 白背紫菀

Aster hypoleucus Hand.-Mazz.

ལུག་མིག

1028 滇西北紫菀

Aster jeffreyanus Diels

ཚ་དེ་ཞ།

1029 棉毛紫菀

Aster neolanuginosus Brouillet

ལུག་མིག་སྒྲོལ་སྔོན་སྟོང་འཁོར།

1030 大花紫菀

Aster megalanthus Ling

ལུག་མིག

1031 丽江紫菀
Aster likiangensis Franch.

མེ་ཏོག་ལུག་མིག

1032 新雅紫菀
Aster neoelegans Griers.

ལུག་ཆུང་།

1033 灰枝紫菀
Aster poliothamnus Diels

ཆུ་དེ་བ།

1034 厚绵紫菀
Aster prainii (Drumm.) Y. L. Chen
[*Aster gossypiphorus* Ling]

ལུག་ཆུང་།

1035 密叶紫菀
Aster pycnophyllus W. W. Smith

ལུག་མིག

1036 凹叶紫菀

Aster retusus Ludlow

ལུག་ཆུང་།

1037 怒江紫菀

Aster salwinensis Onno

ཡུ་གྲུ་ཤིང་ནག་པོ།

1038 甘川紫菀

Aster smithianus Hand.-Mazz.

ལུག་མིག

1039 缘毛紫菀

Aster souliei Franch.

ལུག་མིག

1040 匍生紫菀

Aster stracheyi Hook. f.

ལུག་མིག

1041 紫菀

Aster tataricus L. f.

ལུག་མིག

1042 德钦紫菀

Aster techinensis Ling

ལུག་མིག

1043 东俄洛紫菀

Aster tongolensis Franch.

ལུག་མིག

1044 三基脉紫菀

Aster trinervius D. Don

ལུག་མིག

1045 察瓦龙紫菀

Aster tsarungensis (Griers.) Ling

ལུག་ཆེན།

1046 云南紫菀

Aster yunnanensis Franch.

ལུག་ཆེན།

1047 夏河云南紫菀

Aster yunnanensis Franch. var. *labrangensis*

(Hand.-Mazz.) Ling

རུ་རྟ།

1048 云木香（广木香）

Aucklandia costus Falc.

[*Saussurea lappa* C. B. Clarke]

ཁྲི་ཚེར་ཚབ།

1049 婆婆针

Bidens bipinnata L.

བྲི་ཚེར་ཚབ།

1050 柳叶鬼针草

Bidens cernua L.

བྲི་ཚེར་ཚབ།

1051 小花鬼针草

Bidens parviflora Willd.

བྲི་ཚེར་ཚབ།

1052 鬼针草（三叶鬼针草、白花鬼针草）

Bidens pilosa L.

[*Bidens pilosa* L. var. *radiata* Sch. -Bip.]

བྲི་ཚེར་ཚབ།

1053 狼把草

Bidens tripartita L.

ག་བུར།

1054 艾纳香（冰片艾）

Blumea balsamifera (L.) DC.

པག་སྒྲོང་།

1055 阔柄蟹甲草

Parasenecio latipes (Franch.) Y. L. Chen

པག་སྒྲོང་།

1056 蛛毛蟹甲草

Parasenecio roborowskii (Maxim.) Y. L. Chen

བོད་གུར་གུམ།

1057 金盏菊（金盏花）

Calendula officinalis L.

ལུག་མིག་རིགས།

1058 翠菊

Callistephus chinensis (L.) Ness.

[*Aster chinensis* L.]

སྤྱང་ཚེར་ནག་པོ་གཡུང་བ།

1059 节毛飞廉

Carduus acanthoides L.

སྤྱང་ཚེར་ནག་པོ།

1060 丝毛飞廉（飞廉）
Carduus crispus L.

བྱུང་ལུག་མིང་ཅན།

1061 烟管头草
Carpesium cernuum L.

བྱུང་ལུག་མིང་ཅན།

1062 高原天名精
Carpesium lipskyi Winkl.

བྱུང་ལུགས་མིང་ཅན།

1063 尼泊尔天名精
Carpesium nepalense Less.

བལ་པོ་གུར་གུམ།

1064 红花（刺红花）
Carthamus tinctorius L.

བེ་སྔོན་ཅི་ཅི་ས་འཛིན།

1065 葶菊

Cavea tanguensis (Drumm.) W. W. Smith et J. Small

རྩ་མཁྲིས།

1066 蓝花毛鳞菊

Melanoseris cyanea (D. Don) Edgeworth

[*Cicerbita cyanea* (D. Don) Beauv.]

རྩ་མཁྲིས།

1067 毛鳞菊

Melanoseris beesiana (Diels) N. Kilian

རྩ་མཁྲིས།

1068 缘毛毛鳞菊

Melanoseris macrantha (C. B. Clarke) N. Kilian et J. W. Zhang

[*Cicerbita macrantha* (C. B. Clorke) Beauv.]

ཙ་མཁྲིས།

1069 大头毛鳞菊

Melanoseris macrocephala (C. Shih) N. Kilian et J. W. Zhang

ཙ་མཁྲིས།

1070 川甘岩参

Cicerbita roborowskii (Marim.) Beauverd

[*Cicerbita roborowskii* (Maxim.) Beauv.;

Lactuca roborowskii Maxim.]

ཙ་མཁྲིས།

1071 头嘴菊（岩参）

Melanoseris macrorhiza (Royle) N. Kilian

[*Cicerbita macrorrhiza* (Royle) Beauv.]

སྤྱང་ཚེར་ནག་པོ་རྒོད་པ།

1072 南蓟（藏蓟、直刺蓟）

Cirsium argyracanthum DC.

[*C. tibeticum* Kitam.]

སྤྱང་ཚེར་ནག་པོ་སྔོད་པོ།

1073 贡山蓟（绵头菊）

Cirsium eriophoroides (Hook. f.) Petrak

[*C. bolocephalum* Petrak]

སྤྱང་ཚེར་ནག་པོ་སྔོད་པ།

1074 灰蓟

Cirsium botryodes Petrak ex Hand.-Mazz.

[*C. botryodes* Petrak]

སྤྱང་ཚེར་ནག་པོ་སྔོད་པ།

1075 野蓟

Cirsium maackii Maxim.

སྤྱང་ཚེར་ནག་པོ་སྔོད་པ།

1076 川蓟

Cirsium periacanthaceum Shih

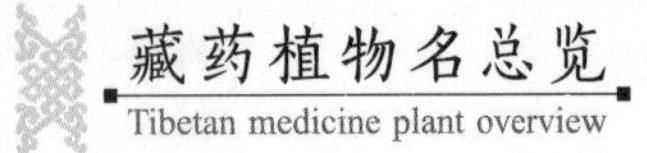

སྤྱང་ཚེར་ནག་པོ་རྒོད་པ།

1077 刺儿菜

Cirsium avense (L.) Scop. var. integrifolium C. Wirnm. et Grabowski

[*Cephalonoplos setosum* (MB.) Kitam;

Cephalonoplos segetum (Bunge) Kitam.]

སྤྱང་ཚེར་ནག་པོ་གཡུང་བ།

1078 葵花大蓟（聚头蓟）

Cirsium souliei (Franch.) Mattf.

པུཥྤ་རི་ཀ

1079 秋英

Cosmos bipinnatus Cav.

ཚེར་བོང་སྤྱང་ཚེར་ནག་པོ།

1080 毛苞刺头菊（绵刺头菊）

Cousinia thomsonii C. B. Clarke

མིང་ཅན་ནག་པོའི་རིགས།

1081 狭叶垂头菊

Cremanthodium angustifolium W. W. Smith

མིང་ཅན་ནག་པོ།

1082 宽舌垂头菊

Cremanthodium arnicoides (DC. ex Royle) Good

མིང་ཅན་ནག་པོ།

1083 总状垂头菊

Cremanthodium botryocephalum S. W. Liu

མིང་ཅན་ནག་པོ།

1084 褐毛垂头菊

Cremanthodium brunneopilosum S. W. Liu

[*C. plantagineum* Maxim. f. *ellisii* (Hook. f.) R. Good]

སྤོ་སྣ།

1085 柴胡叶垂头菊

Cremanthodium bupleurifolium W. W. Smith

ཙོ་སྒ་རིགས།

1086 钟花垂头菊

Cremanthodium campanulatum (Franch.) Diels

ཙོ་སྒ།

1087 喜马拉雅垂头菊（须弥垂头菊）

Cremanthodium decaisnei C. B. Clarke

ཚ་དུག་ནག་པོ།

1088 盘花垂头菊

Cremanthodium discoideum Maxim.

ཙོ་སྒ།

1089 车前状垂头菊

Cremanthodium ellisii (Hook. f.) Kitam.

ཙོ་སྒ།

1090 腺毛垂头菊

Cremanthodium glandulipilosum Y. L. Chen ex S. W. Liu.

ཙོ་ཀ།

1091 向日垂头菊

Cremanthodium helianthus (Franch.) W. W. Smith

ཀ་ཧོ་ཆུང་བ།

1092 矮垂头菊

Cremanthodium humile Maxim.

ཙོ་ཀ།

1093 舌叶垂头菊

Cremanthodium lingulatum S. W. Liu

མིང་ཅན་ནག་པོ།

1094 条叶垂头菊

Cremanthodium lineare Maxim.

ཙོ་ཀ།

1095 红花条叶垂头菊

Cremanthodium lineare Maxim. var. *roseum* Hand.-Mazz

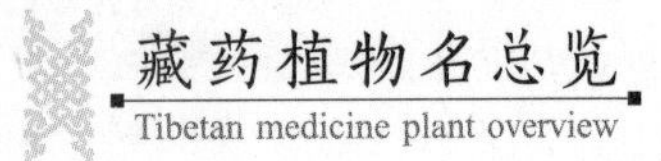

སྒ་ཉོ་ཆུང་བ།

1096 小垂头菊

Cremanthodium nanum (Decne.) W. W. Smith

ཚོ་སྒ།

1097 壮观垂头菊

Cremanthodium nobile (Franch.) Diels ex Lévl.

ཚོ་སྒ།

1098 矩叶垂头菊

Cremanthodium oblongatum C. B. Clarke

[*C. nepalense* auct. non Kitam.]

ཨང་ཅན་ནག་པོ།

1099 硕首垂头菊

Cremanthodium obovatum S. W. Liu

[*C. nepalense* auct. non Kitam.]

ཟེ་སྔ།

1100 无毛垂头菊

Cremanthodium pseudo-oblongatum Good

ཟེ་སྔ།

1101 毛叶垂头菊

Cremanthodium puberulum S. W. Liu

ཟེ་སྔ།

1102 垂头菊（肾叶垂头菊）

Cremanthodium reniforme (DC.) Benth.

སྨུག་ཆུང་འདྲེན་ཡོན་ཚབ།

1103 长柱垂头菊（红头垂头菊）

Cremanthodium rhodocephalum Diels

རྟ་མིག

1104 紫茎垂头菊

Cremanthodium smithianum (Hand.-Mazz.) Hand.-Mazz.

མིང་ཅན་ནག་པོ།

1105 膜苞垂头菊
Cremanthodium stenactinium Diels ex Limpr.

རྟ་མིག

1106 狭舌垂头菊
Cremanthodium stenoglossum Ling et S. W. Liu

རྟ་མིག

1107 叉舌垂头菊
Cremanthodium thomsonii C. B. Clarke

རྟ་མིག

1108 裂舌垂头菊
Cremanthodium trilobum S. W. Liu

རྩ་མཁྲིས།

1109 弯茎假苦菜
Askellia flexuosa (Ledebour) W. A. Weber

ཙ་མཁྲིས།

1110 红花假苦菜（小还羊参）
Askellia lactea (Lipschitz) W. A. Weber

ཙ་མཁྲིས།

1111 绿茎还阳参
Crepis lignea (Vant.) Babc.

ཙ་མཁྲིས

1112 藏滇还羊参
Crepis elongata Babc.

 པུ་ཀར་ལྷུ་ལ།

1113 厚叶川木香
Dolomiaea berardioidea (Franch.) Shih

[*Vladimiria berardioidea* (Franch.) Ling]

བྱི་རོག་ཞུངས་མ།

1114 美叶川木香（美叶藏菊）
Dolomiaea calophylla Ling

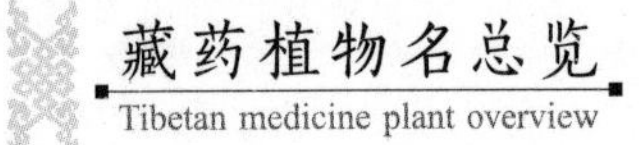

པུཥྐར་མཱུ་ལ།

1115 菜木香

Dolomiaea edulis (Franch.) Shih

[*Vladimiria edulis* (Franch.) Ling]

པུཥྐར་མཱུ་ལ།

1116 膜缘川木香

Dolomiaea forrestii (Diels) Shih

[*Vladimiria forrestii* (Diels) Ling]

བྱ་རོག་ཞུངས་མ།

1117 藏菊（大头川木香）

Dolomiaea macrocephala DC.

[*Jurinea macrocephala* (Wall.) Benth.]

པུཥྐར་མཱུ་ལ།

1118 川木香

Dolomiaea souliei (Franch.) Shih

[*Vladimiria souliei* (Franch.) Ling]

པུཥྐར་སྦྲུ་ལ།

1119 灰毛川木香（木里木香）

Dolomiaea souliei (Franch.) Shih var. *cinerea* (Y. Ling) Q. Yuan

[*Vladimiria muliensis* (Hand.-Mazz.) Ling]

བྱ་རོག་ཞུངས་མ།

1120 西藏川木香（南藏菊）

Dolomiaea wardii (Hand.-Mazz.) Ling

མིང་ཅན་སེར་པོ་ཚབ།

1121 狭舌多榔菊

Doronicum stenoglossum Maxim.

རྩ་མཁྲིས་ཚབ།

1122 紫花厚喙菊

Dubyaea atropurpurea (Franch.) Stebb.

ཙ་མཁྲིས་ཚབ།

1123 矮小厚喙菊（单花万苣）
Dubyaea gombalana (Hand.-Mazz.) Shebb.
[*Lactuca gombalana* Hand.-Mazz.]

ཙ་མཁྲིས་ཚབ།

1124 厚喙菊（披纤叶厚喙菊）
Dubyaea hispida (D. Don) DC.
[*Dubyaea lanceolata* Shih;
D. hispida auct. non (D. Don) DC.]

ལུག་མིག

1125 飞蓬
Erigeron acris L.

ལུག་མིག

1126 短葶飞蓬
Erigeron breviscapus (Vant.) Hand.-Mazz.

ལུག་མིག

1127 长茎飞蓬

Erigeron acris L. ssp. politus (Fries) H. Lindberg

ལུག་མིག

1128 多舌飞蓬

Erigeron multiradiatus (Lindl.) Benth.

ལྡི་དུག

1129 异叶泽兰（红梗草）

Eupatorium heterophyllum DC.

ཐེ་ལན།

1130 林泽兰（尖佩兰）

Eupatorium lindleyanum DC.

[*E. cannabinum* auct. non L.]

གཙྭ་རྩ་ད།

1131 拟鼠麴草

Pseudognaphalium affine (D. Don) Anderberg

གཛ་ཟ་ཏ།

1132 秋鼠麴草

Pseudognaphalium hypoleucum (Candolle) Hilliard et B. L. Burtt

གཛ་ཟ་ཏ།

1133 细叶鼠麴草

Gnaphalium japonicum Thunb.

ཉི་མ་མེ་ཏོག

1134 向日葵

Helianthus annuus L.

པ་ཏོ་ལ།

1135 菊芋

Helianthus tuberosus L.

ཁྲེ་མིག

1136 阿尔泰狗娃花

Aster altaicus Willd.

བྲི་མིག

1137 糙毛阿尔泰狗娃花
Aster altaicus Willd. var. *hirsutus* Hand.-Mazz.

བྲི་མིག

1138 千叶阿尔泰狗娃花
Aster altaicus Willd. var. *millefolius* (Vaniot) Hand.-Mazz.

བྲི་མིག

1139 圆齿狗娃花
Aster crenatifolius Hand.-Mazz.

བྲི་མིག

1140 半卧狗娃花
Aster semiprostratus (Griers.) H. Ikeda

མགྲིན་སྨན།

1141 垫状女蒿
Hippolytia kennedyi (Dunn) Ling

མ་ནུ།

1142 土木香
Inula helenium L.

མ་རིག་པར་རྟོག

1143 锈毛旋覆花
Inula hookeri C. B. Clorke

མ་ནུ།

1144 总状土木香（藏木香、玛奴）
Inula racemosa Hook. f.

ཙ་མཁྲིས།

1145 中华苦荬菜（山苦荬）
Ixeris chinensis (Thunb.) Nakai
[*Ixeridium chinensis* (Thunb.) Nakai]

ཙ་མཁྲིས།

1146 多色苦荬（变色苦荬）
Ixeris chinensis (Thunb.) Nakai ssp. *versicolor* (Fisch. ex Link) Kitam.

རྩ་མཁྲིས།

1147 黄瓜假还阳参

Crepidiastrum denticulatum (Houttuyn.) Pak & Kawano

[*Paraixeris demticulata* (Houtt.) Nakai]

རྩ་མཁྲིས།

1148 小苦荬（齿缘苦荬）

Ixeridium dentatum (Thunb.) Tzvel.

[*Ixeridium dentatum* (Thunb.) Tzvel.]

རྩ་མཁྲིས།

1149 细叶小苦荬

Ixeridium gracile (DC.) Shih

[*Ixeridium gracile* (DC.) Shih]

ཀོན་པ་རྒྱ་སྐྱེ།

1150 大丁草

Leibnitzia anandria (Linn.) Turcz.

མཁྲིན་སྨན།

1151 艾叶火绒草（蛾药）

Leontopodium artemisiifolium (Lévl.) Beauv.

སྤྲ་བ་དཀར་པོ།

1152 美头火绒草

Leontopodium calocephalum (Franch.) Beauv.

སྤྲ་ཐོག

1153 戟叶火绒草

Leontopodium dedekensii (Bur. et Franch.) Beauv.

སྤྲ་ཐོག

1154 坚杆火绒草

Leontopodium franchetii Beauv.

སྤྲ་ཐོག

1155 香芸火绒草

Leontopodium haplophylloides Hand.-Mazz.

སྤྲ་ཐོག

1156 火绒草

Leontopodium leontopodioides (Willd.) Beauv.

སྤྲ་ཐོག

1157 长叶火绒草

Leontopodium junpeianum Kitam.

སྤྲ་ཚང་།

1158 矮火绒草

Leontopodium nanum (Hook. f. et Thoms.) Hand.-Mazz.

སྤྲ་ཐོག

1159 黄白火绒草

Leontopodium ochroleucum Beauv.

སྤྲ་ཐོག

1160 毛香火绒草

Leontopodium stracheyi (Hook. f.) C. B. Clarke

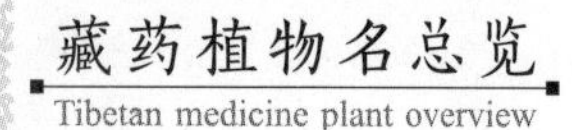

ལུག་ཀོག་ཚབ།

1161 刚毛橐吾
Ligularia achyrotricha (Diels) Ling

རི་ཀོ

1162 垂头橐吾
Ligularia cremanthodioides Hand.-Mazz.

ན་ཀོ

1163 舟叶橐吾（舷叶橐吾）
Ligularia cymbulifera (W. W. Smith) Hand.-Mazz.

ཀེལ་ཕྱེད་རྒྱ་ཀོ

1164 大黄橐吾
Ligularia duciformis (C. Winkl.) Hand.-Mazz.

རི་ཀོ་རིགས།

1165 蹄叶橐吾
Ligularia fischeri (Ledeb.) Turcz.

ལུག་ཐོ་མེ་ཏོག

1166 粗茎橐吾

Ligularia ghatsukupa Kitam.

རི་ཐོ

1167 鹿蹄橐吾

Ligularia hodgsonii Hook.

མིང་ཅན་ནག་པོ་རིགས།

1168 细茎橐吾

Ligularia hookeri (C. B. Clarke) Hand.-Mazz.

[*Cremanthodium hookeri* C. B. Clarke]

ན་ཐོ

1169 沼生橐吾

Ligularia lamarum (Diels) Chang

ན་ཐོ

1170 缘毛橐吾

Ligularia liatroides (C. Winkl.) Hand.-Mazz.

སྤྱང་ཤ་མེ་ཏོག་སེར་པོ།

1171 千花橐吾

Ligularia myriocephala Ling ex S. W. Liu

ཤེལ་ཕྲེང་ཚུ་ཤོ

1172 莲叶橐吾

Ligularia nelumbifolia (Bur. et Franch.) Hand.-Mazz.

མིང་ཅན་ནག་པོ་རིགས།

1173 侧茎橐吾

Ligularia pleurocaulis (Franch.) Hand.-Mazz.

[*Cremanthodium pleurocaule* (Franch.) Good]

རི་ཤོ་རིགས།

1174 掌叶橐吾

Ligularia przewalskii (Maxim.) Diels

སྤྱང་ཤོ་མེ་ཏོག་དམན་པ།

1175 宽翅橐吾

Ligularia pterodonta Chang

ཉ་ཞོ

1176 褐毛橐吾

Ligularia purdomii (Turrill) Chittenden

[*L. achyrotricha* auct. non (Diels) Ling]

རི་ཞོ

1177 藏橐吾（酸模叶橐吾）

Ligularia rumicifolia (Drumm.) S. W. Liu

[*L. leesicotal* Kitam.]

རི་ཞོ་རིགས།

1178 箭叶橐吾

Ligularia sagitta (Maxim.) Mattf.

རི་ཞོ

1179 东俄洛橐吾

Ligularia tongolensis (Franch.) Hand.-Mazz.

 སྤྲང་ཞོ་མེ་ཏོག་སེར་པོ།

1180 苍山橐吾

Ligularia tsangchanensis (Franch.) Hand.-Mazz.

གླུང་ཉོ་མེ་ཏོག་སེར་པོ།

1181 黄帚橐吾
Ligularia virgaurea (Maxim.) Mattf.

ཐོད་སྤྲུང་ཚེར་ནག་པོ།

1182 刺疙瘩（鳍蓟、火媒草）
Olgaea tangutica Iljin.

ཁྲེ་ཤིང་ཚབ།

1183 二色帚菊
Pertya discolor Rehd.

ཕྲུག་མ

1184 小叶帚菊
Pertya phylicoides J. F. Jeffr.

བྲག་ལྷམ་ཚབ།

1185 毛裂蜂斗菜
Petasites tricholobus Franch.

རྒྱ་ཁུར།

1186 毛连菜

Picris hieracioides L.

མིང་ཅན་ནག་པོ།

1187 臭蚤草

Pulicaria insignis Drumm. ex Dunn

ཨ་བྱུག་གཟེར་འཇོམས།

1188 川西小黄菊（鞑新菊、打箭菊）

Tanacetum tatsienense (Bur. et Franch.) K. Bremer et Humphries

[*Chrysanthemum tatsienense* Bur. et Franch.]

རྩ་མཁྲིས་བ་མོ་ཁ།

1189 沙生风毛菊

Saussurea arenaria Maxim.

མེ་ཏོག་གངས་ལ།

1190 云状雪兔子

Saussurea aster Hemsl.

ཙ་མཁྲིས་བ་མོ་ཁ།

1191 异色风毛菊（绵毛风毛菊、矮丛风毛菊）
Saussurea brunneopilosa Hand.-Mazz.

[*Saussurea eopygmaea* Hand.-Mazz.]

ཀོན་པ་གབ་སྐྱེས།

1192 灰白风毛菊
Saussurea cana Ledeb.

གཟའ་བདུད་མགོ་དགུ།

1193 单花雪莲
Saussurea uniflora (DC.) Wall. ex Sch. -Bip.

ཡུ་གུ་ཤིང་ནག་པོ་ཡུལ་སྐྱོད།

1194 柳叶菜风毛菊（灰毛柳叶菜风毛菊）
Saussurea epilobioides Maxim.

[*Saussurea epilobioides* Maxim. var. *cana* Hand.-Mazz.]

སྤྲོལ་གོང་རིགས།

1195 鼠曲雪兔子
Saussurea gnaphalodes (Royle) Sch. -Bip.

བྱ་རྒོད་སྤུག་པ།

1196 雪兔子

Saussurea gossipiphora D. Don

བ་སོ་ཁ།

1197 禾叶风毛菊

Saussurea graminea Dunn

ཐེ་ཧྲུ་ཏུ་འདྲ།

1198 长毛风毛菊

Saussurea hieracioides Hook. f.

བ་སོ་ཁ།

1199 椭圆风毛菊

Saussurea hookeri C. B. Clarke

བྱ་རྒོད་སྤུག་པ།

1200 黑毛雪兔子

Saussurea inversa Raab-Straube

ཟླ་སྟོད་སྤུག་པ།

1201 薄苞风毛菊（毛苞雪兔子）

Saussurea leptolepis Hand.-Mazz.

ཀོན་པ་གབ་སྐྱེས།

1202 狮牙草状风毛菊（松潘风毛菊）

Saussurea leontodontoides (DC.) Sch. -Bip.

[*Saussurea sungpanensis* Hand.-Mazz.;

S. bodinieri auct. non Levl.]

ཀོན་པ་གབ་སྐྱེས་ཆུང་བ།

1203 重齿风毛菊

Saussurea katochaete Maxim.

[*S. kalochaetoides* Hand.-Mazz.]

ཀོན་པ་གབ་སྐྱེས།

1204 拉萨雪兔子

Saussurea kingii C. E. C. Fisch.

བྱ་རྒོད་སྤུག་པ།

1205 绵头雪兔子

Saussurea laniceps Hand.-Mazz.

ཀོན་པ་གབ་སྐྱེས།

1206 光果风毛菊

Saussurea leiocarpa Hand.-Mazz.

བྱ་རྒོད་སྤུག་པ།

1207 羽裂雪兔子

Saussurea leucoma Diels

ཀོན་པ་གབ་སྐྱེས།

1208 丽江风毛菊

Saussurea przewalskii Maxim.

བཻ་ཧུ་ཏུ་འད།

1209 长叶雪莲

Saussurea longifolia Franch.

ཐུ་རྟོད་སྤུག་པ།

1210 水母雪兔子

Saussurea medusa Maxim.

བ་སོ་ཁ།

1211 小风毛菊

Saussurea minuta C. Winkl.

[*S. lancifolia* Hand.-Mazz.]

རི་ཐོ་ཚབ།

1212 耳叶风毛菊

Saussurea neofranchetii Lipsch.

ཅཻ་ཧུ་ཏུ་འད།

1213 红柄雪莲

Saussurea erubescens Lipsch.

བ་སོ་ཁ།

1214 倒披针叶风毛菊

Saussurea nimborum W. W. Smith

གཟའ་དུག་མགོ་དགུ།

1215 苞叶雪莲

Saussurea obvallata (DC.) Sch.-Bip.

[*S. obvallata* Wall. var. *orientalis* auct. non Diels]

ཀོན་པ་གབ་སྐྱེས།

1216 东俄洛风毛菊

Saussurea pachyneura Franch.

[*S. bodinieri* Lévl.]

གཟའ་དུག་རིགས།

1217 红叶雪兔子（红叶雪莲）

Saussurea paxiana Diels

གཟའ་དུག་མགོ་དགུ།

1218 褐花雪莲

Saussurea phaeantha Maxim.

བ་སོ་ཁ།

1219 西藏风毛菊

Saussurea tibetica C. Winkl.

བྱ་རྒོད་སྤུག་པ།

1220 槲叶雪兔子

Saussurea quercifolia W. W. Smith

བ་མོ་ཁ།

1221 鸢尾叶风毛菊

Saussurea romuleifolia Franch.

ཡུ་གུ་ཤིང་རིགས།

1222 盐地风毛菊

Saussurea salsa (Pall.) Spreng

བྱ་རྒོད་སྤུག་པ།

1223 小果雪兔子

Saussurea simpsoniana (Field. et Gardn.) Lipsch.

སྦྲོལ་གོང་སྔོན་པོ་རིགས།

1224 星状雪兔子（星状风毛菊、匐地风毛菊）

Saussurea stella Maxim.

ཀོན་པ་གབ་སྐྱེས།

1225 吉隆风毛菊

Saussurea andryaloides (DC.) Sch. -Bip.

ཀོན་པ་གབ་སྐྱེས།

1226 钻苞风毛菊

Saussurea subulisquama Hand.-Mazz.

བེ་ཧྲུ་ཙེ་འདྲ།

1227 横断山风毛菊

Saussurea superba Anth.

[*S. superba* Anth. f. *pygmaea* Anth.]

ལུག་མིག་རྩེ་དོ་བོ།

1228 唐古特雪莲（东方风毛菊、紫苞风毛菊）

Saussurea tangutica Maxim.

[*S. obvallata* (DC.) Sch. -Bip. var. *orientalis* Diels]

སྤྱང་དུག་ཚབ།

1229 蒲公英叶风毛菊

Saussurea taraxacifolia Wall. ex DC.

བི་ཧུ་ཏུ་འདྲ།

1230 打箭风毛菊

Saussurea tatsienensis Franch.

བྱ་རྒོད་སྤུག་པ།

1231 草甸雪兔子

Saussurea thoroldii Hemsl.

བྱ་རྒོད་སྤུག་པ།

1232 三指雪兔子

Saussurea tridactyla Sch. -Bip. ex Hook. f.

བྱ་རྒོད་སྤུག་པ།

1233 丛株雪兔子

Saussurea tridactyla Sch. -Bip. ex Hook. f. var. *maiduoganla* S. W. Liu

ཡུ་གུ་ཤིང་རིགས།

1234 湿地风毛菊

Saussurea umbrosa Kom.

ལུག་རྩེ་ཏོ་བོ།

1235 单花雪莲

Saussurea uniflora (DC.) Wall. ex Sch.-Bip.

གཟའ་དུག་མགོ་དགུ།

1236 毡毛雪莲

Saussurea velutina W. W. Smith

ཁྲིག་ཆུང་བ།

1237 锥叶风毛菊

Saussurea wernerioides Sch.-Bip. ex Hook. f.

པ་ཧོ་ལ་ཚབ།

1238 鸦葱

Scorzonera austriaca Willd.

མིང་ཅན་ནག་པོ་དམན་པ།

1239 黑褐千里光
Senecio atrofuscus Griers

ཀྱུ་རྡུས་དམན་པ།

1240 异羽千里光（长梗千里光）
Senecio diversipinnus Ling

[*S. kaschkarowii* C. Winkl.]

ཡུ་གྱུ་ཞིང་དཀར་པོ་རིགས།

1241 菊状千里光
Senecio analogus Condolle.

[*S. chrysanthemoides* DC.]

ཨ་བྲུག་དམན་པ།

1242 拉萨千里光
Senecio lhasaensis Ling ex C. Jeffrey et Y. L. Chen

ཀྲུ་དྲུས་དམན་པ།

1243 林荫千里光

Senecio nemorensis L.

ཀྱུ་དྲུས་དམན་པ།

1244 莱菔叶千里光（异叶千里光）

Senecio raphanifolius Wall. ex DC.

[*S. diversifolius* Wall.; *S. chrysanthmoides* auct. non DC.]

ཀྲུ་དྲུས་དམན་པ།

1245 千里光

Senecio scandens Buch.-Ham. ex D. Don

སྣ་ཆུང་གསེར་མགོ།

1246 天山千里光

Senecio thianschanicus Regel et Schmalh.

མཁན་སྐྱུ།

1247 聚头绢蒿

Seriphidium compactum (Fisch. ex Bess.) Poljak.

མཁན་སྐྱུ།

1248 西藏绢蒿

Seriphidium thomsonianum (C. B. Clark) Ling et Y. R. Ling

སྤང་རྩེ་འབྲུར་བག་ཅན།

1249 缢苞麻花头

Klasea centauroides (L.) Cass. ssp. stangulata (Iljin) L.

Martins

ཟླའི་ཁྲེ་མོ་ཚབ།

1250 腺梗豨莶

Sigesbeckia pubescens (Makino) Makino

རྒྱ་ཁུར།

1251 苣荬菜

Sonchus wightianus DC.

[*S. arvensis* L. f. *brachyotus* (DC) Kirp.]

རྒྱ་ཁུར།

1252 苦苣菜

Sonchus oleraceus L.

གཉན་ཐུབ་པ།

1253 黄花合头菊

Syncalathium chrysocephalum (Shih) Shih

[*S. glomerata* auct. non (C. B. Clarke) Stebb.]

སྤྲུལ་གོང་སེར་པོ།

1254 空桶参

Soroseris erysimoides (Hand.-Mazz.) Shih

[*S. hookeriana* (C. B. Clarke) Steb. ssp. *erysimoides* (Hand.-Mazz.) Stebb.]

སྤྲུལ་གོང་པ།

1255 绢毛菊（莲状绢毛苣、匙叶绢毛苣）

Soroseris glomerata (Decne.) Stebb.

[*Sor. deasyi* (S. Moore) Stebb.; *Sor. rosularis* (Diels) Stebb.; *Sor. bellidifolia* (Hand.-Mazz.) Stebb.]

སྐྱོལ་གོང་སེར་པོ།

1256 皱叶绢毛菊（绢毛苣、金沙绢毛菊）

Soroseris hookeriana Stebb

[*Soroseris hookeriana* (C. B. Clarke) Stebb.;

S. gillii auct. non (S. Moore) Stebb.;

Soroseris trichocarpa (Franch.) Shih;

S. gillii S. Moore]

སྐྱོལ་གོང་སེར་པོ།

1257 柱序绢毛苣

Soroseris teres Shih

[*S. gillii* auct. non (S. Moore) Stebb.]

གཉན་ཐུབ་པ།

1258 肉菊

Soroseris umbrella (Franch.) Stebb.

[*Stebbinsia umbrella* (Franch.) Lipsch]

སྲོལ་གོང་སྔོན་པོ།

1259 盘状合头菊

Syncalathium disciforme (Mattf.) Ling

སྲོལ་གོང་སྔོན་པོ།

1260 合头菊

Syncalathium kawaguchii (Kitam.) Ling

[*Syn. sukaczevii* Lipsch. var. *pilosum* Ling]

སྲོལ་གོང་སྔོན་པོ།

1261 紫花合头菊

Syncalathium porphyreum (Marq. et Shaw) Ling

[*Syn. kawaguchii* (Kitam.) Ling; *Syn. sukaczevii* Lipsch.]

སྲོལ་གོང་སྔོན་པོ།

1262 康滇假合头菊

Parasyncalathium souliei (Franch.) J. W. Zhang, Boufford et H. Sun

ཡུ་གྱུ་ཤིང་དཀར་པོ།

1263 红樱合耳菊（双花千里光）

Synotis erythropappa (Bur. et Franch.) C. Jeffrey et Y. L. Chen

[*Senecio dianthus* Franch.]

ཡུ་གྱུ་ཤིང་དཀར་པོ།

1264 川西合耳菊

Synotis solidaginea (Hand.-Mazz.) C. Jeffrey et Y. L. Chen

[*Sencio solidagineus* Hand.-Mazz.; *S. dianthus* auct. non Franch.]

མེ་ཏོག་ལེ་བརྐན་རིགས།

1265 万寿菊（臭芙蓉、小万寿菊、孔雀草）

Tagetes erecta L.

[*Tagetes patula* L.]

ཁུར་མོང་།

1266 短喙蒲公英

Taraxacum brevirostre Hand.-Mazz.

ཁུར་མོང་།

1267 丽花蒲公英

Taraxacum calanthodium Dahlst.

ཁུར་མོང་།

1268 多裂蒲公英

Taraxacum dissectum (Ledeb.) Ledeb.

ཁུར་མོང་།

1269 毛柄蒲公英

Taraxacum eriopodum (D. Don) DC.

ཁུར་མོང་།

1270 反苞蒲公英

Taraxacum grypodon Dahlst.

ཁུར་མོང་།

1271 橡胶草

Taraxacum koksaghyz Rodin

ཁུར་མོང་།

1272 白花蒲公英

Taraxacum albiflos Kirschner et Stepanet

ཁུར་མོང་།

1273 川甘蒲公英（灰果蒲公英）

Taraxacum lugubre Dahlst.

ཁུར་མོང་།

1274 灰果蒲公英（川藏蒲公英）

Taraxacum maurocarpum Dahlst.

ཁུར་མོང་།

1275 蒙古蒲公英

Taraxacum mongolicum Hand.-Mazz.

ཁུར་མོང་།

1276 白缘蒲公英（河北蒲公英）

Taraxacum platypecidum Diels

ཁུར་མོང་།

1277 锡金蒲公英

Taraxacum sikkimense Hand.-Mazz.

ཁུར་མོང་།

1278 角苞蒲公英

Taraxacum stenoceras Dahlst.

ཁུར་མོང་།

1279 藏蒲公英

Taraxacum tibetanum Hand.-Mazz.

མིང་ཅན་ནག་པོ་དམན་པ།

1280 红轮狗舌草（红轮千里光）

Tephroseris flammea (Turcz. ex DC.) Holub.

[*Senecio flammeus* Turcz.]

ཨ་བྱུག་དམན་པ།

1281 狗舌草

Tephroseris kirilowii (Turcz. ex DC.) Holub

[*Senecio kirilowii* Turcz.;

S. integrifolius auct. non (L.) Clairv.]

སྲེ་སྔོན་པ་ཧོ་ལ།

1282 橙色狗舌草（红舌千里光）

Tephroseris rufa (Hand.-Mazz.) B. Nord

[*Senecio rufus* Hand.-Mazz.]

ཁུའན་ཧོང་ཧྭ།

1283 款冬

Tussilago farfara L.

གང་བུ།

1284 扁毛菊

Allardia glabra Decne

བྱི་ཚེར་ཚབ།

1285 苍耳

Xanthium strumarium L.

སྤྱང་ཚེར་ནག་པོ་གཡུང་བ།

1286 黄缨菊（黄冠菊）

Xanthopappus subacaulis C. Winkl.

རྩ་མཁྲིས་རིགས།

1287 细梗黄鹌菜

Youngia gracilipes (Hook. f.) Babc. et Stebb.

拉丁文名索引

A

Abelmoschus manihot (L.) Medicus ·······23
Abelmoschus moschatus Medicus··········23
Acalypha australis L. ·······························6
Acanthocalyx alba (Hand.-Mazz.) M. Connon [*M. alba* Hand.-Mazz.] ·······203
Acanthocalyx nepalensis (D. Don) M. Cannon ssp. delavayi (Franchet) D. Y. Hong ···203
Acanthopanax verticillatus Hoo ·············42
Achillea alpina L. [*A. sibirica* Ledeb.] ···213
Acronema nervosum Wolff······················46
Actinocarya tibetica Benth. ·················132
Adenophora coelestis Diels··················204
Adenophora himalayana Feer···············204
Adenophora jasionifolia Franch. ··········204
Adenophora khasiana (Hook. f. et Thoms.) Coll. et Hemsl. [*A. bulleyana* Diels] ·······················204
Adenophora liliifolioides Pax et Hoffm. ···205
Adenophora potaninii Korsh.················205
Adenophora stenanthina (Ledeb.) Kitag. ssp. *sylvatica* Hong·························205
Adhatoda vasica Nees··························189
Aegle marmelos (L.) Correa····················10
Ailanthus altissima (Mill.) Sw. var. *sutchuenensis* (Dode) Rehd. et Wils. ···13
Ailanthus triphysa (Dennst.) Alston [*Ailanthus malabarica* DC.] ··············13
Ailanthus vilmoriniana Dode ·················14
Ainsliaea latifolia (D. Don) Sch. -Bip. ···213
Ajania fruticulosa (Ledeb.) Poljak. [*Tanacetum fruticulosum* Ledeb.]·····213
Ajania khartensis (Dunn) Shih·············213
Ajania myriantha (Franch.) Ling et Shih ···214
Ajania nubigena (Wall.) Shih [*Tanacetum nubigenum* (Wall.) DC.] ···214
Ajania potaninii (Krasch.) Poljak. ········214
Ajania przewalskii Poljak. ····················214
Ajania purpurea Shih···························214
Ajania salicifolia (Mattf.) Poljak. ·········215
Ajania tenuifolia (Jacq.) Tzvel.·············215
Ajania tibetica (Hook. f. et Thoms. ex C. B. Clarke) Tzvel. [*Tanacetum tibeticum* Hook. f. et Thoms.]··························215
Ajuga ciliata Bunge ······························138
Ajuga forrestii Diele.····························139

Ajuga lupulina Maxim. ························139
Ajuga lupulina Maxim. var. lupulina f. brevi-flora Sun ································139
Ajuga lupulina Maxim. var. lupulina f. humilis Sun ·······································139
Ajuga lupulina Maxim. var. *major* Diels ··139
Ajuga ovalifolia Bur. et Franch. ············140
Ajuga ovalifolia Bur. et Franch. var. calantha (Diels) C. Y. Wu et C. Chen ··140
Alcea rosea L. [*Althaea rosea* (L.) Cavan.] ··24
Allardia glabra Decne ·························286
Anaphalis aureopunctata Lingelsh et Borza ···215
Anaphalis bicolor (Franch.) Diels·········215
Anaphalis contorta (D. Don) Hook. f. ··216
Anaphalis deserti J. R. Drumm. ············216
Anaphalis flavescens Hand.-Mazz. ·······216
Anaphalis hancockii Maxim. ················216
Anaphalis lactea Maxim. ······················216
Anaphalis latialata Ling et Y. L. Chen ··217
Anaphalis margaritacea (L.) Benth. et Hook. f. ···217
Anaphalis nepalensis (Spreng.) Hand.-Mazz. ··217
Anaphalis nepalensis (Spreng.) Hand.-Mazz. var. *corymbosa* (Franch.) Hand.-Mazz. ··217
Anaphalis nepalensis (Spreng.) Hand.-Mazzz. var. *monocephala* (DC.) Hand.-Mazz. [*A. monocephala* DC.] ··········218
Anaphalis spondiophylla Ling et Y. L. Chen ··218
Anaphalis szechuanensis Ling et Y. L. Cheng ··218
Anaphalis tibetica Kitam. ·····················218
Anaphalis xylorhiza Sch.-Bip. ex Hook. f. *rosea* Ling ·······································219
Anchusa ovata Lehm. ··························134
Androsace bisulca Bur. et Franch. ··········75
Androsace brachystegia Hand.-Mazz. ····75
Androsace bulleyana G. Forr. [*A. aizoon* Dulz. var. *coccinea* Franch.] ···············75
Androsace dissecta (Franch.) Franch. ·····76
Androsace erecta Maxim. ·······················76
Androsace filiformis Retz. ······················76
Androsace forrestiana Hand.-Mazz. ·······76
Androsace geraniifolia Watt ··················76
Androsace integra (Maxim.) Hand.-Mazz. ··77
Androsace mariae Kanitz [*A. mariae* Kanitz var. *tibetica* (Maxim.) Hand.-Mazz.; *A. mariae* Kanitz var. *trachylma* Hand.-Mazz.] ···································77
Androsace sarmentosa Wall. ··················77
Androsace spinulifera (Franch.) Knuth. ·77
Androsace stenophylla (Petitm.) Hand.-Mazz. ··78
Androsace strigillosa Franch. ················78
Androsace sublanata Hand.-Mazz. ·········78
Androsace tapete Maxim. ·······················78
Androsace umbellata (Lour.) Merr. ·········78
Androsace yargongensis Petitm. ·············79
Anethum graveolens L. ··························46
Angelica apaensis Shan et C. Q. Yuan [*Angelica apaensis* Shan et Yuan] ······56

Angelica dahurica (Fisch. ex Hoffm.) Benth et Hook. f. ex Franch. et Sav. ······46
Angelica dahurica (Fisch. ex Hoffm.) Benth et Hook. f. ex Franch. cv. Hangbaizhi Shan et Yuan······46
Angelica paeoniifolia Shan et Yuan······47
Angelica sinensis (Oliv.) Diels······47
Anisodus acutangulus C. Y. Wu et C. Chen ······160
Anisodus carniolicoides (C. Y. Wu & C. Chen) D. Arcy & Z. Y. Zhang······164
Anisodus luridus Link [*Scopolia lurida* Dunal]······160
Anisodus tanguticus (Maxim.) Pascher [*Scopolia tangutica* Maxim.; *Anisodus tanguticus* (Maxim.) Pasch. var. *viridulus* C. Y. Wu et C. Chen] ······161
Anthriscus nemorosa (M. Bieb.) Spreng. ······47
Anthriscus sylvestris (L.) Hoffm.······47
Apium graveolens L. ······47
Aquilaria agallocha Roxb.······26
Aquilaria sinensis (Lour.) Spreng. ······26
Aralia apioides Hand.-Mazz.······43
Aralia atropurpurea Franch.······43
Aralia chinensis L. [*Aralia elata* (Miq.) Seem.]······43
Aralia elata (Miq.) Seem. ······43
Aralia yunnanensis Franch. ······43
Arctium lappa L. ······219
Arnebia euchroma (Royle) Johnst. ······132
Artemisia annua L.······219
Artemisia argyi Lévl. et Vant. ······219
Artemisia brachyloba Franch. [*A. adamsii* auct. non Bess.]······219
Artemisia campbellii Hook. f. et Thoms. ······220
Artemisia caruifolia Buch.-Ham. ex Roxb. [*A. apiacea* Hance]······220
Artemisia comaiensis Ling et Y. R. Ling ······220
Artemisia conaensis Ling et Y. R. Ling ······220
Artemisia demissa Krasch.······220
Artemisia desertorum Spreng. var. *tongolensis* Pamp.······221
Artemisia desertorum Spreng. ······221
Artemisia dubia Wall. ex Bess. [*A. subdigitata* Mattf. var. *thomsonii* (C. B. Clarke) S. Y. Hu]······221
Artemisia dubia Wall. ex Bess. var. *subdigitata* (Mattf.) Y. R. Ling [*A.subdigitata* Mattf.]······221
Artemisia eriopoda Bunge var. *gansuensis* Ling et Y. R. Ling······222
Artemisia frigida Willd. var. *atropurpurea* Pamp.······222
Artemisia frigida Willd. ······222
Artemisia gmelinii Web. ex Stechm [*A. santolinifolia* Turcz.]······223
Artemisia hedinii Ostenf. et Pauls.······223
Artemisia japonica Thunb.······223
Artemisia kanashiroi Kitam. ······223
Artemisia lavandulifolia DC. ······223
Artemisia macrocephala Jacq. ex Bess. ······224
Artemisia mattfeldii Pamp.······224
Artemisia minor Jacq. ex Bess. ······224

Artemisia mongolica (Fisch. ex Bess.) Nakai ············224
Artemisia moorcroftiana Wall. ex DC. ············224
Artemisia persica Boiss. ············225
Artemisia pewzowii C. Winkl. ············225
Artemisia phaeolepis Krasch. ············225
Artemisia roxburghiana Bess. ············225
Artemisia scoparia Waldst. et Kit. [*A. capillaris* Thunb. var. *scoparia* (Waldst. et Kit.) Pamp.] ············225
Artemisia sieversiana Ehrhart ex Willd. ············226
Artemisia smithii Mattf. ············226
Artemisia stracheyi Hook. f. et Thoms. ············226
Artemisia stricta Edgew. [*A. stricta* auct. non Edgew.] ············222
Artemisia tainingensis Hand.-Mazz. ············226
Artemisia vestita Wall. ex Bess. ············226
Artemisia vulgaris L. var. *xizangensis* Ling et Y. R. Ling ············227
Artemisia waltonii J. R. Drumm. ex Pamp ············227
Artemisia wellbyi Hemsl. et Pears. ex Deasy ············227
Artemisia xigazeensis Ling et Y. R. Ling ············227
Artemisia younghusbandii J. R. Drumm. ex Pamp ············227
Askellia flexuosa (Ledebour) W. A. Weber ············248
Askellia lactea (Lipschitz) W. A. Weber ············249
Asperugo procumbens L. ············132
Aster albescens (DC.) Hand.-Mazz. ············228
Aster albescens (DC.) Hand.-Mazz. var. *glandulosus* Hand.-Mazz. ············228
Aster albescens (DC.) Hand.-Mazz. var. *salignus* Hand.-Mazz. ············228
Aster altaicus Willd. ············254
Aster altaicus Willd. var. *hirsutus* Hand.-Mazz. ············255
Aster altaicus Willd. var. *millefolius* (Vaniot) Hand.-Mazz. ············255
Aster asteroides (DC.) O. Ktze. [*A. hedinii* Ostenf.] ············229
Aster barbellatus Griers. ············229
Aster batangensis Bur. et Franch. ············229
Aster crenatifolius Hand.-Mazz. ············255
Aster diplostephioides (DC.) C. B. Clarke ············229
Aster farreri W. W. Smith et J. F. Jeffr. ············229
Aster flaccidus Bung [*Aster flaccidus* Bunge f. *griseobarbatus* Griers.] ············230
Aster fulgidulus Griers. ············230
Aster fuscescens Burr. et Franch. var. *oblongifolius* Griers. ············230
Aster handelii Onno ············230
Aster heliopis Griers. ············230
Aster himalaicus C. B. Clarke ············231
Aster hypoleucus Hand.-Mazz. ············231
Aster jeffreyanus Diels ············231
Aster likiangensis Franch. ············232
Aster megalanthus Ling ············231
Aster neoelegans Griers. ············232
Aster neolanuginosus Brouillet ············231
Aster poliothamnus Diels ············232

Aster prainii (Drumm.) Y. L. Chen [*Aster gossypiphorus* Ling] ··············232
Aster pycnophyllus W. W. Smith···········232
Aster retusus Ludlow ·························233
Aster salwinensis Onno························233
Aster semiprostratus (Griers.) H. Ikeda ···255
Aster smithianus Hand.-Mazz. ·············233
Aster souliei Franch. ···························233
Aster stracheyi Hook. f. ·······················233
Aster tataricus L. f. ····························234
Aster techinensis Ling·························234
Aster tongolensis Franch.······················234
Aster trinervius D. Don························234
Aster trinervius D. Don ssp. ageratoides (Turczaninow) Grierson ··················228
Aster tsarungensis (Griers.) Ling··········234
Aster yunnanensis Franch. ····················235
Aster yunnanensis Franch. var. *labrangensis* (Hand.-Mazz.) Ling ····235
Aucklandia costus Falc. [*Saussurea lappa* C. B. Clarke]········235

B

Berchemia flavescens (Wall.) Brongn. ····21
Berchemia floribunda (Wall.) Brongn. [*Berchemia giraldiana* Schneid.] ·······21
Berchemia yunnanensis Franch. ·············21
Bidens bipinnata L.····························235
Bidens cernua L. ································236
Bidens parviflora Willd.························236
Bidens pilosa L. [*Bidens pilosa* L. var. *radiata* Sch. -Bip.]··························236
Bidens tripartita L.·····························236
Biebersteinia heterostemon Maxim. ·········1
Blumea balsamifera (L.) DC.················236
Boschniakia himalaica Hook. f. et Thoms. [*Xylanche himalaica* (Hk. f. et Th.) G. Beck; *Xylanche kawlakamii* (Hayata) G. Beck]··191
Boswellia sacra Flueck. ··························14
Boswellia serrata Roxb. ex Colebr. [*Boswellia thurifera* Coleb.]···············14
Buddleja alternifolia Maxim.··················97
Buddleja crispa Benth.···························97
Buddleja davidii Franch. ························97
Buddleja wardii Marq. [*B. tsetangensis* Marq.]·······················98
Bupleurum candollei Wall. ex DC. ·········48
Bupleurum chinense DC. ························48
Bupleurum commelynoideum de Boiss. var. *flaviflorum* Shan et Y. Li ····················48
Bupleurum condensatum Shan et Y. Li ···48
Bupleurum dalhousieanum (Clarke) K.-Pol.··48
Bupleurum hamiltonii Balakr··················*49*
Bupleurum longicaule Wall. ex DC. var. *amplexicaule* C. Y. Wu ······················49
Bupleurum longicaule Wall. ex DC. var. *franchetii* de Boiss.····························49
Bupleurum longicaule Wall. ex DC. var. *giraldii* Wolff····································49
Bupleurum marginatum Wall. ex DC. var. *stenophyllum* (Wolff) Shan et Y. Li····50
Bupleurum marginatum Wall. ex DC.·····50
Bupleurum microcephalum Diels···········50
Bupleurum petiolulatum Franch. var. *tenerum* Shan et Y. Li ························50

Bupleurum rockii Wolff ··························51
Bupleurum scorzonerifolium Willd.········51
Bupleurum smithii Wolff························51
Bupleurum smithii Wolff var. *parvifolium* Shan et Y. Li ·······································51
Bupleurum yunnanense Franch.·············51

C

Calendula officinalis L.·························237
Callistephus chinensis (L.) Ness. [*Aster chinensis* L.]··························237
Calystegia hederacea Wall. ··················129
Calystegia sepium (L.) R. Br.················130
Calystegia silvatica (Kit.) Griseb. ssp. orientalis Brummitt [*C. japonica* Choisy] ························130
Campanula aristata Wall.·····················205
Campanumoea inflata (Hook. f.) C. B. Clarke ···205
Campanumoea javanica Bl.···················206
Capsicum annuum L. [*Capsicum frutescens* L.]·················161
Carduus acanthoides L. ·························237
Carduus crispus L.·······························238
Carlesia sinensis Dunn ··························52
Carpesium cernuum L.··························238
Carpesium lipskyi Winkl.······················238
Carpesium nepalense Less.···················238
Carthamus tinctorius L. ························238
Carum buriaticum Turcz.························52
Carum carvi L.······································52
Caryopteris forrestii Diels var. *minor* P'ei et S. L. Chen ex C. Y. Hu ················137
Caryopteris mongholica Bunge ···········137
Caryopteris tangutica Maxim. [*C. incana* Rehd.] ····························137
Caryopteris trichosphaera W. W. Smith ·······································137
Catunaregam spinosa (Thunb.) Tirveng. [*Randia dumetorum* (Retz.) Lam.] ·······································124
Cavea tanguensis (Drumm.) W. W. Smith et J. Small ·······································239
Ceratostigma griffithii Clarke ·················89
Ceratostigma minus Stapf ex Prain [*Ceratostigma minus* Stapf f. *lasaense* Peng]···89
Ceratostigma ulicinum Prain ··················89
Ceratostigma willmottianum Stapf ·········90
Chamaesium novemjugum (C. B. Clarke) C. Norman [*Chamaesium spatuliferum* (W. W. Smith) Norman var. *minor* Shan et S. L. Liou]·····································52
Chamaesium paradoxum Wolff ···············52
Chamaesium thalictrifolium Wolff ·········53
Chamerion angustifolium (L.) Holub [*Chamaenerion angustifolium* (L.) Scop.]···39
Chelonopsis albiflora Pax et Hoffm. [*C. souliei* auct. non (Bonati) Merr.] ·······································140
Choerospondias axillaris (Roxb.) Burtt et Hill ··17
Cicerbita roborowskii (Marim.) Beauverd [*Cicerbita roborowskii* (Maxim.) Beauv.; *Lactuca roborowskii* Maxim.] ·······································240
Cirsium argyracanthum DC. [*C. tibeticum* Kitam.]························240

Cirsium avense (L.) Scop. var. integrifolium C. Wirnm. et Grabowski[*Cephalonoplos setosum* (MB.) Kitam; *Cephalonoplos segetum* (Bunge) Kitam.]··························242
Cirsium botryodes Petrak ex Hand.-Mazz. [*C. botryodes* Petrak]······················241
Cirsium eriophoroides (Hook. f.) Petrak [*C. bolocephalum* Petrak]················241
Cirsium maackii Maxim. ······················241
Cirsium periacanthaceum Shih············241
Cirsium souliei (Franch.) Mattf. ··········242
Citrus aurantium L. ·····························10
Citrus reticulata Blanco························10
Cnidium monnieri (L.) Cuss. ··················53
Codonopsis affinis Hook. f. et Thoms. ···206
Codonopsis benthamii Hook. f. et Thoms. ···208
Codonopsis bulleyana Forr. ex Diels ···206
Codonopsis canescens Nannf. ··············206
Codonopsis chlorocodon C. Y. Wu ·······206
Codonopsis clematidea (Schrenlc.) C. B. Clarke ···207
Codonopsis convolvulacea Kurz.··········207
Codonopsis convolvulacea Kurz. ssp. *vinciflora* (Kom.) Hong [*C. convulvulacea* var. *vinciflora* (Kom.) L. T. Shen] ···208
Codonopsis convolvulaceae Kurz. var. *pinifolia* (Hand.-Mazz.) Nannf. ········207
Codonopsis deltoidea Chipp ·················208
Codonopsis foetens Hook. f. et Thoms. ···208
Codonopsis foetens Hook. f. et Thoms. ssp. nervosa (Chipp) D. Y. Hong [*Conopsis nervosa* (Chipp) Nannf. var. *macrantha* (Nannf.) L. T. Shen; *C. macrantha* Nannf.]··209
Codonopsis levicalyx L. T. Shen ···········208
Codonopsis pilosula (Franch.) Nannf. [*Codonopsis pilosula* (Franch.) Nannf. var. *volubilis* (Nannf.) L. T. Shen]····209
Codonopsis pilosula subsp. *tangshen* (Oliver) D. Y. Hong ·························210
Codonopsis subglobosa W. W. Smith ···209
Codonopsis subscaposa Kom. ·············209
Codonopsis thalictrifolia Wall. [*Codonopsis thalictrifolia* Wall. var. *mollis* (Chipp) L. T. Shen; *C. mollis* Chipp.]··210
Codonopsis viridiflora Maxim. ·············210
Comastoma falcatum (Turcz. ex Kar. et Kir.) Toyokuni ·································99
Comastoma pedunculatum (Royle ex D. Don) Holub···99
Comastoma polycladum (Diels et Gilg) T. N. Ho ··99
Comastoma pulmonarium (Turcz.) Toyok. [*Gentiana pulmonaria* (Turcz.) H. Sm.] ···100
Comastoma traillianum (Forrest) Holub ···100
Commiphora mukul (Hook. ex Stocks) Engl. [*Balsamodendron mukul* Hook.] ···14
Commiphora myrrha (Nees) Engl.··········15
Commiphora wightii (Arn.) Bhandari [*Balsamodendron roxburgii* Arn.] ······15

Convolvulus ammannii Desr. ················130
Convolvulus arvensis L.
[*C. chinensis* Lam.] ·························130
Corallodiscus conchifolius Batal. ·········190
Corallodiscus kingianus (Craib) Burtt
[*C. grandis* (Craib) Burtt; *C. sericea* autc. non (Craib) Burtt] ···················190
Corallodiscus lauginosus (Wallich ex R. Brown) B. L. Burtt [*Corallodiscus flabellatus* (Franch.) Burtt; *Corallodiscus flabellatus* (Franch.) Burtt var. *leiocalyx* W. T. Wang; *Corallodiscus flabellatus* (Franch.) Burtt var. *sericeus* K. Y. Pan; C. *sericeus* (Craib) Burtt] ··································190
Coriandrum sativum L. ···························53
Cornus macrophylla Wall. ······················41
Cortiella cortioides (C. Norman) M. F. Watson [*Cortia hookeri* C. B. Clarke] ···62
Cosmos bipinnatus Cav. ························242
Cousinia thomsonii C. B. Clarke ··········242
Cremanthodium angustifolium W. W. Smith ···243
Cremanthodium arnicoides (DC. ex Royle) Good ··243
Cremanthodium botryocephalum S. W. Liu ···243
Cremanthodium brunneopilosum S. W. Liu [*C. plantagineum* Maxim. f. *ellisii* (Hook. f.) R. Good] ··························243
Cremanthodium bupleurifolium W. W. Smith ···243
Cremanthodium campanulatum (Franch.) Diels··244
Cremanthodium decaisnei C. B. Clarke ···244
Cremanthodium discoideum Maxim. ····244
Cremanthodium ellisii (Hook. f.) Kitam. ···244
Cremanthodium glandulipilosum Y. L. Chen ex S. W. Liu. ···························244
Cremanthodium helianthus (Franch.) W. W. Smith ···245
Cremanthodium humile Maxim. ···········245
Cremanthodium lineare Maxim. ···········245
Cremanthodium lineare Maxim. var. *roseum* Hand.-Mazz ························245
Cremanthodium lingulatum S. W. Liu ···245
Cremanthodium nanum (Decne.) W. W. Smith ···246
Cremanthodium nobile (Franch.) Diels ex Lévl. ··246
Cremanthodium oblongatum C. B. Clarke [*C. nepalense* auct. non Kitam.] ·······246
Cremanthodium obovatum S. W. Liu [*C. nepalense* auct. non Kitam.] ·······246
Cremanthodium pseudo-oblongatum Good ···247
Cremanthodium puberulum S. W. Liu ···247
Cremanthodium reniforme (DC.) Benth. ···247
Cremanthodium rhodocephalum Diels ···247
Cremanthodium smithianum (Hand.-Mazz.) Hand.-Mazz. ························247
Cremanthodium stenactinium Diels ex Limpr. ···248

Cremanthodium stenoglossum Ling et S. W. Liu ······ 248
Cremanthodium thomsonii C. B. Clarke ······ 248
Cremanthodium trilobum S. W. Liu ······ 248
Crepidiastrum denticulatum (Houttuyn.) Pak & Kawano [*Paraixeris demticulata* (Houtt.) Nakai] ······ 257
Crepis elongata Babc. ······ 249
Crepis lignea (Vant.) Babc. ······ 249
Croton tiglium L. ······ 6
Cucurbita moschata (Duch. ex Lam.) Duch. ex Poiret ······ 33
Cuminum cyminum L. ······ 53
Cuscuta approximata Bab. ······ 131
Cuscuta australis R. Br. ······ 130
Cuscuta chinensis Lam. ······ 131
Cuscuta europaea L. [*C. major* Bauhin] ······ 131
Cuscuta japonica Choisy ······ 131
Cuscuta reflexa Roxb. ······ 131
Cyananthus flavus Marq. ······ 211
Cyananthus formosus Diels ······ 210
Cyananthus hookeri C. B. Clarke ······ 211
Cyananthus incanus Hook. f. et Thoms. ······ 211
Cyananthus lichiangensis W. W. Smith ··· 211
Cyananthus macrocalyx Franch. [*C. leiocalyx* (Franch.) Cowan; *C. neurocalyx* C. Y. Wu] ······ 211
Cyananthus microphyllus Edgew. ······ 212
Cyananthus sherriffii Cowan ······ 212
Cyclorhiza peucedanifolia (Franch.) Constance [*C. waltonii* (Wolff) Sheh et Shan var. *major* Sheh et Shan] ······ 53
Cyclorhiza waltonii (Wolff) Sheh et Shan ······ 54
Cynanchum auriculatum Royle ex Wight [*Cynanchum saccatum* W. T. Wang] ······ 122
Cynanchum decipiens Schneid. ······ 123
Cynanchum forrestii Schltr. [*Vincetoxicum forretii* (Schllr.) C. Y. Wu et D. Z. Li] ······ 123
Cynanchum hancockianum (Maxim.) Al. Iljinski [*Cynanchum komarovii* Al. Iljinski] ······ 123
Cynanchum inamoenum (Maxim.) Loes. ······ 123
Cynanchum steppicolum Hand.-Mazz. ······ 123
Cynanchum thesioides (Freyn) K. Schum. ······ 124
Cynoglossum amabile Stapf et Drumm. ······ 132
Cynoglossum furcatum Wall. ······ 133
Cynoglossum lanceolatum Forsk. ······ 133
Cynomorium songaricum Rupr. ······ 41

D

Daphne aurantiaca Diels ······ 26
Daphne tangutica Maxim. ······ 26
Datura innoxia Mill. ······ 161
Datura stramonium L. [*D. tatula* L.] ···· 161
Daucus carota L. ······ 54
Diospyros kaki Thunb. ······ 90
Diospyros lotus L. ······ 90
Dipsacus asper Wallich ex Candolle [*D. asper* auct. non Wall.] ······ 201

Dipsacus chinensis Batal. ······················201
Dipsacus japonicus Miq. ······················201
Dolomiaea berardioidea (Franch.) Shih [*Vladimiria berardioidea* (Franch.) Ling] ··249
Dolomiaea calophylla Ling ··················249
Dolomiaea edulis (Franch.) Shih [*Vladimiria edulis* (Franch.) Ling] ···250
Dolomiaea forrestii (Diels) Shih [*Vladimiria forrestii* (Diels) Ling]····250
Dolomiaea macrocephala DC. [*Jurinea macrocephala* (Wall.) Benth.] ··········250
Dolomiaea souliei (Franch.) Shih [*Vladimiria souliei* (Franch.) Ling] ··250
Dolomiaea souliei (Franch.) Shih var. *cinerea* (Y. Ling) Q. Yuan [*Vladimiria muliensis* (Hand.-Mazz.) Ling] ········251
Dolomiaea wardii (Hand.-Mazz.) Ling ··251
Doronicum stenoglossum Maxim. ········251
Dracocephalum bullatum Forr. ex Diels ··140
Dracocephalum calophyllum Hand.-Mazz. ··141
Dracocephalum forrestii W. W. Smith ··141
Dracocephalum heterophyllum Benth. ··141
Dracocephalum isabellae Forrest. ········141
Dracocephalum moldavica L.···············142
Dracocephalum rupestre Hance ···········142
Dracocephalum tanguticum Maxim. var. *cinereum* Hand.-Mazz. ·····················142
Dracocephalum tanguticum Maxim. ··142
Dubyaea atropurpurea (Franch.) Stebb. ··251
Dubyaea gombalana (Hand.-Mazz.) Shebb. [*Lactuca gombalana* Hand.-Mazz.]···252
Dubyaea hispida (D. Don) DC. [*Dubyaea lanceolata* Shih; *D. hispida* auct. non (D. Don) DC.]···252

E

E. cochinchinensis Lour. var. *viridis* (Pax et Hoffm.) Merr. [*Excoecaria formosana* (Hayata) Hayata] ··································9
Elaeagnus delavayi Lecomte ··················27
Eleutherococcus giraldii (Harms) Nakai ··42
Eleutherococcus lasiogyne (Harms) S. Y. Hu ··42
Elsholtzia argyi Levl. [*E. longidentata* Sun] ······················142
Elsholtzia ciliata (Thunb.) Hyland. [*E. patrini* (Lepech.) Garcke; *Elsholtzia ciliata* (Thunb.) Hyland. var. *brevipes* C. Y. Wu et S. C. Huang] ······················143
Elsholtzia cyprianii (Pavol.) S. Chow ··143
Elsholtzia densa Benth. [*Elsholtzia densa* Benth var. *calycocarpa* (Diels) C. Y. Wu et S. C. Huang.; *E. calycocarpa* Diels; *Elsholtzia densa* Benth. var. *ianthina* (Maxim.) C. Y. Wu et S. C. Huang]···143
Elsholtzia eriostachya (Benth.) Benth. ··143

Elsholtzia feddei Levl. [*Elsholtzia feddei* Levl. f. *robusta* C. Y. Wu et S. C. Huang] ············ 144
Elsholtzia fruticosa (D. Don) Rehd. ····· 144
Elsholtzia pilosa (Benth.) Benth. ·········· 144
Elsholtzia souliei Levl. ························· 144
Elsholtzia stachyodes (Link) C. Y. Wu ························· 145
Elsholtzia strobilifera (Benth.) Benth. ························· 145
Embelia laeta (L.) Mez ························· 73
Embelia ribes Burm. f. ························· 74
Embelia tsjeriamcottam (Roem. et Schult) A. DC. ························· 74
Embelia undulata (Wall.) Mez. ··············· 74
Embelia vestita Roxb. ························· 74
Epilobium amurense Hausskn. ssp. *cephalostigma* (Hausskn.) C. J. Chen [*E. cephalostigma* Hausskn.] ·············· 39
Epilobium palustre L. ························· 40
Epilobium royleanum Hausskn. [*E. himalayene* Hausskn.] ·················· 40
Epilobium sikkimense Hausskn. ·············· 40
Erigeron acris L. ························· 252
Erigeron acris L. ssp. politus (Fries) H. Lindberg ························· 253
Erigeron breviscapus (Vant.) Hand.-Mazz. ························· 252
Erigeron multiradiatus (Lindl.) Benth. ························· 253
Eriophyton wallichii Benth. ················· 145
Eritrichium tangkulaense W. T. Wang ························· 133
Erodium stephanianum Willd. ················· 2
Eucalyptus globulus Labill. ··················· 37
Euonymus alatus (Thunb.) Sieb. ············· 20
Euonymus frigidus Wall. ························· 20
Euonymus phellomanus Loes. ················· 20
Eupatorium heterophyllum DC. ··········· 253
Eupatorium lindleyanum DC. [*E. cannabinum* auct. non L.] ··········· 253
Euphorbia altotibetica O. Pauls. ··············· 6
Euphorbia helioscopia L. ························· 7
Euphorbia humifusa Willd. ························· 7
Euphorbia jolkinii Boiss. [*E. nematocypha* Hand.-Mazz.] ··········· 8
Euphorbia kansuensis Prokh. ······················ 7
Euphorbia kozlovii Prokh. ························· 7
Euphorbia lathylris L. ························· 8
Euphorbia micractina Boiss. ····················· 8
Euphorbia sieboldiana Morr. et Decne. ························· 9
Euphorbia sikkimensis Boiss. Chin [*Euphorbia pseudosikkimensis* (Hurusawa et Y. Tanaka) Chin] ··········· 8
Euphorbia stracheyi Boiss. [*Euphorbia himalayansis* (Klotzsch) Boiss.] ·········· 7
Euphorbia wallichii Hook. f. ···················· 9
Euphrasia jaeschkei Wettst. ················· 165
Euphrasia pectinata Tenore ssp. *sichuanica* Hong ························· 165
Euphrasia regelii Wettst. ······················ 165
Euphrasia regelii Wettst. ssp. *kangtienensis* Hong ························· 165
Excoecaria acerifolia Didr. ························ 9

F

Feronia limonia (L.) Swingle [*Feronia elephanatum* Correa] ·········· 11

Ferula assa-foetida L.……54
Ferula bungeana Kitag.
[*F. borealis* Kuan]……54
Ferula conocaula Korov.……54
Ferula fukanensis K. M. Shen……55
Ferula krylovii Korov.……55
Ferula narthex Boiss.……55
Ferula sinkiangensis K. M. Shen……55
Foeniculum vulgare Mill.……55
Fraxinus bungeana DC.……93
Fraxinus chinensis Roxb.……93
Fraxinus chinensis Roxb. ssp.
rhynchophylla (Hance) E. Murray……93
Fraxinus paxiana Lingelsh.……93
Fraxinus sikkimensis (Lingelsh.) Hand.-Mazz. [*F. suaveolens* W. W. Sm.]……94
Fraxinus stylosa Lingelsh. [*F. fallax* Lingelsh. var. *stylosa* (Lingelsh.) Chu et J. L. Wu.]……94

G

Galeopsis bifida Boenn.
[*G. tetrahit* auct. non L.]……145
Galium asperuloides Edgew. var. *hoffmeisteri* (Klotzsch) H. -M.……125
Galium baldensiforme Hand.-Mazz.
……125
Galium boreale L.……125
Galium boreale L. var. *ciliatum* Nakai
……125
Galium paradoxum Maxim.……125
Galium spurium L.
[*G. aparine auct.* non L.]……124
Galium trifidum L.……126
Galium verum L.……126
Gamblea ciliata C. B. Clarke……42
Gentiana algida Pall.……100
Gentiana altorum H. Smith
[*G. veitchiorum* Hemsl. var. *altorum* (H. Sm.) Marq.]……100
Gentiana amplicrater Burk.……100
Gentiana arethusae Burk. var. *delicatula* Marq. [*G. heptaphylla* Balf. f. et Forr.]
……101
Gentiana aristata Maxim.……101
Gentiana caelestis (Marq.) H. Smith……101
Gentiana cephalantha Franch.……101
Gentiana crassicaulis Duthie ex Burk.
……101
Gentiana crassuloides Bureau et Franch.
……102
Gentiana dahurica Fisch.……102
Gentiana dendrologi Marq.……102
Gentiana depressa D. Don……102
Gentiana faucipilosa H. Smith……103
Gentiana filistyla Balf. f. et Forrest ex Marq.……103
Gentiana futtereri Diels et Gilg……103
Gentiana haynaldii Kanitz……103
Gentiana hexaphylla Maxim.……103
Gentiana lawrencei Burkill var. farreri (Balf. f.) T. N. Ho……102
Gentiana leucomelaena Maxim.……104
Gentiana lhassica Burk.……104
Gentiana macrophylla Pall. var. *fetissowii* (Regel et Winkl.) Ma et K. C. Hsia……104
Gentiana microdonta Franch.……104
Gentiana namlaensis Marq.……104

Gentiana nubigena Edgew. [*G. przewalskii* Maxim.; *G. algida* var. *przewalskii* (Maxim.) Kusnez.] ······105
Gentiana obconica T. N. Ho ······105
Gentiana officinalis H. Smith ······105
Gentiana oreodoxa H. Smith ······105
Gentiana panthaica Prain et Burk. ······105
Gentiana phyllocalyx C. B. Clarke ······106
Gentiana pudica Maxim. ······106
Gentiana purdomii Marq. [*G. algida* auct. non Pall.; *G. algida* Pall var. *przewalskii* auct. non (Maxim.) Kusnez.; *G. algida* Pall var. *parviflora* auct. non Kusnez.] ······106
Gentiana rhodantha Franch. ······106
Gentiana rigescens Franch. ······107
Gentiana robusta King ex Hook. f. ······107
Gentiana simulatrix Marq. ······107
Gentiana sinoornata Balf. f. ······107
Gentiana sinoornata Balf. f. var. *gloriosa* Marq. ······107
Gentiana siphonantha Maxim. ex Kusnez. ······108
Gentiana spathulifolia Maxim. ······108
Gentiana squarrosa Ledeb. ······108
Gentiana stipitata Edgew. [*G. tizuensis* Franch.] ······108
Gentiana stipitata ssp. tizuensis (Frandh.) T. N. Ho ······109
Gentiana straminea Maxim. ······108
Gentiana striata Maxim. ······109
Gentiana szechenyii Kanitz ······109
Gentiana tibetica King. ex Hook. f. ······109
Gentiana trichotoma Kusnez. ······109
Gentiana urnula H. Smith ······110
Gentiana veitchiorum Hemsl. ······110
Gentiana waltonii Burk. ······110
Gentiana wardii W. W. Smith ······110
Gentiana yunnanensis Franch. ······110
Gentianella angustiflora H. Smith ······111
Gentianella azurea (Bunge) Holub ······111
Gentianopsis barbata (Froel.) Ma [*G. detonsa* (Rottb.) Ma] ······111
Gentianopsis barbata (Froel.) Ma var. *albiflavida* T. N. Ho ······111
Gentianopsis grandis (H. Smith) Ma ······111
Gentianopsis paludosa (Hook. f.) Ma ······112
Geranium dahuricum DC. ······2
Geranium donianum Sweet [*G. stenorrhirum* Stapf; *G. farreri* Stapf] ······2
Geranium napuligerum Franch. ······2
Geranium nepalense Sweet ······2
Geranium platyanthum Duthie [*G. eriostemon* Fisch.] ······3
Geranium pratense L. ······3
Geranium pylzowianum Maxim. ······3
Geranium refractum Edgew. et Hook. f. ······3
Geranium sibiricum L. ······3
Geranium wallichianum D. Don ex Sweet ······4
Glehnia littoralis Fr. Schmidt ex Miq. ······212
Gnaphalium japonicum Thunb. ······254
Gossypium arboreum L. ······24
Gossypium herbaceum L. ······24
Gossypium hirsutum L. ······24

H

Halenia elliptica D. Don……112
Hedera nepalensis K. Koch.……44
Hedera sinensis (Tobler) Hand.-Mazz.……44
Helianthus annuus L.……254
Helianthus tuberosus L.……254
Helwingia japonica (Thunb.) Dietr.……41
Hemiphragma heterophyllum Wall.……166
Heracleum candicans Wall. ex DC. var. obtusifolium (Wall. ex DC.) F. T. Pu et M. F. Waston……56
Heracleum candicans Wall. ex DC.……56
Heracleum millefolium Diels……56
Heracleum moellendorffii Hance……56
Heracleum scabridum Franch.……57
Herpetospermum pedunculosum (Ser.) C. B. Clarke [*H. caudigerum* Wall.]……33
Hibiscus syriacus L.……24
Hippolytia kennedyi (Dunn) Ling……255
Hippophaë gyantsensis (Rousi) Y. S. Lian L. ssp. *gyantsensis* Rousi……28
Hippophaë neurocarpa S. W. Liu et T. N. He……27
Hippophaë rhamnoides L.……27
Hippophaë rhamnoides L. ssp. *sinensis* Rousi.……28
Hippophaë rhamnoides L. ssp. *turkestanica* Rousi……28
Hippophaë rhamnoides L. ssp. *yunnanensis* Rousi.……28
Hippophaë salicifolia D. Don……28
Hippophaë tibetana Schlechtend.……29
Hippuris vulgaris L.……40
Holarrhena pubescens Wall. ex G. Don [*H. pubescens* (Buch-Ham.) Wall.]……121
Hydrocotyle nepalensis Hook.……57
Hyoscyamus niger L.……162

I

Impatiens arguta Hook. f. et Thoms.……19
Incarvillea altissima Forrest……186
Incarvillea arguta (Royle) Royle……186
Incarvillea berezovskii Batal.……187
Incarvillea compacta Maxim.……187
Incarvillea delavayi Bur. et Franch.……187
Incarvillea forrestii Fletcher……187
Incarvillea lutea Bur. et Franch.……187
Incarvillea mairei (Lévl.) Grierson……188
Incarvillea mairei (Lévl.) Grierson var. *grandiflora* (Wehrhahn) Grierson [*I. grandiflora* Wehrhahn]……188
Incarvillea sinensis Lam. [*I. sinensis* Lam. ssp. *variabilis* (Batal.) Grierson]……188
Incarvillea younghusbandii Sprague……188
Inula helenium L.……256
Inula hookeri C. B. Clorke……256
Inula racemosa Hook. f.……256
Isodo glutinosus (C. Y. Wu & H. W. Li) H. Hara [*Isodon glutinosus* (C. Y. Wu et H. W. Li) Hara]……145
Isodon irroratus (Forrest ex Diels) Kudô [*Isodon irrdratu* (Forr.) Kudô]……146
Isodon lophanthoides (Buch.-Ham.) Hara var. *gerarlianus* (Benth.) Hara [*Plectranthus striatus* Benth. var. *gerardianus* (Benth.) Hand.-Mazz.]……146

Isodon oresbius (W. Smith) Kudô [*Isodon oresbia* (W. W. Smith) Kudo] ··········146
Isodon parvifolius (Batal.) Kudô [*Rabdosia parvifolia* (Batal.) Hara] ··················146
Isodon pharicus (Prain) Murata [*Isodon pseudo-irroratus* (C. Y. Wu) H. W. Li] ···147
Isodon smithianus (Hand.-Mazz.) H. Hara [*Plectranthus smithianus* Hand.-Mazz.] ···147
Isodon tenuifolius (W. W. Smith) Kudô [*Rabdosia tenuifolia* (W. W. Smith) Hara] ··147
Isometrum glandulosum (Batal.) Craib ···191
Isometrum primuliflorum (Batalin) Burtt ···191
Ixeridium dentatum (Thunb.) Tzvel. [*Ixeridium dentatum* (Thunb.) Tzvel.] ···257
Ixeridium gracile (DC.) Shih [*Ixeridium gracile* (DC.) Shih] ········257
Ixeris chinensis (Thunb.) Nakai [*Ixeridium chinensis* (Thunb.) Nakai] ················256
Ixeris chinensis (Thunb.) Nakai ssp. *versicolor* (Fisch. ex Link) Kitam. ···256

J

Jasminum humile L. ·······························94
Jasminum officinale L. ···························94
Jasminum officinale L. var. *tibeticum* C. Y. Wu ex P. Y. Bai ·······························95
Jasminum Stephanense Lemoine ············95
Klasea centauroides (L.) Cass. ssp. stangulata (Iljin) L. Martins·············278

L

Lagenaria siceraria (Molina) Standl. [*Lagenaria siceraria* (Molina) Standl. var. *depressa* (Ser.) Hara] ···················34
Lagenaria siceraria (Molina) Standl. var. *microcarpa* (Naud.) Hara ···················34
Lagopsis supina (Steph. ex Willd.) Ik-Gal. ex Knorr [*Marrubium incisum* Benth.] ···147
Lagotis alutacea W. W. Smith ·············166
Lagotis alutacea W. W. Smith var. *rockii* (Li) Tsoong [*L. rockii* Li.] ···············166
Lagotis angustibracteata Tsoong et H. B. Yang···166
Lagotis brachystachya Maxim.·············166
Lagotis brevituba Maxim.····················167
Lagotis clarkei Hook. f. ·······················167
Lagotis crassifolia Prain ·······················167
Lagotis integra W. W. Smith···················167
Lagotis kongboensis Yamazaki.············168
Lagotis kunawurensis (Royle) Rupr. [*L. glauca* auct. non Gaertn.]···········168
Lagotis macrosiphon Tsoong et H. P. Yang ···168
Lagotis minor (Willd.) Standl. ··············167
Lagotis praecox W. W. Smith ···············168
Lagotis ramalana Batal.························168
Lagotis wardii W. W. Smith··················169
Lagotis yunnanensis W. W. Smith ·······169
Lamiophlomis rotata (Benth. ex J. D. Hooker) Kudo··148

Lamium amplexicaule L.……148
Lancea hirsuta Bonati……169
Lancea tibetica Hook. f. et Thoms.……169
Lappula patula (Lehm.) Asch. ex Gürke [*L. intermedia* (Ledeb.) M. Pop.]……133
Leibnitzia anandria (Linn.) Turcz. ……257
Leontopodium artemisiifolium (Lévl.) Beauv. ……258
Leontopodium calocephalum (Franch.) Beauv. ……258
Leontopodium dedekensii (Bur. et Franch.) Beauv. ……258
Leontopodium franchetii Beauv.……258
Leontopodium haplophylloides Hand.-Mazz. ……258
Leontopodium junpeianum Kitam.……259
Leontopodium leontopodioides (Willd.) Beauv. ……259
Leontopodium nanum (Hook. f. et Thoms.) Hand.-Mazz. ……259
Leontopodium ochroleucum Beauv.……259
Leontopodium stracheyi (Hook. f.) C. B. Clarke ……259
Leonurus japonicus Houtt. [*L. heterophyllus* Sweet; *L. artemis* (Lour) S. Y. Hu]……148
Leonurus sibiricus L. ……148
Ligularia achyrotricha (Diels) Ling ……260
Ligularia cremanthodioides Hand.-Mazz. ……260
Ligularia cymbulifera (W. W. Smith) Hand.-Mazz. ……260
Ligularia duciformis (C. Winkl.) Hand.-Mazz. ……260
Ligularia fischeri (Ledeb.) Turcz.……260
Ligularia ghatsukupa Kitam. ……261
Ligularia hodgsonii Hook.……261
Ligularia hookeri (C. B. Clarke) Hand.-Mazz. [*Cremanthodium hookeri* C. B. Clarke]……261
Ligularia lamarum (Diels) Chang ……261
Ligularia liatroides (C. Winkl.) Hand.-Mazz. ……261
Ligularia myriocephala Ling ex S. W. Liu ……262
Ligularia nelumbifolia (Bur. et Franch.) Hand.-Mazz. ……262
Ligularia pleurocaulis (Franch.) Hand.-Mazz. [*Cremanthodium pleurocaule* (Franch.) Good]……262
Ligularia przewalskii (Maxim.) Diels ……262
Ligularia pterodonta Chang……262
Ligularia purdomii (Turrill) Chittenden [*L. achyrotricha* auct. non (Diels) Ling] ……263
Ligularia rumicifolia (Drumm.) S. W. Liu [*L. leesicotal* Kitam.]……263
Ligularia sagitta (Maxim.) Mattf. ……263
Ligularia tongolensis (Franch.) Hand.-Mazz. ……263
Ligularia tsangchanensis (Franch.) Hand.-Mazz. ……263
Ligularia virgaurea (Maxim.) Mattf. ……264
Ligusticum pteridophyllum Franch. ……57
Ligusticum striatum DC. [*L. wallichii* auct. non Franch.] ……57
Ligusticum thomsonii C. B. Clarke……57
Ligustrum confusum Decne.……95

Lindelofia stylosa (Kar. et Kir.) Brand. ······133
Linum nutans Maxim. ······5
Linum pallescens Bunge. ······5
Linum perenne L. [*L. sibiricum* DC.]······5
Linum stelleroides Planch. ······5
Linum usitatissimum L.······6
Lomatogonium bellum (Hemsl.) H. Smith ······112
Lomatogonium carinthiacum (Wulf.) Reichb.······112
Lomatogonium chumbicum (Burk.) H. Smith ······112
Lomatogonium forrestii (Balf. f.) Fern. ······113
Lomatogonium forrestii (Balf. f.) Fern. var. *bonatianum* (Burk.) T. N. Ho [*Swertia bonatiana* Burk.]······113
Lomatogonium gamosepalum (Burk.) H. Smith ······113
Lomatogonium macranthum (Diels et Gilg) Fern.······113
Lomatogonium oreocharis (Diels) Marq. [*L. cuneifolium* H. Smith]······114
Lomatogonium rotatum (L.) Fries ex Nym ······114
Lonicera acuminata Wall. [*L. henryi* Hemsl] ······194
Lonicera cyanocarpa Franch. ······194
Lonicera hispida Pall. ex Roem. et Schult. [*L. hispida* var. *chaetocarpa* Batal.] ······194
Lonicera japonica Thunb.······195
Lonicera ligustrina Wall. var. pileata (Oliv.) Franch. ······196
Lonicera litangensis Batal ······195
Lonicera maackii (Rupr.) Maxim. ······195
Lonicera microphylla Willd. ex Roem. et Schult.······195
Lonicera myrtillus Hook. f. et Thoms. ······196
Lonicera nervosa Maxim.······196
Lonicera nigra L.······195
Lonicera rupicola Hook. f. et Thoms. [*L. thibetica* Bur. et Franch.] ······196
Lonicera rupicola Hook. f. et Thoms. var. *syringantha* (Maxim.) Zabel [*L. syrigantha* Maxim.] ······197
Lonicera setifera Franch.······197
Lonicera spinosa Jacq. ex Walp.······197
Lonicera stephanocarpa Franch. ······198
Lonicera tangutica Maxim. [*Lonicera taipeiensis* Hsu et H. T. Wang] ······197
Lonicera tomentella Hook. f. et Thoms. var. *tsarongensis* W. W. Smith······198
Lonicera trichosantha Bur. et Franch. ······198
Lonicera webbiana Wall. ex DC. [*L. tatsiensis* Franch.] ······198
Luculia pinceana Hook······126
Luffa acutangula (L.) Roxb. ······34
Luffa cylindrica (L.) Roem. ······34
Lycium barbarum L. [*L. halimifolium* Mill.]······162
Lycium chinense Mill var. *potaninii* (Pojark.) A. M. Lu······162
Lycium chinense Mill.······162
Lycium ruthenicum Murr.······162
Lycopus lucidus Turcz. var. *hirtus* Regel ······148

Lysimachia barystachys Bunge··············79
Lysimachia parvifolia Franch. ················79
Lysionotus pauciflorus Maxim.············191
Malva cathayensis M. G. Gilbert, Y. Tang et Dorr [*M. sylvestris* auct. non L.]·····25

M

Malva pusilla Sm. [*M. neglecta* Wall.] ···25
Malva verticillata L. ······························25
Malva verticillata L. var. *rafiqii* Abedin ··25
Mandragora caulescens C. B. Clarke [*Mandragora chinghaiensis* Kuang et A. M. Lu]···163
Mangifera indica L. ································17
Marmorites complanatum (Dunn) A. L. Budantzer [*Phyllophyton complanatum* (Dunn) Kudo] ··································149
Marmorites decolorans (Hamsl.) H. W. Li [*Phyllophyton decolorans* (Hamsl.) Kudo]···149
Marmoritis rotundifolia Benth. [*Phyllophyton tibeticum* (Jacq.) C. Y. Wu] ··149
Megacodon stylophorus (C. B. Clarke) H. Smith ··114
Melanoseris beesiana (Diels) N. Kilian ··239
Melanoseris cyanea (D. Don) Edgeworth [*Cicerbita cyanea* (D. Don) Beauv.] ··239
Melanoseris macrantha (C. B. Clarke) N. Kilian et J. W. Zhang [*Cicerbita macrantha* (C. B. Clorke) Beauv.] ···239
Melanoseris macrocephala (C. Shih) N. Kilian et J. W. Zhang ························240
Melanoseris macrorhiza (Royle) N. Kilian [*Cicerbita macrorrhiza* (Royle) Beauv.] ··240
Melia azedarach L. [*Melia toosendan* Sieb. et Zucc.]········15
Mentha canadensis L. [*M. arvensis* auct. non L.]·················149
Menyanthes trifoliata L.························114
Micromeria wardii Marq. et A. Shaw ···150
Microtoena patchoulii (C. B. Clarke) C. Y. Wu et Hsuan [*Microtoena barosma* acut. non (W. W. Smith) Hand.-Mazz.] ··150
Microula sikkimensis (Clarke) Hemsl. ··134
Microula tibetica Benth. ·······················134
Microula tibetica Benth. var. *pratensis* (Maxim.) W. T. Wang ·······················134
Momordica cochinchinensis (Lour.) Spreng.···35
Morina chinensis (Batal.) Diels ············202
Morina chlorantha Diels·······················202
Morina kokonorica Hao [*Acanthocalya kokonorica* (Hao) M. Cannon; *M. parviflora* auct. non Kar. et Kir.; *M. coulteriana* auct. non Royle] ············202
Myricaria bracteata Royle [*Myricaria germanica* (L.) Desv. var. *bracteata* (Royle) Franch.] ·················31
Myricaria elegans Royle [*Tamaricaria elegans* (Royle) Qaiser et Ali] ············31
Myricaria elegans Royle var. *tsetangensis* P. Y. Zhang et Y. J. Zhang···················31

Myricaria laxa W. W. Smith ··················32
Myricaria paniculata P. Y. Zhang et Y. J. Zhang [*M. germanica* auct. non (L.) Desv.] ··32
Myricaria prostrata Hook. f. et Thoms. ex Benth. et Hook. f. ·····························32
Myricaria rosea W. W. Smith ················32
Myricaria squamosa Desv. ····················33
Myricaria wardii Marquand···················33
Myrsine africana L. ·······························74
Myrsine semiserrata Wall. ······················75

N

Nardostachys jatamansi (D. Don) DC. [*N. grandiflora* DC.] ························200
Neopicrorhiza scrophulariiflora (Pennell) D. Y. Hong ··182
Nepeta coerulescens Maxim. ················141
Nepeta dentata C. Y. Wu et Hsuan········150
Nepeta discolor Benth.·························151
Nepeta hemsleyana Oliv. ex Prain ········150
Nepeta laevigata (D. Don) Hand.-Mazz. ···151
Nepeta prattii Levl. ·····························151
Nepeta sibirica L. [*Dracocephalum sibiricum* L.] ·········151
Nepeta souliei Levl. ·····························151
Nepeta stewartiana Diels·····················152
Nepeta tenuiflora Diels ·······················152
Nepeta veitchii Duthie·························152
Nepeta wilsonii Duthie·························152
Nitraria sibirica Pall. ·····························4
Nothosmyrnium xizangense Shan et T. S. Wang··58
Notopterygium forrestii Wolff················58
Notopterygium Franchetii H. Boiss. [*N. franchetii* Boiss.] ························58
Notopterygium incisum Ting ex H. T. Chang··58

O

Oenanthe javanica (Bl.) DC. [*O. stolonifera* (Roxb.) Wall.] ···········58
Olgaea tangutica Iljin. ·························264
Onosma confertum W. W. Smith···········134
Onosma farreri I. M. Johnst.················136
Onosma glomeratum Y. L. Liu·············135
Onosma hookeri Clarke ·······················135
Onosma hookeri Clarke var. *longiflorum* Duthie. ex Stapf······························135
Onosma mertensioides Johnst.·············135
Onosma multiramosum Hand.-Mazz. ···135
Onosma paniculatum Bur. et Franch. ···136
Onosma sinicum Diels ·························136
Onosma waltonii Duthie ·····················136
Oplopanax elatus Nakai [*M. betonicoides* Benth.; *Acanthocalyx nepalensis* (D. Don) M. Cannon] ····························202
Orbanche sinensis H. Sm. var. *cyanescens* (H. Sm.) Z. Y. Zhang ·······················192
Oreosolen wattii Hook. f.······················169
Origanum vulgare L.····························152
Orobanche coerulescens Steph. ············192
Orobanche megalantha H. Smith ········192
Orobanche sinensis H. Sm. ·················192
Orobanche yunnanensis (G. Beck) Hand.-Mazz. [*O. alsatica* Kirschl. var. *yunanensis* G. Beck]························192

Oroxylum indicum (L.) Benth. ex Kurz ······189
Osmorhiza aristata (Thunb.) Makino et Yabe Bot. var. *laxa* (Royle) Constance et Shan ······59
Oxalis corniculata L. ······1

P

P. japonicus C. A. Mey. [*Panax pseudo-ginseng* Wall. var. *elegantior* (Burk.) Hoo et Tseng] ······45
P. japonicus C. A. Mey. var. *bipinnatifidus* (Seem.) C. Y. Wu et Feng [*Panax pseudo-ginseng* Wall. var. *bipinnatifidus* Seem.] ······44
Pachypleurum lhasanum H. T. Chang et Shan ······59
Panax ginseng C. A. Mey. ······44
Panax japonicus (T. Nees) C. A. Meyer var. major (Burkill) C. Y. Wu et K. M. Feng [*P. japonicus* C. A. Mey. var. *major* (Burk.) C. Y. Wu et K. M. Feng; *P. transitorius* Hoo; *P. pseudo-ginseng*. Wall. var. *wangianus* (Sum) Hoo et Tseng; *P. pseudo-ginseng*. var. *japonicus* (C. A. Mey.) Hara] ······45
Panax japonicus (T. Nees) C. A. Meyer var. major (Burkill) C. Y. Wu et K. M. Feng ······207
Panax notoginseng (Burkill) F. H. Chen ex C. Chow & W. G. Houang [*P. notoginseng* (Burk.) F. H. Chen] ······45
Panax pseudoginseng Wall. ······44
Parasenecio latipes (Franch.) Y. L. Chen ······237
Parasenecio roborowskii (Maxim.) Y. L. Chen ······237
Parasyncalathium souliei (Franch.) J. W. Zhang, Boufford et H. Sun ······281
Pedicularis alaschanica Maxim. ······170
Pedicularis alaschanica Maxim. ssp. *tibetica* (Maxim.) Tsoong ······170
Pedicularis anas Maxim. var. *tibetica* Bonati ······170
Pedicularis armata Maxim. ······170
Pedicularis axillaris Franch. ex Maxim. ······170
Pedicularis bella Hook. f. ······171
Pedicularis bicolor Diels ······171
Pedicularis cephalantha Franch. ex Maxim. ······171
Pedicularis cheilanthifolia Schrenk ······171
Pedicularis cheilanthifolia Schrenk var. *isochila* Maxim. ······171
Pedicularis chenocephala Diels ······172
Pedicularis chinensis Maxim. ······172
Pedicularis confertiflora Prain ······172
Pedicularis corymbifera H. P. Yang ······172
Pedicularis cranolopha Maxim. ······172
Pedicularis cranolopha Maxim. var. *longicornuta* Prain ······173
Pedicularis croizatiana Li ······173
Pedicularis curvituba Maxim. ······173
Pedicularis decorissima Diels ······173
Pedicularis dichotoma Bonati ······173
Pedicularis dolichocymba Hand.-Mazz. ······174
Pedicularis dunniana Bonati ······174

Pedicularis elwesii Hook. f.··················174
Pedicularis floribunda Franch. ·············174
Pedicularis globifera Hook. f. ·············174
Pedicularis ingens Maxim. ···················*175*
Pedicularis integrifolia Hook. f.···········175
Pedicularis integrifolia Hook. f. ssp. *integerrima* (Pennell et Li) Tsoong ···175
Pedicularis kansuensis Maxim. ············175
Pedicularis labordei Vant. ex Bonati····175
Pedicularis lachnoglossa Hook. f.········176
Pedicularis longicalyx H. P. Yang·········176
Pedicularis longiflora Rudolph var. *tubiformis* (Klotz.) Tsoong ···············176
Pedicularis longiflora Rudolph·············176
Pedicularis megalantha D. Don ···········176
Pedicularis megalochila Li····················177
Pedicularis muscicola Maxim. ·············177
Pedicularis oederi Vahl························177
Pedicularis oederi Valhl var. *sinensis* (Maxim.) Hurus. ·····························177
Pedicularis oliveriana Prain ················177
Pedicularis pilostachya Maxim. ···········178
Pedicularis plicata Maxim. ··················178
Pedicularis polyodonta Li·····················*178*
Pedicularis przewalskii Maxim. ···········178
Pedicularis przewalskii Maxim. ssp. *australis* (Li) Tsoong ······················178
Pedicularis przewalskii Maxim. ssp. *microphyton* (Bur. et Franch.) Tsoong ··179
Pedicularis pseudoingens Bonati··········179
Pedicularis rhinanthoides Schrenk ssp. *labellata* (Jacq.) Tsoong ··················179
Pedicularis rhinanthoides Schrenk·······179
Pedicularis rhynchotricha Tsoong········180
Pedicularis rudis Maxim. ·····················180
Pedicularis semitorta Maxim. ··············180
Pedicularis siphonantha D. Don···········180
Pedicularis superba Franch. ex Maxim. ··180
Pedicularis szetschuanica Maxim. ·······181
Pedicularis torta Maxim.······················181
Pedicularis trichoglossa Hook. f. ·········181
Pedicularis tristis L.····························181
Pedicularis verticillata L. ····················181
Peganum harmala L. ·······························4
Perilla frutescens (L.) Britt. var. *crispa* (Thunb.) Hand.-Mazz. ······················153
Pertya discolor Rehd. ··························264
Pertya phylicoides J. F. Jeffr. ················264
Petasites tricholobus Franch.················264
Peucedanum praeruptorum Dunn···········59
Peucedanum violaceum Shan et Sheh·····59
Phlomis betonicoides Diels [*Phlomis betonicoides* Diels f. *alba* C. Y. Wu] ··153
Phlomis dentosa Franch.······················153
Phlomis medicinalis Diels····················153
Phlomis megalantha Diels ····················154
Phlomis melanantha Diels ····················154
Phlomis milingensis C. Y. Wu et H. W. Li ··154
Phlomis mongolica Turcz. ····················154
Phlomis tatsienensis Bur. et Franch. ·····154
Phlomis younghusbandii Mukerj. [*P. kawaguchii* Murata] ···················155
Phyllanthus emblica L. ····························9
Physalis alkekengi L. var. *franchetii* (Mast.) Makino ·································163

Physalis minima L.······163
Physochlaina praealta (Decne.) Miers [*Physochlaina urceolata* Kuang et A. M. Lu]······163
Physospermopsis rubrinervis (Franch.) Norman······59
Picris hieracioides L.······265
Picrorhiza kurroa Royle······182
Pimpinella smithii Wolff [*P. stricta* Wolff]······60
Pistacia lentiscus L.······17
Plantago asiatica L.······193
Plantago asiatica L. ssp. erosa (Wall.) Z. Y. Li······193
Plantago depressa Willd.······193
Plantago major L.······194
Plantago minuta Pall.······193
Pleurospermum amabile Craib ex W. W. Smith······60
Pleurospermum benthamii (Wall-ex DC.) C. B. Clarke······61
Pleurospermum cristatum de Boiss.······60
Pleurospermum franchetianum Hemsl.······61
Pleurospermum hookeri C. B. Clarke var. *thomsonii* C. B. Clarke [*P. tibetanicum* Wolff]······61
Pleurospermum pilosum C. B. Clarke ex Wolff······61
Pleurospermum rivulorum (Diels) K. T. Fu et Y. C. Ho.······62
Pleurospermum tsekuense Shan······62
Pleurospermum wilsonii H. Boiss. [*P. cnidiifolium* Wolff]······60
Pleurospermum wrightianum H. Boiss.······61
Plumbagella micrantha (Ledeb.) Spach······90
Polygala monopetala Camb.······16
Polygala sibirica L.······16
Polygala tenuifolia Willd.······16
Pomatosace filicula Maxim.······79
Primula atrodentata W. W. Smith······79
Primula baileyana Ward······80
Primula bathangensis Petitm.······80
Primula blinii Levl.······80
Primula boreiocalliantha Balf. f. et Forr. [*P. muliensis* Hand.-Mazz.]······80
Primula bracteata Franch. [*Primula henrici* Bur. et Franch.]······80
Primula calliantha Franch. ssp. *bryophila* (Balf. f. et Farrer) W. W. Smith et Forr. [*P. bryophila* Balf. f. et Farrer]······81
Primula chionantha Balf. f. et forrest······87
Primula cockburniana Hemsl.······81
Primula crocifolia Pax et Hoffm.······81
Primula deflexa Duthie······82
Primula dryadifolia Franch. [*P. mystrophylla* Balf. f. et Forr.]······82
Primula fasciculata Balf. f. et Ward······82
Primula flaccida Balakr.······82
Primula flava Maxim.······82
Primula florindae Ward······83
Primula forbesii Franch.······83
Primula gemmifera Batal.······83
Primula involucrata Wall. ssp. *yargongensis* (Pilitm.) W. W. Smith et Forr.······83
Primula ioessa W. W. Smith······83
Primula jaffreyana King. [*P. lhasaensis* Balf. f. et W. W. Smith]······84

Primula kialensis Franch. ······················84
Primula lactucoides Chen et C. M. Hu···84
Primula littledalei Balf. f. et Watt.··········84
Primula monticola (Hand-Mazz.) Chen et C. M. Hu·······································84
Primula nutans Georgi. [*P. sibirca* Jacq.] ···85
Primula odontocalyx (Franch.) Pax ········85
Primula orbicularis Hemsl. ···················85
Primula palmata Hand.-Mazz. ···············85
Primula poissonii Franch.·······················85
Primula polyneura Franch. ·····················86
Primula pulchella Franch. ······················86
Primula pumilio Maxim.·························86
Primula rotundifolia Wall. ·····················81
Primula russeola Balf. f. et Forr. ············86
Primula secundiflora Franch. [*P. vittata* Bur. et Franch.] ·················86
Primula serratifolia Franch. ··················87
Primula sikkimensis Hook. f.··················87
Primula soongii Chen et C. M. Hu ·········87
Primula stenocalyx Maxim. ····················87
Primula szechuanica Pax ························88
Primula tangutica Duthie var. *flavescens* Chen et C. M. Hu·····························88
Primula tangutica Duthie ······················88
Primula tibetica Watt ····························88
Primula tsongpenii Fletcher····················88
Primula vialii Delavay ex franch. ···········89
Prunella hispida Benth. ·······················155
Przewalskia tangutica Maxim. [*P. shebbearei* (C. E. C. Fischer) Kuang]··164
Pseudognaphalium affine (D. Don) Anderberg ·····································253
Pseudognaphalium hypoleucum (Candolle) Hilliard et B. L. Burtt ······················254
Pterocephalus bretschneideri (Batal.) Pritz. ··203
Pterocephalus hookeri (Clarke) E. Pritz. ··203
Pulicaria insignis Drumm. ex Dunn·····265
Punica granatum L. ·····························38
Pyrola atropurpurea Franch. ·················64
Pyrola decorata H. Andr. ·······················65

Q

Quisqualis indica L.·····························38

R

Rhamnella gilgitica Mansf. et Melch.·····21
Rhododendron aganniphum Balf. f. et K. Ward ···65
Rhododendron anthopogon D. Don·······65
Rhododendron anthopogonoides Maxim. ··65
Rhododendron arboreum Smith·············66
Rhododendron bulu Hutch. ····················66
Rhododendron campylocarpum Hook. f. ··66
Rhododendron capitatum Maxim. ·········66
Rhododendron cephalanthum Franch. ····66
Rhododendron cerasinum Tagg ·············67
Rhododendron coryanum Tagg et Forrest ··67
Rhododendron decorum Franch.············67
Rhododendron flavidum Franch. ············67
Rhododendron hypenanthum Balf. f. ······67

Rhododendron hyperythrum Hayata ·······71
Rhododendron intricatum Franch. ··········68
Rhododendron laudandum Cowan··········68
Rhododendron mainlingense S. H. Huang et R. C. Fang··68
Rhododendron micranthum Turcz. ·········68
Rhododendron molle (Blume) G. Don····68
Rhododendron nivale Hook. f. ssp. *boreale* Philipson et M. N. Philipson. ·············69
Rhododendron nivale Hook. f.················69
Rhododendron nyingchiense R. C. Fang et S. H. Huang. ······································69
Rhododendron phaeochrysum Balf f. et W. W. Smith var. *agglutinatum* (Balf. f. et Forrest) Chamb. ex Cullen et Chamb. ···69
Rhododendron pingianum Fang·············70
Rhododendron populare Cowan ·············70
Rhododendron primuliflorum Bur. et Franch. ···70
Rhododendron primuliflorum Bur. et Franch. var. *cephalanthoides* (Balf. f. et W. W. Sm.) Cowan et Davidian··········70
Rhododendron przewalskii Maxim. [*R. dabanshanense* Fang et S. X. Wang] ···71
Rhododendron rufescens Franch.············71
Rhododendron sargentianum Rehd. et Wils.··71
Rhododendron thymifolium Maxim. ·······71
Rhododendron trichostomum Franch. ···72
Rhododendron triflorum Hook. f. ···········72
Rhododendron tubulosum Ching ex W. Y. Wang··72
Rhododendron vellereum Hutch. et Tagg [*R. principis* Bur. et Franch. var. *vellereum* (Hutch.) T. L. Ming] ··········72
Rhododendron vernicosum Franch. ········73
Rhododendron wardii W. W. Smith ········73
Rhododendron wasonii Hemsl. et Wils. ···73
Rhus chinensis Mill. [*Rhus javanica* Thunb.; *Rhus semialata* Murr.]···········17
Ricinus communis L.·····························10
Rubia chinensis Regel et Maack···········126
Rubia cordifolia L.·····························126
Rubia dolichophylla Schrenk················127
Rubia manjith Roxb. ex Flem [*R. cordifolia* auct. non L.; *R. cordifolia* L. var. *manjista* (Roxb.) Miq.]··········127
Rubia membranacea Diels····················127
Rubia oncotricha Hand.-Mazz.·············127
Rubia podantha Diels ··························128
Rubia sikkimensis Kurz························128
Rubia tibetica Hook. f.·························128
Rubia wallichiana Decne.················ ····128
Ruta graveolens L. ·······························11

S

S. heterophylla Lour. [*Melothria heterophylla* (Lour.) Cogn.; *Solena amplexicaulis* (Lam.) Gandhi]············35
Salvia bifidocalyx C. Y. Wu et Y. C. Huang ··155
Salvia brachyloma E. Peter···················155
Salvia brevilabra Franch.······················155
Salvia campanulata Wall. ex Benth.·····156
Salvia castanea Diels···························156

Salvia flava Forrest ex Diels ················156
Salvia glutinosa L. ································156
Salvia kiaometiensis Lévl. f. *pubescens* Stib. ···································156
Salvia maximowicziana Hemsl. ············157
Salvia mekongensis E. Peter ················157
Salvia pogonochila Diels ex Limp.·······157
Salvia prattii Hemsl. ···························157
Salvia przewalskii Maxim.···················157
Salvia roborowskii Maxim.···················158
Salvia sikkimensis E. Peter···················158
Salvia smithii E. Peter·························158
Salvia trijuga Diels ·····························158
Salvia wardii Stib.································158
Sambucus adnata Wall. ex DC. ············199
Sambucus javanica Blume [*S. javanica* auct. non Reinw.]·········199
Sambucus williamsii Hance ·················199
Sapindus delavayi (Franch.) Radlk. ········18
Sapindus saponaris L.····························19
Saussurea andryaloides (DC.) Sch. -Bip. ·································273
Saussurea arenaria Maxim.·················265
Saussurea aster Hemsl.························265
Saussurea brunneopilosa Hand.-Mazz. [*Saussurea eopygmaea* Hand.-Mazz.] ·································266
Saussurea cana Ledeb. ························266
Saussurea epilobioides Maxim. [*Saussurea epilobioides* Maxim. var. *cana* Hand.-Mazz.]·······································266
Saussurea erubescens Lipsch.··············270
Saussurea gnaphalodes (Royle) Sch. -Bip. ·································266
Saussurea gossipiphora D. Don···········267
Saussurea graminea Dunn····················267
Saussurea hieracioides Hook. f. ··········267
Saussurea hookeri C. B. Clarke···········267
Saussurea inversa Raab-Straube··········267
Saussurea katochaete Maxim. [*S. kalochaetoides* Hand.-Mazz.] ·····268
Saussurea kingii C. E. C. Fisch.············268
Saussurea laniceps Hand.-Mazz. ··········269
Saussurea leiocarpa Hand.-Mazz. ········269
Saussurea leontodontoides (DC.) Sch. -Bip. [*Saussurea sungpanensis* Hand.-Mazz.; *S. bodinieri* auct. non Levl.] ·································268
Saussurea leptolepis Hand.-Mazz.········268
Saussurea leucoma Diels ······················269
Saussurea longifolia Franch.·················269
Saussurea medusa Maxim. ···················270
Saussurea minuta C. Winkl. [*S. lancifolia* Hand.-Mazz.]··············270
Saussurea neofranchetii Lipsch. ···········270
Saussurea nimborum W. W. Smith ·······270
Saussurea obvallata (DC.) Sch.-Bip. [*S. obvallata* Wall. var. *orientalis* auct. non Diels] ··271
Saussurea pachyneura Franch. [*S. bodinieri* Lévl.] ··························271
Saussurea paxiana Diels·······················271
Saussurea phaeantha Maxim.················271
Saussurea przewalskii Maxim. ·············269
Saussurea quercifolia W. W. Smith·······272
Saussurea romuleifolia Franch.·············272
Saussurea salsa (Pall.) Spreng·············272
Saussurea simpsoniana (Field. et Gardn.) Lipsch. ··272
Saussurea stella Maxim. ·······················272

Saussurea subulisquama Hand.-Mazz. ……273
Saussurea superba Anth. [*S. superba* Anth. f. *pygmaea* Anth.] ……273
Saussurea tangutica Maxim. [*S. obvallata* (DC.) Sch. -Bip. var. *orientalis* Diels] ……273
Saussurea taraxacifolia Wall. ex DC. ……274
Saussurea tatsienensis Franch. ……274
Saussurea thoroldii Hemsl. ……274
Saussurea tibetica C. Winkl. ……271
Saussurea tridactyla Sch. -Bip. ex Hook. f. var. *maiduoganla* S. W. Li ……274
Saussurea tridactyla Sch. -Bip. ex Hook. f. ……274
Saussurea umbrosa Kom. ……275
Saussurea uniflora (DC.) Wall. ex Sch. -Bip. ……266
Saussurea uniflora (DC.) Wall. ex Sch.-Bip. ……275
Saussurea velutina W. W. Smith ……275
Saussurea wernerioides Sch.-Bip. ex Hook. f. ……275
Scoparia dulcis L. ……182
Scorzonera austriaca Willd. ……275
Scrophularia buergeriana Miq. ……182
Scrophularia dentata Royle ex Benth. ……182
Scrophularia incisa Wein. ……183
Scrophularia ningpoensis Hemsl. ……183
Scrophularia spicata Franch. ……183
Scrophularia urticifolia Wall. ex Benth. ……183
Scutellaria baicalensis Georgi ……159
Scutellaria hypericifolia Lévl. ……159
Scutellaria scordifolia Fisch. ex Schrank ……159
Selinum wallichianum (DC.) Raizada et H. O. Saxena [*S. tenuifolium* Wall.] ……62
Semecarpus anacardium L. f. ……18
Senecio analogus Condolle. [*S. chrysanthemoides* DC.] ……276
Senecio atrofuscus Griers ……276
Senecio diversipinnus Ling [*S. kaschkarowii* C. Winkl.] ……276
Senecio lhasaensis Ling ex C. Jeffrey et Y. L. Chen ……276
Senecio nemorensis L. ……277
Senecio raphanifolius Wall. ex DC. [*S. diversifolius* Wall.; *S. chrysanthmoides* auct. non DC.] ……277
Senecio scandens Buch.-Ham. ex D. Don ……277
Senecio thianschanicus Regel et Schmalh. ……277
Seriphidium compactum (Fisch. ex Bess.) Poljak. ……277
Seriphidium thomsonianum (C. B. Clark) Ling et Y. R. Ling ……278
Sesamum indicum L. ……189
Seseli mairei Wolff ……62
Sigesbeckia pubescens (Makino) Makino ……278
Sinolimprichtia alpina Wolff ……63
Skimmia multinervia Huang ……11
Solanum lyratum Thunb. [*S. dulcamara* L. var. *pubescens* (Thunb.) Sieb.] ……164
Solanum nigrum L. ……164
Sonchus oleraceus L. ……279

Sonchus wightianus DC. [*S. arvensis* L. f. *brachyotus* (DC) Kirp.] ······278
Soroseris erysimoides (Hand.-Mazz.) Shih [*S. hookeriana* (C. B. Clarke) Steb. ssp. *erysimoides* (Hand.-Mazz.) Stebb.] ······279
Soroseris glomerata (Decne.) Stebb. [*Sor. deasyi* (S. Moore) Stebb.; *Sor. rosularis* (Diels) Stebb.; *Sor. bellidifolia* (Hand.-Mazz.) Stebb.] ······279
Soroseris hookeriana Stebb [*Soroseris hookeriana* (C. B. Clarke) Stebb.; *S. gillii* auct. non (S. Moore) Stebb.; *Soroseris trichocarpa* (Franch.) Shih; *S. gillii* S. Moore] ······280
Soroseris teres Shih [*S. gillii* auct. non (S. Moore) Stebb.] ······280
Soroseris umbrella (Franch.) Stebb. [*Stebbinsia umbrella* (Franch.) Lipsch] ······280
Sphallerocarpus gracilis (Bess.) K. -Pol. ······63
Stachys baicalensis Fisch. ex Benth. ······159
Stachys kouyangensis (Vaniot) Dunn ······159
Stachys sieboldi Miq. ······160
Stellera chamaejasme L. ······27
Strophanthus divaricatus (Lour.) Hook. et Arn. ······122
Strophanthus wallichii A. DC. ······122
Strychnos angustiflora Benth. ······98
Strychnos ignatii Berg. [*S. hainanensis* Merr. et Chun] ······98
Strychnos nux-vomica L. ······98
Strychnos wallichiana Steud. [*S. pierriana* Hill.] ······99
Styrax benzoides Craib ······91
Styrax benzoin Dryand. ······91
Styrax tonkinensis (Pierre) Craib. ex Hartw. [*S. macrothyrsus* Perk.; *S. hypoglaucus* Perk.; *S. subniveus* Merr. et Chun] ······91
Swertia angustifolia Buch.-Ham. var. *pulchella* (D.Don) Burk. ······114
Swertia bifolia Batal. ······115
Swertia bimaculata (Sieb. et Zucc.) Hook. f. et Thoms. ······115
Swertia calycina Franch. ······115
Swertia chirayita Burkill ······115
Swertia ciliata (D. Don ex G. Don) B. L. Burtt [*S. purpurascens* Wall.] ······116
Swertia cincta Burk. ······116
Swertia cuneata Wall. ex D. Don ······115
Swertia dichotoma L. [*Anagallidium dichotomum* (L.) Griseb.] ······116
Swertia diluta (Turcz.) Benth. et Hook. f. [*S. chinensis* Franch.] ······117
Swertia divaricata H. Smith [*S. atroviolacea* auct. non H. Smtih] ······117
Swertia elata H. Smith ······117
Swertia erythrosticta Maxim. ······117
Swertia franchetiana H. Smith ······117
Swertia hookeri C. B. Clarke ······118
Swertia kingii Hook. f. ······118
Swertia leducii Franch. ······118
Swertia membranifolia Franch. ······118
Swertia multicaulis D. Don ······118
Swertia mussotii Franch. ······119
Swertia mussotii Franch. var. *flavescens* T. N. Ho et S. W. Liu ······119
Swertia nervosa (G. Don) Wall. ex C. B. Clarke ······119

Swertia paniculata Wall.······················116
Swertia punicea Hemsl. ······················119
Swertia racemosa (Griseb.) Wall. [*Ophelia racemosa* Griseb.] ············120
Swertia tetraptera Maxim. [*Anagalidium dimorpha* (Batal.) Ma]·····················120
Swertia tibetica Batal.··························120
Swertia wardii C. Marquand·················119
Swertia wolfgangiana Gruning [*S. marginata* auct. non Schrenk]·····120
Swertia younghusbandii Burk.·············121
Swertia yunnanensis Burk.···················121
Symplocos paniculata (Thunb.) Miq. [*S. crataegoides* Hamlt.]····················92
Symplocos racemosa Roxb. ····················92
Symplocos sumuntia Buch.-Ham. ex D. Don ··92
Syncalathium chrysocephalum (Shih) Shih [*S. glomerata* auct. non (C. B. Clarke) Stebb.]··279
Syncalathium disciforme (Mattf.) Ling ···281
Syncalathium kawaguchii (Kitam.) Ling [*Syn. sukaczevii* Lipsch. var. *pilosum* Ling] ··281
Syncalathium porphyreum (Marq. et Shaw) Ling [*Syn. kawaguchii* (Kitam.) Ling; *Syn. sukaczevii* Lipsch.]···················281
Synotis erythropappa (Bur. et Franch.) C. Jeffrey et Y. L. Chen [*Senecio dianthus* Franch.]··282
Synotis solidaginea (Hand.-Mazz.) C. Jeffrey et Y. L. Chen [*Sencio solidagineus* Hand.-Mazz.; *S. dianthus* auct. non Franch.]···························282
Syringa oblata Lindl. ·····························95
Syringa pinnatifolia Hemsl.····················95
Syringa pubescens Turcz. ssp. *microphylla* (Diels) M. C. Chang et X. L. Chen [*S. microphylla* Diels]························96
Syringa reticulata (Bl.) Hara var. *amurensis* (Rupr.) Pringe [*S. reticulata* var. *mandshurica* (Maxim.) Hara]······96
Syringa sweginzowii Koehne et Lingelsh. ··96
Syringa vulgaris L.································96
Syringa yunnanensis Franch. ··················97
Syzygium aromaticum (L.) Merr. et Perry [*Eugenia caryophyllata* Thunb.; *Caryophyllus aromaticus* L.]·············37
Syzygium cumini (L.) Skeels [*S. jambolanum* DC.]························37

T

Tagetes erecta L. [*Tagetes patula* L.]····282
Tanacetum tatsienense (Bur. et Franch.) K. Bremer et Humphries [*Chrysanthemum tatsienense* Bur. et Franch.] ·············265
Taraxacum albiflos Kirschner et Stepanet ··284
Taraxacum brevirostre Hand.-Mazz. ····283
Taraxacum calanthodium Dahlst. ·········283
Taraxacum dissectum (Ledeb.) Ledeb. ··283
Taraxacum eriopodum (D. Don) DC. ···283
Taraxacum grypodon Dahlst.················283
Taraxacum koksaghyz Rodin ················284
Taraxacum lugubre Dahlst.····················284
Taraxacum maurocarpum Dahlst.·········284

Taraxacum mongolicum Hand.-Mazz. ······284
Taraxacum platypecidum Diels ······285
Taraxacum sikkimense Hand.-Mazz. ······285
Taraxacum stenoceras Dahlst. ······285
Taraxacum tibetanum Hand.-Mazz. ······285
Tephroseris flammea (Turcz. ex DC.) Holub. [*Senecio flammeus* Turcz.] ······285
Tephroseris kirilowii (Turcz. ex DC.) Holub [*Senecio kirilowii* Turcz.; *S. integrifolius* auct. non (L.) Clairv.] ······286
Tephroseris rufa (Hand.-Mazz.) B. Nord [*Senecio rufus* Hand.-Mazz.] ······286
Terminalia bellirica (Gaertn.) Roxb. ······39
Terminalia chebula Retz. ······39
Terminalia chebula Retz. var. *tomentella* (Kurt) C. B. Clarke ······38
Thladiantha setispina A. M. Lu et Z. Y. Zhang [*T. harmsii* auct. non Cogn.] ······35
Thymus mongolicus (Ronn.) Ronn. ······160
Tongoloa dunnii (de Boiss.) Wolff ······63
Toona sinensis (A. Juss.) Roem. ······15
Torilis japonica (Houtt.) DC. ······63
Toxicodendron succedaneum (L.) O. Kuntze ······18
Toxicodendron vernicifluum (Stokes) F. A. Barkl. [*Rhus verniciflua* Stokes] ······18
Trachelospermum jasminoides (Lindl.) Lem. ······122
Trachydium roylei Lindl. ······63
Trachydium subnudum C. B. Clarke ex H. Wolff ······64
Trachyspermum ammi (L.) Sprag. ······64
Trapa incisa Sieb. et Zucc. ······36
Trapa natans L. ······36
Tribulus terrester Linn. ······4
Trichosanthes lepiniana (Naud.) Cogn. ······35
Trichosanthes pilosa Loureiro [*T. himalensis* C. B. Clarke] ······36
Triosteum himalayanum Wall. ······199
Triosteum pinnatifidum Maxim. ······199
Tussilago farfara L. ······286

U

Uncaria hirsuta Havil. ······128
Uncaria macrophylla Wall. ······129
Uncaria rhynchophylla (Miq.) Miq. ex Havil ······129
Uncaria scandens (Smith) Hutchins. ······129

V

Valeriana hardwickii Wall. ······200
Valeriana hirticalyx L. C. Chiu ······200
Valeriana officinalis L. [*V. stubendorfii* Kreyer; *Veleriana officinalis* L. var. *latifolia* Miq.] ······200
Valeriana tangutica Batal. ······201
Veratrilla baillonii Franch. ······121
Verbascum thapsus L. ······183
Verbena officinalis L. ······138
Veronica anagallis-aquatica L. ······184
Veronica arvensis L. ······184
Veronica biloba L. ······184
Veronica ciliata Fisch. ······184
Veronica ciliata Fisch. ssp. *cephaloides* (Pennell) Hong ······184

Veronica ciliata Fisch. ssp. *zhongdianensis* Hong······185
Veronica eriogyne H. Winkl. ······185
Veronica himalensis D. Don······185
Veronica javanica Bl. ······185
Veronica lanuginosa Benth. ······185
Veronica rockii H. L. Li ······186
Veronica serpyllifolia L.······186
Vicatia thibetica de Boiss.······64
Vincetoxicum hirundinaria Medic [*Vincetoxicum officinale* Moench.]···124
Viola biflora L. ······29
Viola biflora L. var rockiana (W. Becker) Y. S. Chen······30
Viola bulbosa Maxim. ······29
Viola delavayi Franch.······29
Viola patrinii DC.······30
Viola philippica Cav. [*V. edoensis* Makino; *V. philippica* Cav. ssp. *munda* W. Beck.] ······30
Viola selkirkii Pursh ex Gold ······30
Vitex negundo L. var. *microphylla* Hand.-Mazz. [*V. microphylla* (Hand.-Mazz.) Pei]······138
Vitex trifolia L. ······138
Vitis betulifolia Diels et Gilg······22
Vitis retordii Roman. [*Vitis lanata* Roxb.] ······23
Vitis vinifera L.······23

W

Wahlenbergia marginata (Thunb.) A. DC. ······212

X

Xanthium strumarium L.······287
Xanthoceras sorbifolia Bunge ······19
Xanthopappus subacaulis C. Winkl.······287

Y

Youngia gracilipes (Hook. f.) Babc. et Stebb. ······287

Z

Zanthoxylum acanthopodium DC. ······11
Zanthoxylum armatum DC. [*Z. planispinum* Sieb. et Zucc.] ······11
Zanthoxylum bungeanum Maxim. ······12
Zanthoxylum esquirolii Levl. ······12
Zanthoxylum oxyphyllum Edgew. ······12
Zanthoxylum piasezkii Maxim. ······12
Zanthoxylum schinifolium Sieb. et Zucc. ······12
Zanthoxylum simulans Hance ······13
Zanthoxylum stenophyllum Hemsl.······13
Ziziphus jujuba Mill.······22
Ziziphus jujuba Mill. var. *spinosa* (Bunge) Hu ex H. F. Chow [*Ziziphus spinosa* (Bunge) Hu]······22
Ziziphus montana W. W. Smith······22

中文名索引

二画

二叶獐牙菜……115
二色马先蒿……171
二色帚菊……264
二色香青……215
二歧马先蒿……173
丁香蒲桃……37
丁座草（千斤坠）……191
七叶龙胆……101
人参……44

三画

三七……45
三分三……160
三叶鼠尾草（三叶丹参）……158
三花杜鹃……72
三角叶党参……208
三歧龙胆……109
三春水柏枝……32
三指雪兔子……274
三脉紫菀……228
三基脉紫菀……234
土木香……256
土沉香（白木香）……26
大丁草……257
大车前……194
大叶钩藤……129
大叶党参……206
大叶醉鱼草……97
大白杜鹃……67
大头毛鳞菊……240
大头续断（中华续断）……201
大拟鼻花马先蒿……179
大花小米草……165
大花龙胆……109
大花列当……192
大花肋柱花……113
大花鸡肉参……188
大花刺参……203
大花荆芥……151
大花扁蕾……111
大花秦艽……104
大花菟丝子……131
大花婆婆纳……185
大花紫菀……231
大花蒿……224
大花糙苏……154
大果大戟……9
大果臭椿……13
大茴香阿魏……55
大药獐牙菜……120
大钟花……114
大籽蒿……226
大唇马先蒿……177
大圆叶报春……81
大狼毒……8
大理白前（群虎草）……123
大黄橐吾……260

大萼兔耳草……167
大萼党参……208
大萼蓝钟花（光萼蓝钟花、脉萼蓝钟花）……211
大筒兔耳草……168
万寿菊（臭芙蓉、小万寿菊、孔雀草）……282
小车前……193
小风毛菊……270
小石花……190
小叶灰毛莸……137
小叶忍冬……195
小叶帚菊……264
小叶珍珠菜……79
小叶荆（黄荆）……138
小叶香茶菜……146
小叶梣（小叶白蜡树）……93
小叶猪殃殃……126
小叶黑柴胡……51
小叶蓝钟花……212
小叶滇紫草……136
小舌紫菀……228
小报春……83
小花水柏枝……33
小花西藏微孔草……134
小花鬼针草……236
小花琉璃草……133
小花滇紫草……136
小苦荬（齿缘苦荬）……257
小苞报春（多色皱叶报春）……80
小齿龙胆……104
小果白刺……4
小果雪兔子……272
小垂头菊……246
小窃衣……63
小柴胡……49
小球花蒿……224
小婆婆纳……186
小葫芦……34
小蓝雪花（小角柱花、拉萨小蓝雪花）……89
小酸浆……163
小缬草……201
山石榴（刺榴）……124
山地香茶菜……146
山枣……22
山矾……92
山茴香……52
山莨菪（唐古特莨菪、黄花山莨菪）……161
山景龙胆……105
山蒿……219
千叶阿尔泰狗娃花……255
千花橐吾……262
千里光……277
千里香杜鹃……71
川木香……250
川甘亚菊……214
川甘岩参……240
川甘蒲公英（灰果蒲公英）……284
川西小黄菊（鞑新菊、打箭菊）……265
川西合耳菊……282
川西荆芥……152
川西秦艽……102
川西滇紫草……135
川西獐牙菜……119
川陕花椒……12
川党参……210
川续断……201
川蓟……241

川滇无患子（皮哨子）……18
川滇香薷……144
川滇柴胡……48
川藏沙参……205
川藏香茶菜……147
川藏短腺小米草……165
川藏蒿……226
卫矛……20
飞蓬……252
叉舌垂头菊……248
叉序獐牙菜……117
马干铃栝楼……35
马尔康香茶菜……147
马尿泡（矮莨菪）……164
马尾柴胡……50
马钱子（番木鳖）……98
马鞭草……138

四画

开萼鼠尾草……155
天山千里光……277
天山报春……85
天仙子（莨菪）……162
天蓝龙胆……101
天蓝沙参……204
无毛牛尾蒿……221
无毛垂头菊……247
无茎亮蛇床（栓果芹）……62
无患子……19
云木香（广木香）……235
云状雪兔子……265
云南丁香……97
云南土沉香（刮筋板）……9
云南勾儿茶……21
云南龙胆……110
云南龙眼独活……43
云南肋柱花（高原侧蕊）……113
云南羊角拗……122
云南沙参……204
云南沙棘……28
云南兔耳草……169
云南柴胡……51
云南紫菀……235
云南獐牙菜……121
云贵肋柱花（昆明侧蕊）……113
云雾龙胆……105
木里报春……80
木槿……24
木蝴蝶（千张纸）……189
木橘……10
木鳖子……35
车叶藤（六叶律）……125
车前……193
车前状垂头菊……244
巨伞钟报春……83
互叶醉鱼草（白积梢）……97
互对醉鱼草（泽当醉鱼草）……98
止泻木……121
少花獐牙菜……121
日本续断……201
日喀则蒿……227
中亚沙棘（扎达沙棘）……28
中华苦荬菜（山苦荬）……256
中华野葵……25
中甸长果婆婆纳……185
中甸海水仙……84
中国马先蒿……172
中国沙棘……28
中国欧氏马先蒿……177

中国茜草……126
水仙杜鹃……71
水母雪兔子……270
水芹……58
牛皮消（西藏牛皮消）……122
牛至……152
牛尾蒿……221
牛眼马钱……98
牛蒡……219
毛水苏……159
毛叶垂头菊……247
毛花杜鹃……67
毛花忍冬……198
毛连菜……265
毛苞刺头菊（绵刺头菊）……242
毛果婆婆纳……185
毛果缬草……200
毛建草……142
毛柄蒲公英……283
毛钩藤……128
毛香火绒草……259
毛冠杜鹃……68
毛莲蒿（结血蒿）……226
毛唇鼠尾草……157
毛球莸……137
毛盔马先蒿……181
毛曼陀罗……161
毛萼康定糙苏……154
毛裂蜂斗菜……264
毛喉龙胆……103
毛喉杜鹃……66
毛蓝雪花（星毛角柱花）……89
毛蕊老鹳草……3
毛蕊花……183
毛嘴杜鹃……72
毛穗香薷（黄花香薷）……143
毛鳞菊……239
长毛风毛菊……267
长毛香薷……144
长叶火绒草……259
长叶茜草……127
长叶雪莲……269
长舟马先蒿……174
长花马先蒿……176
长花滇紫草……135
长角凸额马先蒿……173
长序缬草……200
长茎飞蓬……253
长茎藁本……57
长果婆婆纳……184
长柄胡颓子……27
长柱垂头菊（红头垂头菊）……247
长柱琉璃草……133
长籽马钱（皮氏马钱、云南马钱、尾叶马钱）……99
长根老鹳草……2
长圆叶褐毛紫菀……230
长梗秦艽……110
长梗喉毛花……99
长萼马先蒿……176
长管杜鹃……72
反苞蒲公英……283
反瓣老鹳草……3
乌奴龙胆……110
乌墨（海南蒲桃）……37
六叶龙胆……103
文冠果（文官木）……19
火绒草……259
心叶棱子芹……62
巴豆……6

巴塘报春……80
巴塘紫菀……229
邓氏马先蒿……174
双花堇菜……29

五画

玉门点地梅……75
玉龙拉拉藤（红花拉拉藤）……125
打碗花……129
打箭风毛菊……274
巧玲花……96
甘川紫菀……233
甘西鼠尾草（甘西丹参）……157
甘孜沙参……204
甘青大戟（疣果大戟）……8
甘青老鹳草……3
甘青报春……88
甘青青兰……142
甘肃大戟……7
甘肃马先蒿……175
甘肃南牡蒿……222
甘露子……160
艾……219
艾叶火绒草（蛾药）……258
艾纳香（冰片艾）……236
古那兔耳草……168
节毛飞廉……237
石岩报春……82
石莲叶点地梅……77
石榴……38
龙葵……164
平车前……193
平龙胆……102
平叶酸藤子……74
东北点地梅……76
东俄洛风毛菊……271
东俄洛沙蒿……221
东俄洛紫菀……234
东俄洛橐吾……263
北水苦荬……184
北方拉拉藤（砧草）……125
北方枸杞……162
北方雪层杜鹃……69
北方獐牙菜……117
北玄参……182
北柴胡……48
凸额马先蒿……172
叶萼龙胆……106
叶萼獐牙菜……115
田旋花……130
田葛缕子……52
凹叶紫菀……233
四川丁香……96
四川小米草……165
四川马先蒿……181
四川列当……192
四川报春……88
四川波罗花……187
四川香青……218
四角刻叶菱……36
四数獐牙菜……120
禾叶风毛菊……267
白心球花报春……79
白芷……46
白花地丁（白花堇菜）……30
白花刺续断……203
白花铃子香……140
白花蒲公英……284
白花酸藤果……74

白英……164
白苞筋骨草……139
白背叶楤木……43
白背紫菀……231
白背紫斑杜鹃（白毛杜鹃）……72
白亮独活……56
白粉圆叶报春……84
白萼青兰……141
白缘蒲公英（河北蒲公英）……285
白蜡树……93
白檀（锥序山矾）……92
丛毛岩报春……88
丛株雪兔子……274
印度獐牙菜……115
乐斯没药……15
玄参……183
半扭卷马先蒿……180
半卧狗娃花……255
头花马先蒿……171
头花龙胆……101
头花杜鹃……66
头嘴菊（岩参）……240
宁夏枸杞……162
尼泊尔天名精……238
尼泊尔老鹳草（五叶草）……2
尼泊尔香青……217
尼泊尔常春藤……44
丝毛飞廉（飞廉）……238
丝瓜……34
丝柱龙胆……103

六画

吉隆风毛菊……273
托里阿魏……55
地梢瓜（细叶白前）……124
地锦（地锦草）……7
耳叶风毛菊……270
亚东肋柱花……112
亚麻……6
芝麻……189
西伯利亚远志……16
西南水苏……159
西南獐牙菜……116
西藏川木香（南藏菊）……251
西藏风毛菊……271
西藏凹乳芹……64
西藏白苞芹……58
西藏亚菊（藏艾菊）……215
西藏报春……88
西藏沙棘……29
西藏泡囊草（坛萼泡囊草）……163
西藏珊瑚苣苔（石花、光萼石花、
绢毛石花）……190
西藏茜草……128
西藏胡黄连……182
西藏点地梅……77
西藏香青……218
西藏姜味草……150
西藏秦艽……109
西藏素方花……95
西藏鸭首马先蒿……170
西藏绢蒿……278
西藏猫乳……21
西藏棱子芹……61
西藏鼠尾草……158
西藏微孔草……134
西藏滇紫草……136
百里香……160
灰毛川木香（木里木香）……251

灰毛甘青青兰……142
灰毛党参……206
灰毛蓝钟花……211
灰叶香青……218
灰叶堇菜……29
灰白风毛菊……266
灰苞蒿……225
灰枝紫菀……232
灰果蒲公英（川藏蒲公英）……284
灰蓟……241
达乌里秦艽……102
列当……192
尖叶花椒……12
尖齿糙苏……153
光果风毛菊……269
光果莸（唐古特莸）……137
光果婆婆纳……186
光萼党参……208
光滑柳叶菜……39
光蕊杜鹃……67
当归……47
团花滇紫草……135
吕宋果（海南马钱、云海马钱、吕金长子）……98
吊石苣苔……191
回回苏……153
刚毛赤瓟（西藏赤瓟、王瓜）……35
刚毛忍冬……194
刚毛橐吾……260
肉托果（印度肉托果）……18
肉果草……169
肉菊……280
舌叶垂头菊……245
竹节参……45
竹叶西风芹……62
竹叶花椒……11
竹叶柴胡……50
竹灵消……123
华北白前（老瓜头）……123
华北獐牙菜……120
华西忍冬……198
华丽马先蒿……180
伊朗蒿……225
血满草……199
向日垂头菊……245
向日葵……254
舟叶橐吾（舷叶橐吾）……260
舟瓣芹……63
全叶马先蒿……175
全萼秦艽……104
全缘马先蒿……175
全缘兔耳草……167
全缘栝楼（喜马拉雅栝楼）……36
合头菊……281
合萼肋柱花……113
伞房马先蒿……172
伞房尼泊尔香青……217
肋果沙棘……27
肋柱花……112
杂毛蓝钟花……212
多舌飞蓬……253
多色苦荬（变色苦荬）……256
多花马先蒿……174
多花勾儿茶（金刚藤）……21
多花亚菊……214
多花荆芥……152
多花茜草（光茎茜草）……128
多茎獐牙菜……118
多枝婆婆纳（小败火草）……185
多枝滇紫草……135

多齿马先蒿 ……178
多脉报春 ……86
多脉茴芋 ……11
多裂蒲公英 ……283
壮观垂头菊 ……246
羊角拗 ……122
羊踯躅（闹羊花） ……68
并头黄芩 ……159
米林杜鹃 ……68
米林糙苏 ……154
江孜沙棘 ……28
江孜香青 ……216
安息香 ……91
异叶青兰（白花枝子花） ……141
异叶泽兰（红梗草） ……253
异色风毛菊（绵毛风毛菊、矮丛风毛菊） ……266
异色荆芥 ……151
异羽千里光（长梗千里光） ……276
阴郁马先蒿 ……181
羽叶丁香 ……95
羽叶点地梅 ……79
羽轴丝瓣芹 ……46
羽裂金盏苣苔 ……191
羽裂雪兔子 ……269
红马蹄草 ……57
红毛五加 ……42
红叶雪兔子（红叶雪莲） ……271
红花（刺红花） ……238
红花木根香青 ……219
红花龙胆 ……106
红花条叶垂头菊 ……245
红花岩生忍冬（红花忍冬） ……197
红花假苦菜（小还羊参） ……249
红直獐牙菜 ……117
红轮狗舌草（红轮千里光） ……285
红波罗花 ……187
红柄雪莲 ……270
红背杜鹃 ……71
红脉忍冬 ……196
红冠紫菀 ……230
红柴胡 ……51
红樱合耳菊（双花千里光） ……282
纤杆蒿 ……220
纤梗蒿 ……225

七画

远志 ……16
贡山蓟（绵头菊） ……241
扭连钱 ……149
扭旋马先蒿 ……181
拟鼠麴草 ……253
拟鼻花马先蒿 ……179
芫荽 ……53
苇叶獐牙菜 ……119
芸香 ……11
苣荬菜 ……278
花曲柳（大叶白蜡树） ……93
花椒 ……12
芹叶龙眼独活 ……43
苍山橐吾 ……263
苍耳 ……287
克洛氏马先蒿 ……173
杉叶藻 ……40
极丽马先蒿 ……173
杧果 ……17
束花粉报春 ……82
两头毛 ……186
两裂婆婆纳 ……184

丽江风毛菊……269
丽江柴胡……51
丽江紫菀……232
丽江蓝钟花……211
丽花报春……86
丽花蒲公英……283
连翘叶黄芩（川黄芩、草地黄芩）……159
坚杆火绒草……258
旱芹（芹菜）……47
串铃草……154
针齿铁仔……75
牡丹叶当归……47
牡蒿……223
秀丽水柏枝……31
余甘子……9
角苞蒲公英……285
角蒿……188
条叶垂头菊……245
条纹龙胆……109
条纹藁本……57
卵叶白前……123
卵果鹤虱……133
冻原白蒿……226
冷地卫矛……20
冷蒿……222
羌活……58
沙生大戟（青海大戟）……7
沙生风毛菊……265
沙棘……27
沙蒿……221
没药……15
沉香……26
诃子……39
君迁子……90
陆地棉……24
阿尔泰狗娃花……254
阿米糙果芹……64
阿坝当归……56
阿拉伯乳香（卡氏乳香树）……14
阿拉善马先蒿……170
阿魏……54
孜然芹……53
陇蜀杜鹃……71
忍冬（金银花）……195
鸡肉参……188
鸡骨柴……144
鸡冠棱子芹……60
鸡娃草……90
鸡蛋参……207

八画

环根芹……54
青叶胆……118
青花椒（香椒子）……12
青荚叶……41
青海刺参……202
青蒿……220
青藏大戟……6
青藏龙胆……103
抽葶党参……209
抱茎柴胡……49
抱茎獐牙菜……117
拉氏马先蒿……175
拉萨千里光……276
拉萨长果婆婆纳……184
拉萨厚棱芹……59
拉萨雪兔子……268
苦苣菜……279

苞叶雪莲 ……271
苞芽粉报春 ……83
直立茴芹 ……60
直立点地梅 ……76
直立婆婆纳 ……184
直茎蒿 ……222
茄参（青海茄参）……163
茅瓜（异叶马㼎儿）……35
林芝杜鹃 ……69
林沙参 ……205
林泽兰（尖佩兰）……253
林荫千里光 ……277
林猪殃殃（奇特猪殃殃）……125
杯花菟丝子 ……131
松叶鸡蛋参 ……207
松叶青兰 ……141
松潘棱子芹 ……61
松潘矮泽芹 ……53
杭白芷 ……46
卧生水柏枝 ……32
刺儿菜 ……242
刺叶点地梅 ……77
刺芒龙胆 ……101
刺花椒 ……11
刺齿马先蒿 ……170
刺果峨参 ……47
刺疙瘩（鳍蓟、火媒草）……264
刺参（刺续参）……202
刺臭椿 ……14
刺鳞蓝雪花（荆苞角柱花）……89
枣（大枣）……22
欧丁香 ……96
欧氏马先蒿 ……177
欧洲菟丝子 ……131
欧菱 ……36
轮叶马先蒿 ……181
轮伞五加 ……42
软紫草 ……132
鸢尾叶风毛菊 ……272
歧伞獐牙菜（腺鳞草）……116
齿叶玄参 ……182
齿叶灯台报春 ……87
齿叶忍冬 ……197
齿叶荆芥 ……150
齿苞白苞筋骨草 ……139
齿萼报春 ……85
虎尾草 ……79
肾叶龙胆 ……102
具鳞水柏枝（三春柳）……33
昌都点地梅 ……75
岩生忍冬（西藏忍冬）……196
岭南臭椿（岭南樗树）……13
岷江蓝雪花（紫金莲）……90
岷县龙胆 ……106
垂头菊（肾叶垂头菊）……247
垂头橐吾 ……260
垂花报春 ……82
垂果亚麻 ……5
使君子 ……38
侧茎橐吾 ……262
阜康阿魏 ……55
金灯藤 ……131
金盏菊（金盏花）……237
金钱草 ……127
金钱豹 ……206
金银忍冬 ……195
乳白香青 ……216
兔耳草 ……167
狗舌草 ……286
疙瘩七（羽叶三七）……44

卷丝苣苔……190
单叶波罗花……187
单头尼泊尔香青……218
单花雪莲……266
单花雪莲……275
单瓣远志……16
泡沙参（波氏沙参）……205
沼生柳叶菜（水湿柳叶菜）……40
沼生橐吾……261
波棱瓜……33
泽当水柏枝……31
泽库棱子芹……62
泽漆……7
宝兴棱子芹……61
宝盖草……148
宜昌东俄芹……63
空心柴胡……49
空桶参……279
线叶龙胆……102
细叶小苦荬……257
细叶亚菊……215
细叶香茶菜……147
细叶亮蛇床……62
细叶益母草……148
细叶鼠麹草……254
细花荆芥……152
细花滇紫草……135
细茎有柄柴胡……50
细茎橐吾……261
细梗黄鹌菜……287
细裂叶莲蒿……223
细裂亚菊……214

九画

珊瑚菜（北沙参）……212
挂金灯……163
垫状女蒿……255
垫状点地梅……78
垫型蒿……224
革叶兔耳草……166
茜草（心叶茜草）……126
草地老鹳草……3
草甸雪兔子……274
草棉……24
茴香（小茴香）……55
莛子藨……199
荨麻叶玄参……183
胡黄连……182
南方菟丝子……130
南方普氏马先蒿……178
南瓜……33
南竹叶环根芹……53
南蓟（藏蓟、直刺蓟）……240
南酸枣（广酸枣、广枣、建酸枣）……17
柑橘……10
柄花茜草……128
枸杞……162
柳叶小舌紫菀……228
柳叶亚菊……215
柳叶沙棘……28
柳叶鬼针草……236
柳叶菜风毛菊（灰毛柳叶菜风毛菊）……266
柳兰……39
柱序绢毛苣……280
柿……90

树形杜鹃（红花杜鹃）……66
树棉……24
厚叶川木香……249
厚叶兔耳草……167
厚边龙胆……107
厚绵紫菀……232
厚喙菊（披纤叶厚喙菊）……252
鸦葱……275
点地梅……78
显脉獐牙菜……119
星舌紫菀（块根紫菀）……229
星状雪兔子（星状风毛菊、匐地风毛菊）……272
毗梨勒（毛诃子）……39
贵州花椒（岩椒）……12
钝叶独活……56
钟花报春（锡金报春）……87
钟花垂头菊……244
钟萼鼠尾草……156
钩毛茜草……127
钩腺大戟……9
钩藤……129
矩叶垂头菊……246
毡毛雪莲……275
香芸火绒草……258
香青兰……142
香椿……15
香薷（短柄香薷）……143
秋英……242
秋鼠麴草……254
重齿风毛菊……268
重冠紫菀……229
鬼针草（三叶鬼针草、白花鬼针草）……236
须弥紫菀……231
脉花党参（高山党参、大花党参）……209
匍生紫菀……233
匍枝柴胡……48
匍匐水柏枝……32
狭叶花椒……13
狭叶垂头菊……243
狭叶荆芥……151
狭叶点地梅……78
狭舌多榔菊……251
狭舌垂头菊……248
狭苞兔耳草……166
狭苞紫菀（线叶紫菀）……229
狭基线纹香茶菜……146
狭萼报春……87
狭裂白蒿……223
狮牙草状风毛菊（松潘风毛菊）……268
独一味……148
弯茎假苦菜……248
弯果杜鹃……66
弯管马先蒿……173
哀氏马先蒿……174
亮叶杜鹃……73
美叶川木香（美叶藏菊）……249
美叶青兰……141
美头火绒草……258
美花圆叶筋骨草……140
美丽马先蒿……171
美丽肋柱花……112
美丽棱子芹……60
美丽蓝钟花……210
美丽獐牙菜……114
类华丽龙胆……107
迷果芹……63
前胡……59

总状土木香（藏木香、玛奴）……256
总状垂头菊……243
浓紫龙眼独活……43
穿心莛子藨……199
冠果忍冬……198
扁毛菊……286
扁蕾……111
怒江紫菀……233
柔小粉报春……86
柔毛荞麦地鼠尾草……156
绒毛蒿……220
绒舌马先蒿……176
络石……122
骆驼蓬……4

十画

秦岭柴胡……49
秦岭梣……93
珠子鸡蛋参（珠子参）……207
珠子参……45
珠仔树（总序山矾）……92
珠光香青……217
素方花……94
盐地风毛菊……272
盐肤木……17
莱菔叶千里光（异叶千里光）……277
莲叶橐吾……262
莳萝……46
桦叶葡萄……22
栓翅卫矛……20
夏至草……147
夏河云南紫菀……235
砾玄参……183
烈香杜鹃……65
柴胡叶垂头菊……243
党参（缠绕党参）……209
鸭嘴花……189
峨参……47
圆叶小堇菜……30
圆叶肋柱花（大花侧蕊、四契叶侧蕊）……114
圆叶扭连钱……149
圆叶报春……80
圆叶筋骨草……140
圆叶锦葵（毛冬苋菜）……25
圆齿狗娃花……255
圆齿荆芥……152
圆萼刺参（摩苓草）……202
圆锥茎阿魏……54
圆穗兔耳草……168
圆瓣黄花报春……85
钻叶龙胆……103
钻苞风毛菊……273
钻裂风铃草……205
铁仔……74
铁苋菜……6
铃铃香青……216
铃铛子……160
缺叶钟报春……83
倒披针叶风毛菊……270
倒提壶……132
倒锥花龙胆……105
臭蚤草……265
臭党参……208
臭蒿……223
豹药藤……123
胶质鼠尾草……156
胶黏香茶菜……145
狼把草……236

狼毒（瑞香狼毒）……27
狼紫草……134
皱叶毛建草……140
皱叶绢毛菊（绢毛苣、金沙绢毛菊）……280
皱叶醉鱼草……97
皱边喉毛花……99
皱褶马先蒿……178
高山大戟（藏西大戟）……7
高山龙胆……100
高山蓍……213
高山矮蒿……220
高杯喉毛花（中甸喉毛花）……100
高波罗花……186
高原天名精……238
高原香薷（粗壮高原香薷）……144
高獐牙菜……117
高穗花报春……89
唐古拉齿缘草……133
唐古特忍冬（陇塞忍冬、太白忍冬）……197
唐古特雪莲（东方风毛菊、紫苞风毛菊）……273
唐古特瑞香（陕甘瑞香）……26
唐松草党参（长花党参）……210
益母草……148
烟管头草……238
海仙花……85
海绵杜鹃（粉背杜鹃）……70
流苏龙胆……105
宽叶羌活……58
宽叶兔儿风……213
宽丝獐牙菜……116
宽托叶老鹳草……4
宽舌垂头菊……243
宽苞水柏枝（河柏）……31
宽翅香青……217
宽翅橐吾……262
窄竹叶柴胡……50
窄花假龙胆……111
绢毛菊（莲状绢毛苣、匙叶绢毛苣）……279

十一画

球花马先蒿……174
球花水柏枝……32
球花党参……209
球花蒿……226
球穗香薷……145
理塘忍冬……195
琉璃草……133
接骨木……199
接骨草（陆英、蒴翟、臭草、苛草）……199
黄毛楤木……43
黄甘青报春……88
黄白火绒草……259
黄白扁蕾……111
黄瓜假还阳参……257
黄花川西獐牙菜……119
黄花亚菊……214
黄花合头菊……279
黄花鸭跖柴胡……48
黄花粉叶报春……82
黄花蒿（香蒿）……219
黄花鼠尾草……156
黄花獐牙菜……118
黄芩……159
黄苞大戟……8

黄杯杜鹃……73
黄波罗花……187
黄帚橐吾……264
黄背勾儿茶……21
黄钟花……211
黄秦艽……121
黄葵（麝香秋葵）……23
黄蜀葵……23
黄腺香青……215
黄管秦艽……105
黄缨菊（黄冠菊）……287
萝卜秦艽……153
萝卜根老鹳草……2
萎软紫菀（灰毛柔软紫菀）……230
萸叶五加……42
菜木香……250
菟丝子……131
菊芋……254
菊状千里光……276
梵茜草（茜草）……127
梾木……41
硕大马先蒿……175
硕花马先蒿……176
硕花龙胆……100
硕首垂头菊……246
雪山杜鹃……65
雪层杜鹃……69
雪兔子……267
常春藤……44
匙叶甘松……200
匙叶龙胆……108
匙叶翼首花（翼首花）……203
野甘草……182
野艾蒿……223
野亚麻……5
野花椒……13
野胡萝卜……54
野香草……143
野葵……25
野蓟……241
野漆……18
曼陀罗（紫花曼陀罗）……161
蛇床……53
鄂西鼠尾草……157
银灰旋花……130
牻牛儿苗……2
偏花报春（带叶报春）……86
偏翅龙胆……106
假人参……44
假秦艽（白元参、白花假秦艽、白花白元参）……153
假硕大马先蒿……179
盘花垂头菊……244
盘状合头菊……281
匐茎点地梅……77
象橘……11
猪毛蒿……225
猪殃殃……124
麻花艽……108
康定五加……42
康定鼠尾草……157
康滇假合头菊……281
康藏荆芥……151
鹿蹄橐吾……261
旋叶香青……216
旋花……130
粘毛蒿……224
粘毛鼠尾草……158
粗毛肉果草……169
粗壮秦艽……107

粗壮酸藤子……74
粗壮獐牙菜……118
粗茎秦艽……101
粗茎棱子芹……60
粗茎橐吾……261
粗根老鹳草……2
粗野马先蒿……180
粗棱矮泽芹……52
粗筒兔耳草……168
淡红忍冬……194
淡红素馨……95
淡黄杜鹃……67
淡黄香青……216
深山堇菜……30
婆婆针……235
宿柱梣（宿柱白蜡树）……94
宿根亚麻……5
密叶紫菀……232
密生波罗花……187
密花香薷（矮株密花香薷、萼果香薷、细穗密花香薷）……143
密花滇紫草……134
密齿酸藤子……74
密瘤瘤果芹……64
隐蕊杜鹃……68
续随子（千金子）……8
绵毛点地梅……78
绵毛婆婆纳……185
绵毛葡萄……23
绵头雪兔子……269
绵参……145
绵穗马先蒿……178
绿花刺参……202
绿花党参……210
绿茎还阳参……249
绿背桂花……9
绿钟党参……206

十二画

款冬……286
越南安息香（白背安息香、青山安息香、粉背安息香）……91
越橘叶忍冬……196
提宗龙胆……109
喜马拉雅沙参……204
喜马拉雅垂头菊（须弥垂头菊）……244
喜阳紫菀……230
葫芦（匏瓜）……34
散生女贞……95
散鳞杜鹃……66
葛缕……52
葡萄……23
葶菊……239
戟叶火绒草……258
葵花大蓟（聚头蓟）……242
棱角丝瓜（广东丝瓜）……34
棉毛紫菀……231
椭圆风毛菊……267
椭圆叶花锚（卵萼花锚）……112
粟色鼠尾草……156
棘枝忍冬……197
酢浆草……1
硬毛地笋（地瓜儿苗、泽兰）……148
硬毛拉拉藤……125
硬毛夏枯草……155
硬阿魏……54
裂叶点地梅……76
裂叶独活（多裂独活）……56
裂叶翼首花……203

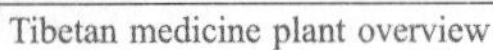

裂舌垂头菊……248
裂唇革叶兔耳草……166
雅江报春……83
雅江点地梅……79
紫丁香……95
紫叶兔耳草……168
紫红獐牙菜……119
紫花地丁……30
紫花亚菊……214
紫花合头菊……281
紫花冷蒿……222
紫花厚喙菊……251
紫花香薷……142
紫花雪山报春……87
紫茎垂头菊……247
紫茎前胡……59
紫背鹿蹄草……64
紫脉滇芎……59
紫菀……234
辉叶紫菀……230
掌叶报春……85
掌叶点地梅（具蔓点地梅）……76
掌叶橐吾……262
景天点地梅……75
蛛毛蟹甲草……237
喉毛花（假龙胆）……100
喙毛马先蒿……180
黑毛雪兔子……267
黑边假龙胆……111
黑花糙苏……154
黑果忍冬……195
黑果枸杞……162
黑柴胡……51
黑萼报春（红花雪山报春）……86
黑褐千里光……276
铺散亚菊……213
锁阳……41
锈毛旋覆花……256
锐齿凤仙花……19
短毛独活……56
短花白苞筋骨草……139
短柄龙胆……108
短柱亚麻……5
短冠鼠尾草……155
短唇鼠尾草……155
短梗柳叶菜（喜山柳叶菜）……40
短葶飞蓬……252
短喙蒲公英……283
短筒兔耳草……167
短腺小米草……165
短檐金盏苣苔……191
短穗兔耳草……166
鹅首马先蒿……172
鹅黄灯台报春……81
等唇碎米蕨叶马先蒿……171
等梗报春……84
筋骨草……138
奥氏马先蒿（扭盔马先蒿）……177
番红报春……81
腋花马先蒿……170
痢止蒿……139
阔柄蟹甲草……237
普氏马先蒿……178
普兰獐牙菜……116
普通鹿蹄草……65
道孚龙胆（哈巴龙胆）……100
湿生扁蕾……112
湿地风毛菊……275
滋圃报春……87
湄公鼠尾草……157

疏毛棱子芹……61
疏叶香根芹……59
疏花车前……193
缘毛毛鳞菊……239
缘毛紫菀……233
缘毛橐吾……261

十三画

鼓子花……130
蓝玉簪龙胆……110
蓝白龙胆……104
蓝花毛鳞菊……239
蓝花列当……192
蓝花参……212
蓝花荆芥……141
蓝钟花……211
蓝桉……37
蓖麻……10
蓬子菜……126
蒺藜……4
蒲公英叶风毛菊……274
蒙古莸……137
蒙古蒿……224
蒙古蒲公英……284
蒙藏马先蒿……170
楔叶獐牙菜……115
楝（苦楝、川楝、川楝子）……15
碎米蕨马先蒿……171
辐状肋柱花……114
睡菜……114
照山白……68
蜀葵……24
错那蒿……220
锚刺果……132

锡金茜草……128
锡金梣（香白蜡树）……94
锡金蒲公英……285
锡金鼠尾草……158
锥叶风毛菊……275
锦葵……25
锯叶乳香……14
矮小白苞筋骨草……139
矮小厚喙菊（单花万苣）……252
矮小普氏马先蒿……179
矮火绒草……259
矮龙胆……110
矮垂头菊……245
矮泽芹……52
矮探春（矮素馨）……94
鼠曲雪兔子……266
鼠掌老鹳草……3
催吐白前……124
微毛诃子……38
微毛忍冬……194
微毛樱草杜鹃……70
微孔草（锡金微孔草）……134
微笑杜鹃……71
腺毛垂头菊……244
腺点小舌紫菀……228
腺梗豨莶……278
新雅紫菀……232
新疆阿魏……55
新疆党参……207
滇丁香……126
滇龙胆草……107
滇西北紫菀……231
滇列当……192
滇南安息香……91
滇南冠唇花……150

滇紫草……136
滇藏点地梅……76
缢苞麻花头……278

十四画

聚头绢蒿……277
聚花马先蒿……172
蔓荆……138
酸枣……22
酸橙（枳壳、枳实）……10
酸藤子……73
熏陆香树（黏胶乳香树）……17
熏倒牛……1
管花马先蒿……180
管花秦艽……108
管状长花马先蒿……176
管钟党参……206
膜叶獐牙菜……118
膜苞垂头菊……248
膜缘川木香……250
獐牙菜……115
瘦华丽龙胆……107
辣椒（小米辣）……161
漆（漆树）……18
赛莨菪……164
察瓦龙忍冬……198
察瓦龙紫菀……234
蜜腺杜鹃……70
褐毛杜鹃（异色杜鹃）……73
褐毛垂头菊……243
褐毛橐吾……263
褐花雪莲……271
褐苞蒿……225
褪色扭连钱……149
翠菊……237

十五画

髯毛紫菀……229
髯花杜鹃……65
蕨叶藁本……57
蕊帽忍冬……196
横断山风毛菊……273
樱花杜鹃……67
樱草杜鹃……70
橡胶草……284
槲叶雪兔子……272
暴马丁香（暴马子）……96
墨脱龙胆……104
箭叶橐吾……263
箭药兔耳草……169
德钦紫菀……234
瘤果芹……63
瘤果棱子芹……61
澜沧羌活……58
缬草（宽叶缬草）……200

十六画

薄叶鸡蛋参（辐冠党参）……208
薄苞风毛菊（毛苞雪兔子）……268
薄荷（野薄荷）……149
橙色狗舌草（红舌千里光）……286
橙香鼠尾草……158
橙黄瑞香（橙花瑞香）……26
蹄叶橐吾……260
螃蟹甲……155
穆库没药……14
凝毛杜鹃……69

糙毛报春……80
糙毛阿尔泰狗娃花……255
糙伏毛点地梅……78
糙草……132
糙独活……57

十七画

藏龙蒿……227
藏北艾……227
藏白蒿……227
藏玄参……169
藏沙蒿……227
藏波罗花……188
藏荆芥……150
藏南金钱豹……205
藏南粉报春……84
藏菊（大头川木香）……250
藏蒲公英……285
藏滇还羊参……249
藏獐牙菜……120
藏橐吾（酸模叶橐吾）……263
藓生马先蒿……177
穗花玄参……183
穗花报春……82
穗花荆芥……151
穗状香薷……145
簇生柴胡……48
黛粉美花报春……81

十八画

鞭打绣球……166
镰萼喉毛花……99
鼬瓣花……145

十九画

攀茎钩藤……129

二十画

鳞片柳叶菜（锡金柳叶菜）……40
鳞叶龙胆……108
鳞茎堇菜……29
灌木亚菊……213

二十一画

露珠香茶菜……146

二十二画

囊谦报春……84

藏文名索引

ཀ

ཀ་པེད། ……34
ཀ་པེད། ……34
ཀོང་པོའི་ཆུ་ལྕམ། ……185
ཀོང་པོའི་བྱ་པཊ་ཆུ་རྩེ། ……39
ཀོན་པ་གབ་སྐྱེས། ……266
ཀོན་པ་གབ་སྐྱེས། ……268
ཀོན་པ་གབ་སྐྱེས། ……268
ཀོན་པ་གབ་སྐྱེས། ……269
ཀོན་པ་གབ་སྐྱེས། ……269
ཀོན་པ་གབ་སྐྱེས། ……271
ཀོན་པ་གབ་སྐྱེས། ……273
ཀོན་པ་གབ་སྐྱེས། ……273
ཀོན་པ་གབ་སྐྱེས་ཆུང་བ། ……268
ཀོན་པ་ཀྱུ་སྐྱུ། ……257
ཀྲྀ་ཤླེ་དཀར་པོ ……109
ཀྲྀ་ཤླེ་དཀར་པོ། ……101
ཀྲྀ་ཤླེ་དཀར་པོ། ……102
ཀྲྀ་ཤླེ་དཀར་པོ། ……104
ཀྲྀ་ཤླེ་དཀར་པོ། ……105
ཀྲྀ་ཤླེ་དཀར་པོ། ……107
ཀྲྀ་ཤླེ་དཀར་པོ་ཆབ། ……114
ཀྲྀ་ཤླེ་ནག་པོ། ……102
ཀྲྀ་ཤླེ་ནག་པོ། ……104
ཀྲྀ་ཤླེ་ནག་པོ། ……108
ཀྲྀ་ཤླེ་ནག་པོ། ……108
ཀྲྀ་ཤླེ་ནག་པོ། ……110
ཀྲྀ་ཤླེ་ནག་པོ་ཆབ། ……101
ཀླུ་བདུད་རྡོ་རྗེ། ……206
ཀླུ་བདུད་རྡོ་རྗེ། ……206
ཀླུ་བདུད་རྡོ་རྗེ། ……208
ཀླུ་བདུད་རྡོ་རྗེ། ……208
ཀླུ་བདུད་རྡོ་རྗེ། ……209
ཀླུ་བདུད་རྡོ་རྗེ། ……209
ཀླུ་བདུད་རྡོ་རྗེ། ……210
ཀླུ་བདུད་རྡོ་རྗེ། ……210
ཀླུ་བདུད་རྡོ་རྗེ། ……210
ཀླུ་བདུད་རྡོ་རྗེ་དཀར་པོ། ……206
ཀླུ་བདུད་རྡོ་རྗེ་ཆབ། ……130
ཀླུ་བདུད་རྡོ་རྗེ་ཆབ། ……212
ཀླུ་བདུད་རྡོ་རྗེ་ཞན་པ། ……204
ཀླུ་བདུད་རྡོ་རྗེ་ཞན་པ། ……204
ཀླུ་བདུད་རྡོ་རྗེ་ཞན་པ། ……204

ཀླུ་བདུད་རྡོ་རྗེ་ཞན་པ།……204
ཀླུ་བདུད་རྡོ་རྗེ་ཞན་པ།……205
ཀླུ་བདུད་རྡོ་རྗེ་རིགས།……207
ཀླུ་བདུད་རྡོ་རྗེ་རིགས།……208
ཀླུ་བདུད་རྡོ་རྗེ་རིགས།……208
ཀླུ་བདུད་རྡོ་རྗེ་རིགས།……209
ཀླུ་བདུད་རྡོ་རྗེ་རིགས།……209
ཀླུང་ཤོ་མེ་ཏོག་དམན་པ།……262
ཀླུང་ཤ་མེ་ཏོག་སེར་པོ།……262
ཀླུང་ཤོ་མེ་ཏོག་སེར་པོ།……263
ཀླུང་ཤོ་མེ་ཏོག་སེར་པོ།……264
ཀླུབདུད་རྡོ་རྗེ་ཞན་པ།……205
ཀླུབདུད་རྡོ་རྗེ་ཞན་པ།……205
ཀྲང་ཤོག་པ།……174
ཀྲུང་ཤོག་པ།……172
ཀྵ་མ་ཤིང་།……42
ཀྵུ་ཏུ་ར།……9

ཁ།

ཁུའན་ཏོང་ཧྭ།……286
ཁུར་མོང་།……283
ཁུར་མོང་།……283
ཁུར་མོང་།……283
ཁུར་མོང་།……283
ཁུར་མོང་།……283
ཁུར་མོང་།……284
ཁུར་མོང་།……284
ཁུར་མོང་།……284
ཁུར་མོང་།……284
ཁུར་མོང་།……284
ཁུར་མོང་།……285
ཁུར་མོང་།……285
ཁུར་མོང་།……285
ཁུར་མོང་།……285
ཁྲི་ཤིག……254
ཁྲི་ཤིག……255
ཁྲི་ཤིག……255
ཁྲི་ཤིག……255
ཁྲི་ཤིག……255
ཁྲི་ཤིང་།……194
ཁྲི་ཤིང་།……195
ཁྲི་ཤིང་།……195
ཁྲི་ཤིང་།……196
ཁྲི་ཤིང་།……197
ཁྲི་ཤིང་།……197
ཁྲི་ཤིང་།……198
ཁྲི་ཤིང་།……198
ཁྲི་ཤིང་།……198
ཁྲི་ཤིང་ཚབ།……264
ཁྲི་ཤིང་རིགས།……194
ཁྲི་ཤིང་རིགས།……194

ཁྲི་ཤིང་རིགས། ······ 196
ཁྲི་ཤིང་རིགས། ······ 196
ཁྲི་ཤིང་རིགས། ······ 198
ཁྲུང་སྔེར། ······ 128
ཁྲུང་སྔེར། ······ 129
ཁྲུང་སྔེར། ······ 129
ཁྲུང་སྔེར་དཀར་པོ། ······ 126
ཁྲུང་སྔེར་དཀར་པོ། ······ 129
ཁྲན་ཞུང་། ······ 57
ཁྲེན་ཕིས། ······ 10
ཁྲོག་ཆུང་བ། ······ 275
ཁྲོན་བུ། ······ 7
ཁྲོན་བུ། ······ 9
མཁན་སྐྱ། ······ 222
མཁན་སྐྱ། ······ 224
མཁན་སྐྱ། ······ 225
མཁན་སྐྱ། ······ 226
མཁན་སྐྱ། ······ 226
མཁན་སྐྱ། ······ 277
མཁན་སྐྱ། ······ 278
མཁན་དཀར། ······ 219
མཁན་དཀར། ······ 219
མཁན་དཀར། ······ 220
མཁན་དཀར། ······ 220
མཁན་དཀར། ······ 225
མཁན་ཆུང་། ······ 220
མཁན་ཆུང་གསེར་མགོ ······ 215
མཁན་ཆུང་གསེར་མགོ ······ 215
མཁན་ཆུང་གསེར་མགོ ······ 213
མཁན་ཆུང་གསེར་མགོ ······ 214
མཁན་ཆུང་གསེར་མགོ ······ 214
མཁན་ཆུང་གསེར་མགོ ······ 214
མཁན་ཆུང་གསེར་མགོ ······ 214
མཁན་ཆུང་གསེར་མགོ ······ 227
མཁན་པ་ནག་པོ། ······ 223
མཁན་ནག ······ 225
མཁན་པ། ······ 219
མཁན་པ་དམར་པོ། ······ 224
མཁན་པ་ཨ་གྲོང་། ······ 214
མཁན་ཨ་གྲོང་། ······ 224
མཁན་དམར། ······ 222
མཁན་དམར། ······ 223
མཁན་དམར། ······ 224
མཁྲིན་སྨན། ······ 258
འཁྲུ་སྨན། ······ 8

ག

ག་དུར་དམན་པ། ······ 2
ག་དུར་དམན་པ། ······ 3
ག་དུར་དམན་པ། ······ 3
ག་དུར་དམན་པ། ······ 4

ག་བུར། ······236

གང་ག་ཆུང་ཚབ། ······104

གང་ག་ཆུང་ཚབ། ······106

གང་གྷ་ཆུང་། ······110

གང་བུ། ······286

གཀྵ་ཧྲ་དྲ། ······213

གཀྵ་ཧྲ་དྲ། ······253

གཀྵ་ཧྲ་དྲ། ······254

གཀྵ་ཧྲ་དྲ། ······254

གུ་གུལ། ······14

གུ་གུལ། ······15

གུ་གུལ་དཀར་པོ། ······13

གུ་གུལ་དཀར་པོ། ······13

གུ་གུལ་དཀར་པོ། ······14

གུ་གུལ་དཀར་པོ། ······14

གུ་གུལ་ནག་པོ། ······14

གུལ་ནག ······15

གུལ་ནག ······91

གུལ་ནག ······91

གུལ་ནག ······91

ཀོ་སྙོད། ······52

ཀོ་སྙོད། ······52

ཀོ་བྲེ། ······18

ཀྲོ་ཤང་ཛེ། ······192

ཀྲོ་ཤང་ཛེ། ······192

ཀླ་སྲང་། ······2

ཀླ་སྲང་། ······2

ཀླ་སྲང་། ······3

ཀླ་སྲང་། ······3

ཀུ་དྲུས་མཆོག ······118

ཀུ་དྲུས་མཆོག་རིགས། ······117

ཀུ་དྲུས་མཆོག་རིགས། ······118

ཀུ་དྲུས་མཆོག་རིགས། ······118

ཀུ་དྲུས་མཆོག་རིགས། ······120

ཀུ་དྲུས་དམན་པ། ······276

ཀུ་དྲུས་དམན་པ། ······277

ཀུ་དྲུས་དམན་པ། ······277

ཀུན་འབྲུམ། ······22

ཀུན་འབྲུམ། ······23

ཀུན་འབྲུམ། ······23

ཀོད་སྤྲུང་ཚེར་ནག་པོ། ······264

ཀྲུ་ཁུར། ······265

ཀྲུ་ཁུར། ······278

ཀྲུ་ཁུར། ······279

ཀྲུ་ཏིག ······115

ཀྲུ་ཤོ་ཚབ། ······6

ཀྲུ་སྲུད་རིགས། ······42

ཀླུ་དྲུས་དམན་པ། ······277

ཀླ་ཀོད། ······15

ཀླ་ཆུང་གསེར་མགོ། ······277

ཀླ་ཏིག ······75

ཀླ་ཏིག ······76

སྣ་ཏིག་ནག་པོ། ······ 75
སྣ་ཏིག་ནག་པོ། ······ 76
སྣ་ཏིག་ནག་པོ། ······ 77
སྣ་ཏིག་ནག་པོ། ······ 77
སྣ་ཏིག་ནག་པོ། ······ 78
སྣ་ཏིག་ནག་པོ། ······ 78
སྣ་ཏིག་ནག་པོ། ······ 78
སྣ་ཏིག་ནག་སྨུག་པོ། ······ 77
སྣ་ཏིག་སྨུག་པོ། ······ 75
སྣ་ཏིག་རིགས། ······ 76
སྣ་ཏིག་རིགས། ······ 76
སྣ་ཏིག་རིགས། ······ 76
སྣ་ཏིག་རིགས། ······ 77
སྣ་ཏིག་རིགས། ······ 78
སྣ་ཧོ་ཆུང་བ། ······ 245
སྣ་ཧོ་ཆུང་བ། ······ 246
སྣོང་ལ་ཐུག་འབྲུ་གུ། ······ 54
སྲོ་དཀར། ······ 97
སྲོ་སྨུག ······ 97
སྲོ་སྨུག ······ 98
མཁྲིན་སྨན། ······ 255

ང་།

ངོ་ག་ཕུར། ······ 138
ངོ་བྲོ་ཤང་རྩེ། ······ 192
ངོ་བྲོ་ཤང་རྩེ། ······ 192
ངོ་བྲོ་ཤང་རྩེ། ······ 192
ངོ་བློ་འགོག ······ 79
ངོ་སྣ། ······ 243
ངོ་སྣ། ······ 244
ངོ་སྣ། ······ 244
ངོ་སྣ། ······ 244
ངོ་སྣ། ······ 245
ངོ་སྣ། ······ 245
ངོ་སྣ། ······ 245
ངོ་སྣ། ······ 246
ངོ་སྣ། ······ 246
ངོ་སྣ། ······ 247
ངོ་སྣ། ······ 247
ངོ་སྣ། ······ 247
ངོ་སྣ་རིགས། ······ 244
ངོ་དུག་མོ་ཉུང་། ······ 123
ངོ་དུག་མོ་ཉུང་། ······ 123
ངོ་དུག་མོ་ཉུང་། ······ 123
ངོ་དུག་མོ་ཉུང་། ······ 123
ངོ་དུག་མོ་ཉུང་། ······ 124
ངོ་དུག་མོ་ཉུང་། ······ 124
ངོ་དུར་བྱིད། ······ 7
ངོ་དེ་བ། ······ 111
ངོ་སྤྲུང་མཇུག ······ 79
ངོ་ལི་ཤི། ······ 154

རྡོ་ཤིག་མོར།……90
རྡོ་ལྷ་མོ།……103
རྡོ་ལྷ་མོ།……104
རྡོ་ལྷ་མོ།……108
རྡོ་ལྷ་མོ།……108
རྡོན་བུ།……210
རྡོན་བུ།……211
རྡོན་བུ།……211
རྡོན་བུ།……211
རྡོན་བུ།……212
རྡོན་བུ།……212
རྡོན་བུ་ཚབ།……101
རྡོན་བུ་ཚབ།……211
རྡོན་བུ་ཚབ།……212
རྡོན་བུ་ཡོལ་ཡོལ།……102
དངུལ་ཏིག……111

ཙ།

ཙིན་ཡིན་ཏྲ།……195
ཙུན་ཚན་ཙེ།……90
རྩ་རྒོད།……63
རྩ་རྒོད།……64
རྩ་བ།……47
རྩ་བ།……47
རྩ་བ།……58
རྩ་བ།……63
རྩ་བ།……64
རྩ་བ་དམན་པ།……59
རྩ་བ་ཚབ།……47
རྩ་བ་ཚབ།……62
རྩ་བ་ཆུང་བ།……46
རྩ་བ་རིགས།……62
རྩགས་ཏིག……111
རྩགས་ཏིག……111
རྩགས་ཏིག……111
རྩགས་ཏིག……112
རྩགས་ཏིག……115
རྩགས་ཏིག……117
རྩགས་ཏིག……117
རྩགས་ཏིག……119
རྩགས་ཏིག་དཀར་པོ།……121
རྩགས་ཏིག་རྩགས་སྦྲུག་དམན་པ།……105
རྩགས་ཏིག་རིགས།……100
རྩགས་ཏིག་རིགས།……100
རྩགས་ཏིག་རིགས།……99
རྩགས་ཏིག་ན་མགོ་མ།……112
རྩགས་ར།……22

ཚ།

ཚི་དབྱི།……63

ཆེ་བི་ཁ། ······ 22
ཆུ་དུག་ནག་པོ། ······ 244
ཆུ་དེ་བ། ······ 231
ཆུ་དེ་བ། ······ 232
ཆུ་དེ་ཤ། ······ 231
ཆུ་རྩི་དཀར་པོ། ······ 184
ཆུ་འཛིན་པ། ······ 174
ཆུ་འཛིན་པ། ······ 179
ཆུའུ་ཏམ་ཤིང་། ······ 43
ཆུའུ་ཏམ་ཤིང་། ······ 43
མཆོག་རིགས། ······ 120

ཇ།

ཇ་ཤིང་ཚ་བ། ······ 95
ཇྲི་དུག ······ 253
བརྗེད་རྒྱན་ཤིང་། ······ 42
འཇིབ་རྩི། ······ 157
འཇིབ་རྩི་དཀར་པོ། ······ 141
འཇིབ་རྩི་དཀར་པོ། ······ 155
འཇིབ་རྩི་དཀར་པོ། ······ 156
འཇིབ་རྩི་དཀར་པོ། ······ 156
འཇིབ་རྩི་དཀར་པོ། ······ 158
འཇིབ་རྩི་སྔོ་པོ། ······ 155
འཇིབ་རྩི་སྔོ་པོ། ······ 157
འཇིབ་རྩི་སྔོན་པོ། ······ 142
འཇིབ་རྩི་སྔོན་པོ། ······ 142
འཇིབ་རྩི་སྔོན་པོ། ······ 157
འཇིབ་རྩི་སྔོན་པོ། ······ 158
འཇིབ་རྩི་སྔོན་པོ། ······ 158
འཇིབ་རྩི་ཆེན་པོ། ······ 152
འཇིབ་རྩི་ཆེན་པོ། ······ 152
འཇིབ་རྩི་ཆེན་པོ། ······ 157
འཇིབ་རྩི་ཆེན་པོ། ······ 158
འཇིབ་རྩི་ཆེན་པོ། ······ 158
འཇིབ་རྩི་ཆེན་མོ། ······ 156
འཇིབ་རྩི་ནག་པོ། ······ 141
འཇིབ་རྩི་ཚབ། ······ 159

ཉ།

ཉི་མ་མེ་ཏོག ······ 254
སྙི་བ། ······ 207
སྙི་བ། ······ 207
སྙི་བ། ······ 207
སྙི་བ། ······ 208
སྙིང་ཞོ་ཚབ། ······ 27
སྙིང་ཞོ་ཤ ······ 17
གཉན་ཐུབ་པ། ······ 279
གཉན་ཐུབ་པ། ······ 280
གཉན་འདུལ་བ། ······ 149
གཉན་འདུལ་བ། ······ 149

གཉན་འདུལ་བ།……149

ཏ།

ཏ་ལྤན་ཧྲ།……129
ཏ་ལྤན་ཧྲ།……130
ཏའོ་ཁྲ་སན།……213
ཏང་ཀུན།……53
ཏང་ཀུན།……54
ཏང་ཀུན་ནག་པོ།……56
ཏང་ཀུན་ནག་པོ།……59
ཏང་ཀུན་ནག་པོ།……59
ཏིག་ཏ།……114
ཏིག་ཏ།……121
ཏིག་ཏ་རིགས།……118
ཏི་ལ།……189
རྟ་ལྤགས།……148
རྟ་ལྤགས་དཀར་པོ།……169
རྟ་ལྤགས་ཚབ།……140
རྟ་ལྤགས་ཚབ།……140
རྟ་མིག……247
རྟ་མིག……248
རྟ་མིག……248
རྟ་མིག……248
རྟ་སྨིག……29
རྟ་སྨུག་གཡུང་།……30
རྟ་སྨུག་གཡུང་ལྷུམ།……29
རྟ་སྨུག་གཡུང་ལྷུམ།……29
རྟ་སྨུག་གཡུང་ལྷུམ།……30
རྟ་སྨུག་གཡུང་ལྷུམ།……30
སྟག་ཆེན།……70
སྟག་མ།……65
སྟག་མ།……66
སྟག་མ།……67
སྟག་མ།……67
སྟག་མ།……67
སྟག་མ།……69
སྟག་མ།……70
སྟག་མ།……71
སྟག་མ།……71
སྟག་མ།……72
སྟག་མ།……72
སྟག་མ།……73
སྟག་མ།……73
སྟག་མ།……73
སྟག་མོ་གཡུ་གཏུམ།……30
སྟབ་པ་ཙན་དན།……95
སྟབ་སེང་།……93
སྟབ་སེང་།……93
སྟབ་སེང་།……93
སྟབ་སེང་།……93
སྟབ་སེང་།……94

སྐབ་སེང་།……94
སྐར་བུ།……27
སྐར་བུ།……28
སྐར་བུ།……28
སྐར་བུ།……28
སྐར་བུ།……28
སྐར་བུ།……28
སྐར་བུ་ཆུང་བ།……29

ཐ།

ཐ་རམ།……193
ཐ་རམ།……193
ཐ་རམ།……193
ཐ་རམ།……193
ཐ་རམ།……194
ཐང་ཕྲོམ་དཀར་པོ།……164
ཐང་ཕྲོམ་དཀར་པོ་གཡུང་བ།……163
ཐང་ཕྲམ་ནག་པོ།……160
ཐང་ཕྲམ་ནག་པོ།……160
ཐང་ཕྲོམ་ནག་པོ།……161
ཐང་ཕྲོམ་ནག་པོ།……164
ཐར་ཆུང་བ།……7
ཐར་ཆེན།……7
ཐར་ཆེན།……8
ཐར་ནུ།……6
ཐར་ནུ།……7
ཐར་ནུ།……8
ཐར་ནུ།……8
ཐར་ནུ།……9

ད།

ད་ཧིག་དམན་པ།……17
ད་ལི།……65
ད་ལི།……65
ད་ལི།……66
ད་ལི།……67
ད་ལི།……67
ད་ལི།……68
ད་ལི།……68
ད་ལི།……68
ད་ལི།……68
ད་ལི།……69
ད་ལི།……70
ད་ལི།……70
ད་ལི།……71
ད་ལི།……71
ད་ལི།……72
ད་ལི།……72
ད་ལིས་ནག་པོ……66
ད་ལིས་ནག་པོ།……66

ད་ལིས་ནག་པོ། ············ 66
ད་ལིས་ནག་པོ། ············ 69
ད་ལིས་ནག་པོ། ············ 69
ད་ལིས་ནག་པོ། ············ 71
དག་ཅི། ············ 149
དན་རོག ············ 10
དན་རོག་ཚབ། ············ 6
དུག་མོ་ཉུང་མཆོག ············ 121
དུག་མོ་ཉུང་ཚབ། ············ 122
དེ་བ་མཆོག ············ 99
དེ་བ་རིགས། ············ 115
ཧྲི་དུ་ར། ············ 161
ཧྲི་དུ་ར། ············ 161
ལྡུམ་སྟག ············ 98
ལྡུམ་སྟག ············ 98
ལྡུམ་སྟག ············ 98
ལྡུམ་སྟག ············ 99
ལྡུམ་ནག་རྡོ་མཁྲིས། ············ 160
ལྡུམ་ནག་རྡོ་མཁྲིས། ············ 184
ལྡུམ་ནག་རྡོ་མཁྲིས། ············ 185
ལྡུམ་ནག་རྡོ་མཁྲིས། ············ 185
ལྡུམ་ནག་རྡོ་མཁྲིས། ············ 186
ལྡུམ་སོ་ཆ། ············ 191
བདུད་རྩི་གངས་ཞམ། ············ 79
འདམ་བུ་ཀ་ར། ············ 40
འདྲི་སླང་། ············ 170
འདྲི་སླང་། ············ 171
འདྲི་སླང་། ············ 171
འདྲི་སླང་། ············ 173
འདྲི་སླང་། ············ 174
འདྲི་སླང་། ············ 174
འདྲི་སླང་། ············ 175
འདྲི་སླང་། ············ 176
འདྲི་སླང་། ············ 177
འདྲི་སླང་། ············ 177
འདྲི་སླང་། ············ 178
འདྲི་སླང་། ············ 181
འདྲི་ཚར་མ། ············ 162
འདྲི་ཚེར་ནག་པོ། ············ 162
འདྲི་ཚེར་མ། ············ 162
འདྲི་ཚེར་མ། ············ 162

ན།

ན་སྙོ ············ 261
ན་སྙོ ············ 261
ན་སྙོ ············ 260
ན་སྙོ ············ 263
ནད་མ། ············ 133
ནད་མ་ཀྱི་མ། ············ 133
ནད་མ་ཀྱི་མ། ············ 134
ནད་མ་སྐྱིབ་མ། ············ 132

ནད་མ་སྨུན་མ། 133
ནདམ་འབྱར་མ། 133
ནད་མ་འབྱར་མ། 132
ནད་མ་གཡུ་མོ། 132
ནད་མ་གཡུ་མོ་རིགས། 134
ནད་མ་གཡུ་མོ་རིགས། 134
ནད་མ་གཡུ་མོ་རིགས། 134
ཉིམ་པ་ཚབ། 15

པ།

པ་ཏྲོ་ལ། 254
པ་ཏྲོ་ལ་ཚབ། 275
པའི་ཡིན། 164
པུ་ཀར་མུ་ལ། 249
པུ་ཤུད་མིག་སྨན། 2
པུཥྤ་རི་ཀ། 242
པུཥྐར་མཱུ་ལ། 250
པུཥྐར་མཱུ་ལ། 250
པུཥྐར་མཱུ་ལ། 250
པུཥྐར་མཱུ་ལ། 251
པོ་སོ་ཆ། 124
པྲི་ཡང་ཀུ། 142
པྲི་ཡང་ཀུ། 142
སྤྲུ་ཡང་ཀུ། 141
སྤྲུ་ཡང་ཀུ། 141
སྤྲུ་ཡང་གུ། 141
སྤྲ་ཡག་པ། 169
སྤྲ་ཡག་པ། 169
སྤང་ཚན་སྤྲུ་རུ། 145
སྤང་རྒྱན་དཀར་པོ། 100
སྤང་རྒྱན་དཀར་པོ། 102
སྤང་རྒྱན་དཀར་པོ། 107
སྤང་རྒྱན་དཀར་པོ། 108
སྤང་རྒྱན་དཀར་པོ། 109
སྤང་རྒྱན་དཀར་པོ་དམན་པ། 106
སྤང་རྒྱན་ནག་པོ། 105
སྤང་རྒྱན་ནག་པོ། 109
སྤང་རྒྱན་ནག་པོ་ཚབ། 110
སྤང་རྒྱན་ནག་པོ་ཚབ། 110
སྤང་རྒྱན་ཁྲ་བོ། 103
སྤང་རྒྱན་ཁྲ་བོ། 107
སྤང་རྒྱན་ཁྲ་བོ། 109
སྤང་རྒྱན་ཁྲ་བོ། 109
སྤང་རྒྱན་ཁྲ་བོ་ཚབ། 103
སྤང་རྒྱན་ཁྲ་བོ་ཚབ། 103
སྤང་རྒྱན་སྔོན་པོ། 100
སྤང་རྒྱན་སྔོན་པོ། 101
སྤང་རྒྱན་སྔོན་པོ། 101
སྤང་རྒྱན་སྔོན་པོ། 102
སྤང་རྒྱན་སྔོན་པོ། 103
སྤང་རྒྱན་སྔོན་པོ། 104

སྤྲང་རྒྱན་སྔོན་པོ།……105
སྤྲང་རྒྱན་སྔོན་པོ།……105
སྤྲང་རྒྱན་སྔོན་པོ།……110
སྤྲང་རྒྱན་སྔོན་པོ་ཆུང་བ།……106
སྤྲང་སྤྲོས།……200
སྤྲང་སྤྲོས་རིགས།……200
སྤྲང་སྤྲོས་རིགས།……200
སྤྲང་སྤྲོས་རིགས།……200
སྤྲང་སྤྲོས་རིགས།……201
སྤྲང་རྩི་འབྱུར་བག་ཅན།……203
སྤྲང་རྩི་འབྱུར་བག་ཅན།……278
སྤྲང་རྩི་དོ་པོ།……201
སྤྲང་རྩི་དོ་པོ།……203
སྤྲོར།……2
སྤྲོར་ཚབ།……130
སྤྲོར་ཆེན།……3
སྤྲོར་ཆེན་ཚབ།……130
སྤྲུང་དུག་ཚབ།……274
སྤྲུང་ཆེར་དཀར་པོ།……202
སྤྲུང་ཆེར་དཀར་པོ།……202
སྤྲུང་ཆེར་དཀར་པོ།……202
སྤྲུང་ཆེར་དཀར་པོ།……203
སྤྲུང་ཆེར་དཀར་པོ།……203
སྤྲུང་ཆེར་ནག་པོ།……238
སྤྲུང་ཆེར་ནག་པོ་རྒོད་པ།……240
སྤྲུང་ཆེར་ནག་པོ་རྒོད་པ།……241
སྤྲུང་ཆེར་ནག་པོ་རྒོད་པ།……241
སྤྲུང་ཆེར་ནག་པོ་རྒོད་པ།……241
སྤྲུང་ཆེར་ནག་པོ་རྒོད་པ།……242
སྤྲུང་ཆེར་ནག་པོ་རྒོད་པོ།……241
སྤྲུང་ཆེར་ནག་པོ་གཡུང་བ།……237
སྤྲུང་ཆེར་ནག་པོ་གཡུང་བ།……242
སྤྲུང་ཆེར་ནག་པོ་གཡུང་བ།……287
སྤྲ་ཆུང་།……259
སྤྲ་ཐོག……258
སྤྲ་ཐོག……258
སྤྲ་ཐོག……258
སྤྲ་ཐོག……259
སྤྲ་ཐོག……259
སྤྲ་ཐོག……259
སྤྲ་ཐོག……259
སྤྲ་བ།……215
སྤྲ་བ།……216
སྤྲ་བ།……216
སྤྲ་བ།……216
སྤྲ་བ།……216
སྤྲ་བ།……217
སྤྲ་བ།……217
སྤྲ་བ།……217
སྤྲ་བ།……217
སྤྲ་བ།……218
སྤྲ་བ།……218

སྤྲ་བ། ······ 218
སྤྲ་བ། ······ 218
སྤྲ་བ། ······ 219
སྤྲ་བ་དཀར་པོ། ······ 258
སྤྲ་བ་རིགས། ······ 216
སྤྲུ་དཀར། ······ 46
སྤྲུ་དཀར། ······ 46
སྤྲུ་དཀར། ······ 56
སྤྲུ་དཀར། ······ 56
སྤྲུ་དཀར། ······ 56
སྤྲུ་དཀར། ······ 57
སྤྲུ་དཀར་མཆོག ······ 56
སྤྲུ་དཀར་རིགས། ······ 54
སྤྲུ་ནག ······ 43
སྤྲུ་ནག ······ 58
སྤྲུ་ནག ······ 58
སྤྲུ་ནག ······ 58
དཔའ་བོ་སེར་པོ་ཚབ། ······ 121
དཔྱར་གཞི ······ 97

ཕ།

ཕ་མན་ཀེ ······ 57
ཕག་སྤྲོང་། ······ 237
ཕག་སྤྲོང་། ······ 237
ཕག་རྒྱ། ······ 64
ཕུར་དཀར ······ 227
ཕུར་སྔོན། ······ 137
ཕུར་སྔོན། ······ 137
ཕུར་སྔོན། ······ 137
ཕུར་དམར། ······ 226
ཕུར་ནག ······ 226
ཕུར་མོ་ཚབ། ······ 150
ཕུར་མོང་། ······ 227
ཕུར་མོང་དཀར་པོ། ······ 221
ཕུར་མོང་ནག་པོ། ······ 223
ཕུར་མོང་ནག་པོ། ······ 221
ཕུར་མོང་ནག་པོ། ······ 226
ཕེ་ལན། ······ 253
ཕོ་ལྷམ། ······ 24
ཕོ་རོག་ཞུང་ང་རིགས། ······ 230
ཕྱག་མ ······ 264
འཕང་མ། ······ 195
འཕང་མ། ······ 195
འཕང་མ། ······ 197
འཕང་མ་དཀར་པོ། ······ 196
འཕང་མ་དཀར་པོ། ······ 4
འཕང་ཤིང་། ······ 197

བ།

བ་སྤུ་ཚབ། ······ 180

བ་སྤྲུ་ཚབ།……181
བ་སྤྲུ་ཚབ།……175
བ་སྨོ་ཁ།……267
བ་སྨོ་ཁ།……267
བ་སྨོ་ཁ།……270
བ་སྨོ་ཁ།……270
བ་སྨོ་ཁ།……271
བ་སྨོ་ཁ།……272
བ་ཏུ་ར།……39
བ་ལང་ཤྭ་བ།……47
བ་ཤ་ཀ……189
བ་ཤ་ཀ་དམན་པ།……184
བ་ཤ་ཀ་དམན་པ།……184
བ་ཤ་ཀ་དམན་པ།……184
བ་ཤ་ཀ་དམན་པ།……185
བ་ཤ་ཀ་དམན་པ།……185
བ་ཤ་ཀ་དམན་པ།……186
བ་ཤ་ཀ་ཚབ།……68
བལ་ཏིག……116
བལ་ཏིག……120
བལ་ཏིག……99
བལ་པོ་གུར་གུམ།……238
བི་ལ་བ།……10
བི་ལ་བ།……11
བི་སྟོན་ཙེ་ཙེ་ས་འཛིན།……239
བི་ཧླུ་ཏྲ་འདྲ།……267
བི་ཧླུ་ཏྲ་འདྲ།……269
བི་ཧླུ་ཏྲ་འདྲ།……270
བི་ཧླུ་ཏྲ་འདྲ།……273
བི་ཧླུ་ཏྲ་འདྲ།……274
བོང་མེད།……78
བོད་གུར་གུམ།……237
བོད་ཏིག……115
བོད་ཏིག……116
བོད་ཏིག……118
བོད་ཏིག……119
བོད་ཏིག……119
བོད་ཏིག……119
བོད་ཏིག……120
བྱ་རྒོད་སུག་པ།……267
བྱ་རྒོད་སུག་པ།……267
བྱ་རྒོད་སུག་པ།……268
བྱ་རྒོད་སུག་པ།……269
བྱ་རྒོད་སུག་པ།……269
བྱ་རྒོད་སུག་པ།……270
བྱ་རྒོད་སུག་པ།……272
བྱ་རྒོད་སུག་པ།……272
བྱ་རྒོད་སུག་པ།……274
བྱ་རྒོད་སུག་པ།……274
བྱ་རྒོད་སུག་པ།……274
བྱ་པོ་ཙི་ཙི་ཚབ།……170
བྱ་པོ་ཙི་ཙི་ཚབ།……170

བྱ་ཕོ་ཙི་ཙི་ཚབ། ······ 170
བྱ་ཕོ་ཙི་ཙི་ཚབ། ······ 174
བྱ་ཕོ་ཙི་ཙི་ཚབ། ······ 178
བྱ་ཕོ་ཙི་ཙི་ཚབ། ······ 181
བྱ་རོག་ཞུངས་མ། ······ 249
བྱ་རོག་ཞུངས་མ། ······ 250
བྱ་རོག་ཞུངས་མ། ······ 251
བྱ་ལག་མ། ······ 59
བྱང་ལུག་མིང་ཅན། ······ 238
བྱང་ལུག་མིང་ཅན། ······ 238
བྱང་ལུགས་བྱ་ཕོ་ཙི་ཙི། ······ 89
བྱང་ལུགས་བྱ་ཕོ་ཙི་ཙི། ······ 89
བྱང་ལུགས་བྱ་ཕོ་ཙི་ཙི། ······ 90
བྱང་ལུགས་མིང་ཅན། ······ 238
བྱར་པ་ཊ་ཆུ་རྫེ། ······ 39
བྱར་པ་ཊ་ཆུ་རྫེ། ······ 40
བྱར་པ་ཊ་ཆུ་རྫེ། ······ 40
བྱར་པ་ཊ་ཆུ་རྫེ། ······ 40
བྲི་ཧྭང་ཀ ······ 73
བྲི་ཧྭང་ཀ ······ 74
བྲི་ཧྭང་ཀ ······ 74
བྲི་ཧྭང་ཀ ······ 74
བྲི་ཧྭང་ཀ ······ 74
བྲི་ཧྭང་ཀ་ནོར་བ། ······ 138
བྲི་ཧྭང་ག ······ 74
བྲི་ཧྭང་ག ······ 75
བྲི་བཟུང་། ······ 219
བྲི་ཚེར་ཚབ། ······ 235
བྲི་ཚེར་ཚབ། ······ 236
བྲི་ཚེར་ཚབ། ······ 236
བྲི་ཚེར་ཚབ། ······ 236
བྲི་ཚེར་ཚབ། ······ 236
བྲི་ཚེར་ཚབ། ······ 287
བྲི་ཏུག་དམན་པ། ······ 145
བྲི་ཏུག་ཚབ། ······ 145
བྲི་ཏུག་ཚབ། ······ 159
བྲི་ཏུག་སྔོ་བོ། ······ 143
བྲི་ཏུག་སྨུག་པོ། ······ 142
བྲི་ཏུག་སྨུག་པོ། ······ 143
བྲི་ཏུག་སྨུག་པོ། ······ 144
བྲི་ཏུག་སེར་པོ། ······ 143
བྲི་ཏུག་སེར་པོ་རིགས། ······ 144
བྲེའུ་སྲིད་མ། ······ 16
བྲིས་གཡེར། ······ 12
བྲིས་གཡེར། ······ 12
བྲིས་གཡེར། ······ 13
བྲུ་ཏུའི་ཕྲེང་ལྡན། ······ 166
བྲེའུ་སྤར་ཀ ······ 19
བྲག་སྐྱུ་ཏ་བོ། ······ 190
བྲག་སྐྱུ་ཏ་བོ། ······ 190
བྲག་སྐྱུ་ཏ་བོ། ······ 190
བྲག་སྐྱུ་ཏ་བོ། ······ 191

བྲག་སྐྱུ་ཏ་པོ་ཚབ།……191
བྲག་སྐྱུ་ཏ་པོ་རིགས།……191
བྲག་ལྷམ།……80
བྲག་ལྷམ།……80
བྲག་ལྷམ།……81
བྲག་ལྷམ།……84
བྲག་ལྷམ།……88
བྲག་ལྷམ་ཚབ།……264
བྲག་ལྷམ་ཚབ།……80
ཐ་ནག་ལན་པོ།……133
ཞྭ་ཏ།……35
ཐྭ་དུག་མོ་ཞུང།……122
ཐྭ་དུག་མོ་ཞུང།……123
ཐྲེ་སྟོན་པ་ཏོ་ལ།……286
ཐྲ་བ།……215
སྦྲུ་ནག……43
སྦྲུ་ནག……43
སྦྲུལ་ཞགས།……130
སྦྲུལ་ཞགས།……131
སྦྲུལ་ཞགས།……131
སྦྲུལ་ཞགས།……131
སྦྲུལ་ཞགས།……131
སྦྲུལ་ཞགས།……131
འབམ་པ་པོ།……59
འབམ་པོ།……52
འབམ་པོ།……53
འབམ་པོ་ཚབ།……57
འབམ་པོ་མོ།……52
འབམ་བུ་མོ།……62
འཕི་མོག……134
འབུང་ཤ……33
འབྲི་ཏ་ས་འཛིན་མཆོག……166
འབྲི་མོག……132
འབྲི་མོག……135
འབྲི་མོག……135
འབྲི་མོག……135
འབྲི་མོག……135
འབྲི་མོག……135
འབྲི་མོག……136
འབྲི་མོག……136
འབྲི་མོག……136
འབྲི་མོག……136
འབྲུག་ཤིང་འབྲས་བུ།……20

མ།

མ་ཉིང་ལྷམ་པ།……25
མ་ཉིང་ལྷམ་པ།……25
མ་ཉིང་ལྷམ་པ།……25
མ་ཉིང་སྟར་བུ།……27
མ་ནུ།……256
མ་ནུ།……256

མ་ཟེན་ཚོའ།……138
མ་རིག་པར་ཏོག……256
མིང་ཅན་ནག་པོ།……243
མིང་ཅན་ནག་པོ།……243
མིང་ཅན་ནག་པོ།……243
མིང་ཅན་ནག་པོ།……245
མིང་ཅན་ནག་པོ།……246
མིང་ཅན་ནག་པོ།……248
མིང་ཅན་ནག་པོ།……265
མིང་ཅན་ནག་པོ་དམན་པ།……276
མིང་ཅན་ནག་པོ་དམན་པ།……285
མིང་ཅན་ནག་པོ་རིགས།……261
མིང་ཅན་ནག་པོ་རིགས།……262
མིང་ཅན་ནག་པོའི་རིགས།……243
མིང་ཅན་སེར་པོ་ཚབ།……1
མིང་ཅན་སེར་པོ་ཚབ།……251
མེ་ཏོག་གངས་ལ།……265
མེ་ཏོག་གླང་སྣ།……171
མེ་ཏོག་གླང་སྣ།……175
མེ་ཏོག་གླང་སྣ།……175
མེ་ཏོག་གླང་སྣ།……178
མེ་ཏོག་གླང་སྣ།……180
མེ་ཏོག་གླང་སྣ་དམན་པ།……172
མེ་ཏོག་ཉིན་གཅིག་མའི་ཤུན་པགས།……24
མེ་ཏོག་ལེ་བརྒན་རིགས།……282
མེ་ཏོག་ལུག་མིག……232
མོ་ལྷམ།……25
མོ་སྔོ་སེར།……1
མོན་དུག་མོ་ཞུང་།……122
མོན་དུག་མོ་ཞུང་རིགས།……122
སྨུག་ཚབ།……41
སྨུག་ཆུང་འདེན་ཡོན་ཚབ།……247
དམར་རིལ་མགོ་ནག……44
དམར་རིལ་མགོ་ནག……45

ཙ།

ཙན་དན་དཀར་པོ་ཚབ།……96
ཙམ་པ་ཀ……189
རྩ་མཁྲིས……249
རྩ་མཁྲིས།……239
རྩ་མཁྲིས།……239
རྩ་མཁྲིས།……239
རྩ་མཁྲིས།……240
རྩ་མཁྲིས།……240
རྩ་མཁྲིས།……240
རྩ་མཁྲིས།……248
རྩ་མཁྲིས།……249
རྩ་མཁྲིས།……249
རྩ་མཁྲིས།……256
རྩ་མཁྲིས།……256
རྩ་མཁྲིས།……257

ཙ་མཁྲིས།……257
ཙ་མཁྲིས།……257
ཙ་མཁྲིས་ཚབ།……251
ཙ་མཁྲིས་ཚབ།……252
ཙ་མཁྲིས་ཚབ།……252
ཙ་མཁྲིས་པ་མོ་ཁ།……265
ཙ་མཁྲིས་པ་མོ་ཁ།……266
ཙ་མཁྲིས་རིགས།……287
ཙ་བྲིས།……45
ཙད།……60
ཙད།……60
ཙད།……61
ཙད།……61
ཙད།……61
ཙད།……61
ཙད།……61
ཙད།……62
ཙད།……62
ཙད་མཆོག……60
ཙད་རིགས།……57
ཙད་རིགས།……63
ཙོད།……127
ཙི།……18
ཙི།……18
བཙོ་རིན།……22
བཙོད།……126
བཙོད།……126
བཙོད།……127
བཙོད།……127
བཙོད།……127
བཙོད།……128
བཙོད།……128
བཙོད།……128
བཙོད།……128

ཚ།

ཚ་ལུ་མ་ཞན་པ།……10
ཚང་པ་དབུ་སེལ།……144
ཚང་པ་དབུ་སེལ།……145
ཚངས་པ་དབྱུ་སེལ།……143
ཚབ་པ་དབུ་སེལ།……144
ཚར་བོང་།……220
ཚར་བོང་།……221
ཚར་བོང་།……221
ཚར་བོང་།……223
ཚར་བོང་དཀར་པོ།……222
ཚེར་བོང་སྐྱུང་ཚེར་ནག་པོ།……242
ཚར་བོང་ནག་པོ།……222
ཚར་བོང་དམན་པ།……225
ཚར་བོང་སྨུག་པོ།……224
ཚར་བོང་སྨུག་པོ།……227

ཚར་བོང་སྨུག་པོ་རིགས། ······225
ཚར་བོང་རིགས། ······220

ཕ

ཕེ་མའོ། ······20
ཕའུ་ཙ་ཤིང་ཤུན་པགས། ······42

ཞ

ཞིམ་ཐི་རྒྱ་འཇིབ། ······165
ཞིམ་ཐིག་རྒྱ་འཇིབ། ······165
ཞིམ་ཐིག་དཀར་པོ། ······146
ཞིམ་ཐིག་ནག་པོ། ······146
ཞིམ་ཐིག་དམར་རྒྱང་། ······148
ཞིམ་ཐིག་ལེ། ······155
ཞིམ་ཐིག་ལེ། ······156
ཞིམ་ཐིག་ལེ། ······156
ཞིམ་ཐིག་ལེ། ······157
ཞིམ་ཐིག་ལེ་ཆབ། ······159
ཞིམ་ཐིག་ལེ་དཀར་པོ། ······140
ཞིམ་ཐིག་ལེ་དཀར་པོ། ······147
ཞིམ་ཐིག་ལེ་ནག་པོ། ······145
ཞིམ་ཐིག་ལེ་ནག་པོ། ······146
ཞིམ་ཐིག་ལེ་ནག་པོ། ······146
ཞིམ་ཐིག་ལེ་ནག་པོ། ······147
ཞིམ་ཐིག་ལེ་ནག་པོ། ······147
ཞིམ་ཐིག་ལེ་ནག་པོ། ······147
ཞིམ་ཐིག་ལེ་ནག་པོ་ཚབ། ······148
ཞིམ་ཐིག་ལེ་ནག་པོ་ཚབ། ······148
ཞིམ་ཐིག་ལེ་ནག་པོ་རིགས། ······159
ཞིམ་ཐིབ་རྒྱ་འཇིབ། ······165
ཞིམ་ཐུབ་རྒྱ་འཇིབ། ······165
ཞུ་མཁན། ······92
ཞུ་མཁན། ······92
ཞུ་མཁན། ······92
ཞུ་མཁན་ཚབ། ······11

ཟ།

ཟངས་ཏྲིག ······112
ཟངས་ཏྲིག ······112
ཟངས་ཏྲིག ······112
ཟངས་ཏྲིག ······113
ཟངས་ཏྲིག ······113
ཟངས་ཏྲིག ······113
ཟངས་ཏྲིག ······113
ཟངས་ཏྲིག ······114
ཟངས་ཏྲིག ······114
ཟངས་ཏྲིག ······116
ཟངས་ཏྲིག ······116
ཟངས་ཏྲིག ······117

ཟངས་ཏིག ……119

ཟངས་ཏིག་དམན་པ།……115

ཟངས་ཏིག་དམར་པོ།……106

ཟངས་རྩི་དཀར་པོ།……124

ཟངས་རྩི་དཀར་པོ།……125

ཟངས་རྩི་དཀར་པོ།……126

ཟངས་རྩི་དཀར་པོ་ཆུང་བ།……126

ཟངས་རྩི་དཀར་པོ་ཚབ།……125

ཟངས་རྩི་དཀར་པོ་རིགས།……125

ཟངས་རྩི་དཀར་པོ་རིགས།……125

ཟངས་རྩི་དཀར་པོ་རིགས།……125

ཟངས་རྩི་ནག་པོ།……223

ཟི་ར་དཀར་པོ།……53

ཟི་ར་དཀར་པོ་ཚབ།……213

ཟི་ར་དཀར་པོ་ཚབ།……63

ཟི་ར་སེར་པོ།……46

ཟི་ར་སེར་པོ།……48

ཟི་ར་སེར་པོ།……49

ཟི་ར་སེར་པོ།……50

ཟི་ར་སེར་པོ།……51

ཟི་ར་སེར་པོ།……51

ཟི་ར་སེར་པོ་ཚབ……50

ཟི་ར་སེར་པོ་ཚབ།……48

ཟི་ར་སེར་པོ་ཚབ།……48

ཟི་ར་སེར་པོ་ཚབ།……48

ཟི་ར་སེར་པོ་ཚབ།……48

ཟི་ར་སེར་པོ་ཚབ།……49

ཟི་ར་སེར་པོ་ཚབ།……49

ཟི་ར་སེར་པོ་ཚབ།……49

ཟི་ར་སེར་པོ་ཚབ།……50

ཟི་ར་སེར་པོ་ཚབ།……51

ཟི་ར་སེར་པོ་ཚབ།……51

ཟི་ར་སེར་པོ་ཚབ།……51

ཟི་ར་སེར་པོ་ཚབ།……52

ཟི་ར་སེར་པོ་རིགས།……50

ཟིན་ཏིག……139

ཟིན་ཏིག……139

ཟིན་ཏིག……139

ཟིན་ཏིག……139

ཟིན་ཏིག་རིགས།……138

ཟིན་ཏིག་རིགས།……139

ཟུར་ལུགས་སྐྱི་བ།……205

ཟུར་ལུགས་སྐྱི་བ།……206

ཟུར་ལུགས་སྐྱི་བ།……206

ཟུར་ལུགས་སྤྲུ་ཡང་གྱུ།……140

ཟེ་མ།……4

ཟེར་མ།……6

ཟྭ་ཁྱི་ཨ་ཡ་ཚབ།……148

ཟྭའི་ཁྱི་མོ་ཚབ།……278

གཟའ་བདུད་མགོ་དགུ།……266

གཟའ་དུག་ནག་པོ།……150

གཟའ་དུག་ནག་པོ།……151

གཟའ་དུག་ནག་པོ། ······ 151
གཟའ་དུག་ནག་པོ། ······ 152
གཟའ་དུག་ནག་པོ། ······ 152
གཟའ་དུག་ནག་པོ་རིགས། ······ 150
གཟའ་དུག་ནག་པོ་རིགས། ······ 151
གཟའ་དུག་ནག་པོ་རིགས། ······ 151
གཟའ་དུག་ནག་པོ་རིགས། ······ 151
གཟའ་དུག་མགོ་དགུ། ······ 271
གཟའ་དུག་མགོ་དགུ། ······ 271
གཟའ་དུག་མགོ་དགུ། ······ 275
གཟའ་དུག་རིགས། ······ 271
གཟེ་མ་འཕང་ཆེན། ······ 36
གཟེ་མ་འཕང་ཆེན། ······ 36

འ།

འུ་ལུ། ······ 163
འུ་ལུ། ······ 163
འུ་ལུ་རྫུས་མ། ······ 164
འུ་སུ། ······ 53
འོམ་བུ། ······ 31
འོམ་བུ། ······ 31
འོམ་བུ། ······ 31
འོམ་བུ། ······ 32
འོམ་བུ། ······ 32
འོམ་བུ། ······ 32
འོམ་བུ། ······ 32
འོམ་བུ། ······ 33
འོམ་བུ། ······ 33

ཡ།

ཡུ་གུ་ཤིང་དཀར་པོ། ······ 282
ཡུ་གུ་ཤིང་དཀར་པོ། ······ 282
ཡུ་གུ་ཤིང་དཀར་པོ་རིགས། ······ 276
ཡུ་གུ་ཤིང་ནག་པོ། ······ 233
ཡུ་གུ་ཤིང་ནག་པོ་ཚབ། ······ 199
ཡུ་གུ་ཤིང་ནག་པོ་ཚབ། ······ 199
ཡུ་གུ་ཤིང་ནག་པོ་ཚབ། ······ 199
ཡུ་གུ་ཤིང་ནག་པོ་ཡུལ་སྐྱོད། ······ 266
ཡུ་གུ་ཤིང་རིགས། ······ 272
ཡུ་གུ་ཤིང་རིགས། ······ 275
ཡུན་ཤིང་། ······ 11
ཡོ་འདོག ······ 20
ཡོག་མོ། ······ 227
ཡོའན་ཀྲི། ······ 16
ཡོའན་ཀྲི། ······ 16
གཡར་མོ་ཐང་། ······ 83
གཡར་མོ་ཐང་། ······ 83
གཡར་མོ་ཐང་། ······ 84
གཡར་མོ་ཐང་། ······ 85
གཡར་མོ་ཐང་། ······ 86

གཡར་སྨོ་ཐང་། ············87
གཡར་སྨོ་ཐང་། ············88
གཡེར་མ། ············11
གཡེར་མ། ············11
གཡེར་མ། ············12
གཡེར་མ། ············12
གཡེར་མ། ············12
གཡེར་མ། ············13
གཡེར་རྩྭ། ············150
གཡེར་རྩྭ། ············152
གཡེར་རྩྭ། ············160
གཡེར་ཤིང་པ། ············182
གཡེར་ཤིང་པ། ············182
གཡེར་ཤིང་པ། ············183
གཡེར་ཤིང་པ་ཚབ། ············182
གཡེར་ཤིང་རིགས། ············183
གཡེར་ཤིང་རིགས། ············183
གཡེར་ཤིང་རིགས། ············183
གཡེར་ཤིང་གསེར་ཕྲེ། ············183

ར།

རས་འབྲས། ············24
རས་འབྲས། ············24
རས་འབྲས། ············24
རི་སྐྱེས་ཟར་མ། ············5
རི་སྐྱེས་ཟར་མ། ············5
རི་སྐྱེས་ཟར་མ། ············5
རི་སྐྱེས་ཟར་མ། ············5
རི་པ། ············205
རི་ཤོ ············261
རི་ཤོ ············263
རི་ཤོ ············263
རི་ཤོ། ············260
རི་ཤོ་ཚབ། ············270
རི་ཤོ་རིགས ············260
རི་ཤོ་རིགས། ············262
རི་ཤོ་རིགས། ············263
རིན་ཧྲེན་སན་ཆི། ············44
རེ་སྐོན་ནོར་བ། ············79
རེ་སྐོན་ཚབ། ············107
རེ་ལྕུག་པ། ············27
རུ་ཏྲ། ············235
རླན་ཀ་རྩེ། ············180
རླན་སྐྱེས་ཕྲིན་ཚལ། ············58

ལ།

ལ་ལ་ཕུད། ············53
ལ་ལ་ཕུད། ············60
ལ་ལ་ཕུད་དཀར་པོ། ············64
ལང་ཐང་རྩེ། ············162

ལང་ཐང་རྩེ་དམན་པ། ……163
ལན་ཨན་ཧྲུ། ……37
ལའི་མཁྲུ། ……41
ལི་བ་ཀ ……97
ལི་ཁྲི ……37
ལི་ཁྲི ……38
ལི་ཁྲི ……96
ལུག་ཆུང་། ……228
ལུག་ཆུང་། ……228
ལུག་ཆུང་། ……228
ལུག་ཆུང་། ……230
ལུག་ཆུང་། ……231
ལུག་ཆུང་། ……232
ལུག་ཆུང་། ……232
ལུག་ཆུང་། ……233
ལུག་ཆེན། ……229
ལུག་ཆེན། ……235
ལུག་ཆེན། ……235
ལུག་ཐུག་དཀར་མོ། ……199
ལུག་ཐུག་དཀར་མོ། ……199
ལུག་མིག ……228
ལུག་མིག ……229
ལུག་མིག ……229
ལུག་མིག ……229
ལུག་མིག ……229
ལུག་མིག ……230
ལུག་མིག ……230
ལུག་མིག ……230
ལུག་མིག ……231
ལུག་མིག ……232
ལུག་མིག ……233
ལུག་མིག ……233
ལུག་མིག ……233
ལུག་མིག ……234
ལུག་མིག ……234
ལུག་མིག ……234
ལུག་མིག ……234
ལུག་མིག ……234
ལུག་མིག ……252
ལུག་མིག ……252
ལུག་མིག ……253
ལུག་མིག ……253
ལུག་མིག་སྒྲོལ་སྔོན་སྤོང་འཁོར། ……231
ལུག་མིག་རིགས། ……237
ལུག་མུར། ……153
ལུག་མུར། ……153
ལུག་མུར། ……153
ལུག་མུར། ……154
ལུག་མུར། ……154
ལུག་མུར། ……154
ལུག་མུར། ……154
ལུག་མུར། ……155

ལུག་རྫེ་དོ་བོ།……201
ལུག་རྫེ་དོ་བོ།……201
ལུག་རྫེ་དོ་བོ།……273
ལུག་རྫེ་དོ་བོ།……275
ལུག་རུ་དཀར་པོ།……172
ལུག་རུ་དཀར་པོ།……173
ལུག་རུ་དཀར་པོ།……173
ལུག་རུ་དཀར་པོ།……176
ལུག་རུ་དཀར་པོ།……177
ལུག་རུ་དཀར་པོ།……178
ལུག་རུ་དཀར་པོ།……180
ལུག་རུ་སྨུག་པོ།……172
ལུག་རུ་སྨུག་པོ།……175
ལུག་རུ་སྨུག་པོ།……177
ལུག་རུ་སྨུག་པོ།……179
ལུག་རུ་སྨུག་པོ།……180
ལུག་རུ་སྨུག་པོ་རིགས།……171
ལུག་རུ་སྨུག་པོ་རིགས།……177
ལུག་རུ་སྨུག་པོ་རིགས།……179
ལུག་རུ་སྨུག་པོ་རིགས།……181
ལུག་རུ་དམར་པོ།……171
ལུག་རུ་དམར་པོ།……173
ལུག་རུ་དམར་པོ།……176
ལུག་རུ་དམར་པོ།……178
ལུག་རུ་དམར་པོ་རིགས།……173
ལུག་རུ་སེར་པོ།……170
ལུག་རུ་སེར་པོ།……176
ལུག་རུ་སེར་པོ།……176
ལུག་རུ་སེར་པོ་རིགས།……172
ལུག་ཞོ་མེ་ཏོག……261
ལུག་ཞོག་ཚབ།……260
ལུང་ཏོང་།……18
ལུང་ཏོང་།……19
ལུའུ་ཞན་ཚའོ།……65

ཤ

ཤ་ཁྲུ་ཚལ།……155
ཤང་དྲིལ་དཀར་པོ།……81
ཤང་དྲིལ་དཀར་པོ།……82
ཤང་དྲིལ་དཀར་པོ།……84
ཤང་དྲིལ་ནག་པོ།……84
ཤང་དྲིལ་ནག་པོ།……85
ཤང་དྲིལ་སྨུག་པོ།……79
ཤང་དྲིལ་སྨུག་པོ།……82
ཤང་དྲིལ་སྨུག་པོ།……82
ཤང་དྲིལ་སྨུག་པོ།……83
ཤང་དྲིལ་སྨུག་པོ།……86
ཤང་དྲིལ་སྨུག་པོ།……87
ཤང་དྲིལ་སྨུག་པོ།……89
ཤང་དྲིལ་དམར་པོ།……82
ཤང་དྲིལ་དམར་པོ།……83

ཤང་དྲིལ་དམར་པོ། ······ 84
ཤང་དྲིལ་དམར་པོ། ······ 85
ཤང་དྲིལ་དམར་པོ། ······ 85
ཤང་དྲིལ་དམར་པོ། ······ 86
ཤང་དྲིལ་དམར་པོ། ······ 86
ཤང་དྲིལ་དམར་པོ། ······ 86
ཤང་དྲིལ་དམར་པོ། ······ 87
ཤང་དྲིལ་དམར་པོ། ······ 88
ཤང་དྲིལ་སེར་པོ། ······ 81
ཤང་དྲིལ་སེར་པོ། ······ 83
ཤང་དྲིལ་སེར་པོ། ······ 85
ཤང་དྲིལ་སེར་པོ། ······ 87
ཤང་དྲིལ་སེར་པོ། ······ 87
ཤང་དྲིལ་སེར་པོ། ······ 88
ཤང་དྲིལ་སེར་པོ། ······ 88
ཤང་རིགས ······ 82
ཤིང་ཐ་མ། ······ 41
ཤིང་ད་བྲིད། ······ 44
ཤིང་ད་བྲིད། ······ 44
ཤིང་ད་བྲིད། ······ 44
ཤིང་པ་ཤ་ཀ་ཛྲེ་བ། ······ 153
ཤིང་ཨ་ཀྲོང་། ······ 215
ཤིང་ཀུན། ······ 54
ཤིང་ཀུན། ······ 54
ཤིང་ཀུན། ······ 55
ཤིང་ཀུན། ······ 55
ཤིང་ཀུན། ······ 55
ཤིང་ཀུན། ······ 55
ཤིང་སྐྱུར་རུག་མ། ······ 89
ཤིང་དྲིལ་དཀར་པོ། ······ 80
ཤིང་དྲིལ་སྨུག་པོ། ······ 80
ཤིང་དྲིལ་སྨུག་པོ། ······ 81
ཤུ་དྷི། ······ 55
ཤུ་དག་ཚབ། ······ 114
ཤུ་དེ་ཚབ།། ······ 47
ཤེལ་ཕྲེང་སྔོན་བུ། ······ 211
ཤེལ་ཕྲེང་ཆུ་ནོ ······ 262
ཤེལ་ཕྲེང་ཆུ་ནོ།། ······ 260
ཤེལ་ཕྲེང་སྲིན་ཤིང་སྣ་མ། ······ 26

ས།

སན་ཆེ། ······ 45
སི་ཕེན། ······ 161
སེང་ལྡེང་། ······ 21
སེང་ལྡེང་ཚབ། ······ 19
སེར་པོ་རྒྱ་དྲུས་མཆོག་རིགས། ······ 117
སོ་མ། ······ 9
སོ་མ། ······ 9
སོ་མ་ར་ཛ། ······ 23
སོ་མ་ར་ཛ། ······ 23
སོས་དཀར ······ 17

སྲུ་འབྲས།······37
སྲུ་འབྲས་ཚབ།······21
སྲུ་འབྲས་ཚབ།······21
སྲུ་འབྲས་ཚབ།······21
སྲིན་ཤིང་སྣ་མ།······94
སྲིན་ཤིང་སྣ་མ།······94
སྲིན་ཤིང་སྣ་མ།······95
སྲིན་ཤིང་སྣ་མ།······95
སྲོལ་གོང་པ།······279
སྲོལ་གོང་སྔོན་པོ།······281
སྲོལ་གོང་སྔོན་པོ།······281
སྲོལ་གོང་སྔོན་པོ།······281
སྲོལ་གོང་སྔོན་པོ།······281
སྲོལ་གོང་སྔོན་པོ་རིགས།······272
སྲོལ་གོང་རིགས།······266
སྲོལ་གོང་སེར་པོ།······279
སྲོལ་གོང་སེར་པོ།······280
སྲོལ་གོང་སེར་པོ།······280
གསེར་གྱི་ཕུད་བུ།······34
གསེར་གྱི་ཕུད་བུ།······34
གསེར་གྱི་ཕུད་བུ་དམན་པ།······36
གསར་གྱི་མེ་ཏོག······33
གསེར་གྱི་མེ་ཏོག······35
གསེར་གྱི་མེ་ཏོག་ཚབ།······35
གསེར་མེ་ཆེ་བ།······35

ཧ།

ཧུའང་ཆེན།······159
ཧོང་ལེན།······166
ཧོང་ལེན།······166
ཧོང་ལེན།······167
ཧོང་ལེན།······167
ཧོང་ལེན།······167
ཧོང་ལེན།······167
ཧོང་ལེན།······167
ཧོང་ལེན།······168
ཧོང་ལེན།······168
ཧོང་ལེན།······168
ཧོང་ལེན།······168
ཧོང་ལེན།······168
ཧོང་ལེན།······169
ཧོང་ལེན།······169
ཧོང་ལེན་མཆོག······182
ཧོང་ལེན་མཆོག······182
ཧོངལེན།······166
ཧི་ཧུན་ཙི།······38
ཧུ་ཤླང་།······179
ཧུ་ཤླང་།······181

ཨ།

ཨ་དཀར་ཚབ། ······ 137
ཨ་ག་རུ། ······ 26
ཨ་ག་རུ། ······ 26
ཨ་ག་རུ། ······ 26
ཨ་ག་རུ་ཚབ། ······ 95
ཨ་གླ་རྟག་ལེ། ······ 4
ཨ་ཧྥོག་ཏིག་ཏ། ······ 107
ཨ་བྲུག་དམན་པ། ······ 276
ཨ་བྲུག་དམན་པ། ······ 286
ཨ་བྲུག་གཟེར་འཇོམས། ······ 265
ཨ་མ། ······ 90
ཨ་འབྲས། ······ 17
ཨ་རུ་ར། ······ 38
ཨ་རུ་ར། ······ 39
ཨར་སྐྱུ་ཚབ། ······ 96
ཨར་སྐྱུ་ཚབ། ······ 96
ཨུག་ཆོས་དཀར་པོ། ······ 186
ཨུག་ཆོས་དམར་པོ། ······ 187
ཨུག་ཆོས་དམར་པོ། ······ 188
ཨུག་ཆོས་དམར་པོའི་རིགས། ······ 186
ཨུག་ཆོས་དམར་པོའི་རིགས། ······ 187
ཨུག་ཆོས་དམར་པོའི་རིགས། ······ 187
ཨུག་ཆོས་དམར་པོའི་རིགས། ······ 187
ཨུག་ཆོས་དམར་པོའི་རིགས། ······ 188
ཨུག་ཆོས་དམར་རིགས། ······ 188
ཨུག་ཆོས་དམར་རིགས། ······ 188
ཨུག་ཆོས་སེར་པོ། ······ 187